花境全典

叶剑秋 著

花境（Herbaceous border）是指园林绿地中树坛、草坪、道路、建筑等边缘花卉呈带状布置的形式，用来丰富绿地的色彩。以花卉的形态（株高、株形）、花色、质感和花期等特征进行艺术的配置，营造出能从春季至夏秋均有花可赏的植物景观。植物材料以能连年生长、开花的宿根花卉为主，主体景观效果维持3年以上。

中国林業出版社

图书在版编目（CIP）数据

花境全典 / 叶剑秋著. -- 北京 : 中国林业出版社, 2022.5

ISBN 978-7-5219-1440-5

Ⅰ. ①花… Ⅱ. ①叶… Ⅲ. ①花境—设计 Ⅳ.①S688.3

中国版本图书馆CIP数据核字(2021)第247377号

策划、责任编辑： 贾麦娥

出版发行： 中国林业出版社（100009 北京市西城区刘海胡同7号）
http://www.forestry.gov.cn/lycb.html

电　　话： 010-83143562

印　　刷： 河北京平诚乾印刷有限公司

版　　次： 2022年5月第1版

印　　次： 2022年5月第1次

开　　本： 787mm × 1092mm　1/16

印　　张： 25

字　　数： 655千字

定　　价： 168.00元

前 言

花境，与我国悠久的园林史相比绝对是个新事物，随着我国经济实力的迅速上升，人们对生活环境的改善与提高已成了花园产业的新机遇。花园营造中的花卉植物造景技术之一——“花境”，很快成了行业的热搜。十几年前只是在少数沿海城市中尝试、摸索着的花境，近年来却迅速发展，各种花境论坛、花境培训、花境竞赛层出不穷，营建花境的项目更是遍及全国，强烈的需求带来了高速的发展，与快速发展相伴而生的是问题的出现。要解决花境营造中的问题，亟需一本具有理论和实际指导意义的书籍。

笔者从事园林花卉行业 40 余年，长期任职于专业院校、园林主管部门以及国际顶级的花卉企业，积累了丰富的教学、科研、生产与实践经验。本书是基于笔者自 20 世纪 90 年代开始的花境理论研究与实践，特别是自 2009 年至今，每年两次，作为上海地区公园、绿地花境评比活动的主要专业评委、技术顾问和指导专家，历时 10 年有余，系统地收集了上海地区花境尝试与发展的详实资料。整书的编写充分结合了我国从业人员的专业背景和花园营造的实际情况，形成了本书的特点之一：花境理论系统而实用，花境技术可操作性强，内容涉及花境的起源、概念、类型、设计、施工和养护。

同时，笔者每年多次到访世界各地的花园，尤其是英国花园中的重点花境，更是一年数次实地探访，形成了本书的特点之二：通过丰富的案例，阐述花境理论与技术，逻辑缜密；信息量大，观点新颖。所有的实地考察、人物专访、照片拍摄都由笔者亲力亲为，形成了本书特点之三：阅读者有着很强的参与感，犹如跟着笔者周游世界花园，通过赏析花境，领悟花境知识和技能。

大量文献资料的佐证，内容详实、涉及面广，467 种花境植物，760 余张精选照片，每张照片均有注释，与正文文字相映成趣，融为一体。重点的理论与技术配有图解式叙述，举一反三，有利于读者巩固知识点。形成了本书特点之四：真正的图文并茂，内容涵盖了花境的方方面面，是一本难得的教科书般的花境全典。

本书的出版要感谢上海园林管理部门提供了很好的实践平台，特别是上海市公园管理中心、上海公园行业协会和上海绿化指导站等高效率的组织和长年的坚持，使花境技术得到了有益的尝试和健康的发展，花境技术水平逐年提高。本书的许多有价值的经验都凝聚着上海园林行业无数管理者的心血和付出，更是无数热爱花境事业的一线操作师傅的匠心铸就了上海园林中花境水平的提高。谨以此书的诞生，致敬所有为花境事业发展的奉献者。本书的推出也希望能为建设公园城市，特别是花境在我国的推广贡献一份力量。本书更愿意与全国园林界的同仁交流共勉。由于成书于我国花境的发展初期，还有许多有待探究的理论和技术要领，加之笔者水平有限，不当之处在所难免，恳请广大读者批评指正。

叶剑秋

2022 年 2 月于上海

目录

第一章

花境的起源与沿革

01 花境的起源

花境起源于英国的花园

现今花园内所见的花境，起源于英国的花园，大约有200年的历史，因此我们所称的花境其实是指英式花境，花境也是英国花园的主要标志之一。“当人们提出想要一个英式花园时，其实往往是指要一个英式的花境。”这是英国著名的国际花园大师Russell Page（1906—1985）在世界各地建了许多花园后的感慨。

草本植物花境（herbaceous borders）最早的文字出现在苏格兰植物学家和作家约翰·克劳迪厄斯·劳登（John Claudius Loudon；1783—1843）于1822年出版的《花园百科》（*Encyclopaedia of Gardening*）。尽管有了文字的记录，但J. C. 劳登所描述的花境与现在我们看到的花境仍有差别，他只是记录了18世纪出现了花境，花境有规则的种植床，里面的花卉成行成列种植，主要是收集花卉的品种，用于近距离观赏，没有太多地考虑花卉间的搭配等景观效果。本书将这类花境称之为古典式花境，今天在英国的某些花园，如维多利亚时代的花园代表——比多尔弗·格兰奇庄园（Biddulph Grange）内还完整保留着一个大丽花的古典式花境。

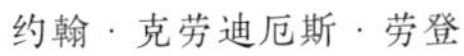

约翰·克劳迪厄斯·劳登

比多尔弗·格兰奇庄园内的古典式花境

新西兰南岛上的汉密尔顿花园内的英国园呈现的是一个典型的英式传统花境，其中的花卉，如蜀葵、大丽菊也是英国乡村非常传统的种类

阿里庄园内现存最早的花境

英国柴郡的阿里庄园（Arley Hall）是沃伯顿（Warburton）家族从15世纪起就居住在此，这个500多年的庄园里有一个对称式花境，花境由罗兰·埃格顿·沃伯顿（Rowland Egerton-Warburton）和他的夫人玛丽（Mary）始建于1846年，经过10年于1856年完成，距今166年，是英国也是世界上现存最早的花境。以阿里庄园的花境作为英式花境的起源是因为它是已知的、现存最早的花境风格的案例，这些花境由多年生草本花卉组成，在春夏季节暴发出绚丽色彩的植物景观。这种风格深远地影响了英伦花园的风貌，延续至今。

花境起源及其演化可以沿着年代轴线，通过历史事件的背景和与之关联的代表人物来清晰地加以还原。准确地研究花境的起源与演化过程也是为了我们更好地学习和应用花境这一独特的花卉植物景观的营造技术。

花境起源的时代背景

花境产生于英国的那个时期也有着强烈的历史背景和花园底蕴。一方面，当时正处于维多利亚女王（1837—1901）缔造的英国鼎盛时代，号称日不落帝国时期。空前发展的航海业也助推了英国植物引进的黄金时期，英国的植物猎手们先从北美的西部，然后到亚洲，包括中国（1842）开始收集大量的花卉植物。同时，在英国的本土花园内许多外来的新优花卉需要展示，最初的花境便是一个收集和展示花卉，尤其是宿根花卉新品种的手法。另一方面，阿里庄园的花境已经不是简单地成行成列展示花卉的品种，而是讲究花卉植物的配置，包括季相的变化和景观效果。花境的景观配置的灵感则来自于英国最传统的自然式风格的村舍花园（cottage garden）。荷兰花园设计师Hanneke van Dijk在他《花境植物百科》前言的第一句话，便是“昨天的村舍花园产生了今天我们所称的花境”。

关于花境起源更早的说法，主要依据是“border”一词用于种植床边缘的花卉种植出现在中世纪。这样比以上陈述的英式花境的起源早了至少400年，在这漫长的年代里，能找到的文献资料极少。主要按早期花园的产生与演化中，花卉在花园的边界种植的形式作为花境的起源。最具体的依据是英国花园中，早期的节结园（Knot Garden）以及演化的模纹花坛（The Parterre）边缘种植花卉的形式。早期的花园大师John Rea于1681年有相关的描述。精心制作的几何形图案的花坛，时称“Frets”，即将黄杨精心修剪成漩涡状图形的花坛，在其周边种植开花植物。这种种植形式只能在一些古老的英式花园中找到。位于伦敦西南部泰晤士河边里士满的汉普顿宫（Hampton Court Palace），1515年开始建筑，王宫完全依照都铎式风格兴建，是当时全国最华丽的建筑。王宫内有许多花园，其中的私人花园初建于1553年，被威廉三世于1702年改建成巴洛克风格的华丽法式花园，结合了荷兰和英式花园的元素。花园于1995年重新按原来的植物品种和设计方案种植。我们可以看到在巨大的模纹花坛周边的种植花卉方式就是Rea 描述的附属性边境花卉

汉普顿宫内花园大师 John Rea 描述的几何形花坛边上花卉种植形式

种植。这种种植形式并没有独立存在，而是附属于这些花园存在的，并且没有像英式花境那样被广泛推广应用。显然这种边缘种植花卉形式与现今的英式花境完全不同，也没有证据显示这类种植方式演化成英式花境。它和英式花境是花园史上相对独立的两种花卉应用形式，因此，本书不主张将其列为花境的起源。

花境诞生于英国特定的时代，经济极为富裕，花卉植物引进空前，无数花卉品种不断涌入英国，满足花境营造的需求，加上英国根深蒂固的花园底蕴，特别是村舍花园的自然风格。花境就是在这样的时代背景下迅速发展起来的。花境成为英国花园的精髓而被世界各地广为效仿和推广，是经历了百年的磨炼与逐步演化才成熟的。其间涌现出许多杰出的花园大师，使英国的花境不断完善。

花境沿革中的关键人物

格特鲁德·杰基尔——经典英式花境的代表人物

格特鲁德·杰基尔女士（Gertrude Jekyll，1843—1932），一个维多利亚时代的著名花园大师，无疑是花境史上影响力最大的人物，由于她的造园理论和手法改变了英国花园的走向。尤其在花境的营造方面贡献突出，她对色彩的看法，首先全面揭示了花境内花卉的色彩搭配；以及自然的组团种植手法，而避免近乎几何形的斑块组团种植；花卉选择强调整体协调，不追求稀有和个体观赏效果；强调草本花卉的季相变化，富有指导性，使她成为英国花境的代表人物。她从不描写未经自己观测和体验的植物种类或造园手法，作为一名专职的造园作家，她贡献了许多宝贵的造园理论和很有价值的、富有操作性的花园种植技术，至今仍极具参考价值。她的观点被广泛地认可，以至于人们习惯将花境理论称为杰基尔理论，其实这一说法是这一时期所有的花境理论，包括与杰基尔不同观点的理论。

格鲁德·杰基尔女士一生做了许多花园，位于汉普郡厄普顿·格雷（Upton Grey）的庄园被称为杰基尔花园，是个非常乡村的英式私人花园。花园由杰基尔设计并建于1908年，正处于植物从世界各地引入英国的时代。她用艺术的方法将不断生长的植物的色彩在大地上作画，杰基尔采用村舍花园的基本方法和自然种植手法营造出她特有的风格。这个花园是英国保存的最原貌、最完好的杰基尔设计的花园之一。现在看到的这个花园是罗莎蒙德·沃林格（Rosamund Wallinger）女士在1984年5月从美国加州大学伯克利分校拿到了19份杰基尔1908年的设计原稿，从一堆废墟上建起来的。罗莎蒙德女士采用了杰基尔的方法，恢复了这座重要的爱德华时代的花园。花园恢复过程中花卉的收集如此轻而易举使罗莎蒙德女士备感意外，她也体会到杰基尔的花卉选择功底。所有的花卉都是如此的适生，荒废多年的花园得以完好恢复。花园的亮点是精心打造的如梦幻般的草本花境。

杰基尔时代的花境被称为典型的英式花境，一直延续至今，最主要的是花境充分展示了草本花卉，尤其宿根花卉的惊艳效果是其他植物所不及的。维多利亚时代的著名花园作家，詹姆斯·雪

格特鲁德·杰基尔的画像

厄普顿·格雷庄园的花园全貌

花园内的宿根花卉花境

莉·希伯德（James Shirley Hibberd）（1825—1890 ）是主张使用优良的宿根花卉的代表人物。那时的花境强调纯粹的宿根花卉，而不使用木本花卉。牛津郡的沃特佩瑞（Waterperry）花园内有一个保存良好的纯粹的宿根花卉的花境。花境由贝特丽克斯·海福格尔（Beatrix Havergal）小姐设计，始建于1932年，至今还保持着原来的设计风格。花境的展示效果非常震撼，这又是一个有历史的花境而且保存得非常完好。

威廉·罗宾逊的画像

威廉·罗宾逊——英式花境发展的代表人物

花境发展的初期，宿根花卉给花园带来了初夏盛花的惊叹的效果，使得花园爱好者异常兴奋。同时花卉植物的快速丰富，也带给人们不断追求各种季节的花境效果的可能，包括秋季景观和一年生花卉，以及不耐寒的多年生花卉的应用。这种追求不断开花的花境无疑大大增加了花境建造和养护的成本。这样的热闹景象并没有长久，花境史上另一位影响人物威廉·罗宾逊（William Robinson，1838—1935）提倡种植乡土花卉、耐寒性宿根花卉。他将花境称为混合花境（ mixed border ）。近似疯狂的个性，极力主张自然式花园，反对一切整形的、规则的造园手法，包括绿雕（topiary）、模纹花坛（ carpet bedding）以及在花园里种植温室花卉。罗宾逊的贡献主要在于出版了许多花园书籍，包括最重要的*The English Flower Garden*出版于1883年，被视为花园师的圣经。与他的朋友杰基尔强调落地的风格不同，罗宾逊的观点过于教条，因而在花园从业人员中的影响力并不很高。主张混合种植的另外一位花园怪才，英国的花园大师、园艺作家克里斯托弗·洛伊德（Christopher Lloyd，1921—2006）。他是一个叛逆性极强的花园大师，将母亲留给他的花园——大迪克斯特（Great Dixter）经过一系列全新的做法，使花园变成了独一无二的著名花园。其中的长花境也改造成独特的混合花境。

英国经历了两次世界大战，劳力剧减，经济衰退，各园主纷纷削减花园的开支，杰基尔式的花境开始出现很大的改变。花境的营造费用降低，人工投入的控制，不耐寒的温室花卉几乎消失，一、二年生花卉大大减少。第二次世界大战以后花境的重要人物是格雷厄姆·托马斯（Graham Thomas），他虽是杰基尔的崇拜者，但有自己的风格，长期作为国民信托基金（National Trust）的花园顾问，在旗下的花园设计了很多特别的花境。花园师艾伦布·卢姆（Alan Bloom）在诺福克郡的布雷辛海姆（Bressingham）庄园，营造了全新的岛屿状花境（island border），与早期花境的不同在于，花卉种植的组团大，花卉种类广泛，优点是植物间阳光照射和通风良好，有利于植物的健康生长，减少植物的扶枝及其消耗的人工费用。

克里斯托弗·洛伊德的画像

大迪克斯特花园内个性化的花境

岛屿状花境

皮特·欧多夫——新宿根花卉浪潮的代表人物

观赏草的应用，是传统花境另一个变化。德国种植者卡尔·福斯特（Karl Foerster，1874—1970）是这一主张的先驱，他提倡丰富花境的花卉种类，特别是观赏草来营造自然的景观效果。当代最著名的种植设计师之一，皮特·欧多夫（Piet Oudolf）推动的宿根花卉景观新浪潮，是一种更加追求自然的种植设计风格。这种灵感来自于北美的牧场景观，主要是借助于观花的宿根花卉和观赏草大面积混合种植，并兼顾昆虫和鸟类的生态性、低维护等特点，被称为宿根花卉应用的新浪潮，这种景观更近似于自然花甸（flower meadow），皮特更愿意称其为独特的普雷里景观（prairie landscape）。皮特·欧多夫的景观风格与英式花境相距甚远，而不能以花境论，但其设计理念完全可以被应用于花境，著名的威斯利花园的大温室前就有一个巨大的普雷里式花境。花境建于2011年，长150m，宽度是罕见的11m，花卉品种配置新颖，实现了兼顾花境的景观、生态和低维护的典范。

传承与创新造就了英式花境的辉煌

纵观花境演化的过程可以帮助我们了解到，花境的发展是尊重历史，传承本地的种植传统加上设计师或业主的个性、喜好逐渐形成赋有生命力的花境。每个经典的花境都不是一蹴而就的，即便是再有经验的设计师的花境作品也是通过多年的打磨，逐年的调整，通过花卉的形态、质感、花色和花期的调整，最后达到相对理想的效果。营建花境是一个按既定的花境目标，不断纠错、调整和完善的过程，即永无止境、追求完美的过程。英式花境之所以能成为英国花园精华，是近200年来的花境演化的结果，其间包含了许许多多的花园设计大师不懈努力和智慧的结晶。花境的演化绝非是一个简单的变化过程，而是不断地继承与创新的过程。既将花境的精髓很好地保持下来，但又有了很好的发展。位于伦敦市区的邱园（Kew Garden）是英国最古老的，也是最著名的植物园，而植物园内却有个于2015年建成的最新的花境，它既是一个典型的英式对称式花境，做到了镜面效果的对称，几乎保持着纯粹的宿根花卉，也不乏观赏性的植物和邱园的特色花卉品种，如邱园月季的融入。花境种植了30000余株花卉，长达320m，整个花境的品种之丰富、体量之大堪称世界之最。这个花境案例是英式花境演化的最完美的诠释。

皮特·欧多夫的普雷里式花境

邱园的大花境

02 花境的概念与类型

花境的概念

花境（herbaceous border）是指园林绿地中树坛、草坪、道路、建筑等边缘花卉呈带状布置的形式，用来丰富绿地的色彩。以花卉的形态（株高、株形）、花色、质感和花期等特征进行艺术的配置，营造出从春季至夏秋均有花可赏的植物景观。植物材料以能连年生长、开花的宿根花卉为主，主体景观效果维持3年以上。花境应具有自然的、富有季相变化的、讲究竖向景观效果的特点。

正确理解花境的概念对于学习、研究和鉴赏花境十分必要。花境是个舶来品，在我国的实际应用较晚，最早可追溯到20世纪90年代，而21世纪初被较广泛地应用于园林绿地中，至今仍然是发展的初期。对于花境的概念，国内的书本早已有之，比较权威的包括《中国大百科全书·建筑-园林-城市规划》《中国农业百科全书·观赏园艺卷》等，都有相关的论述。由于实践案例甚少，大多引用国外相关的历史花园大师的观点，有的可能加上一些个人的主观认识加以描述，诸如“花境是虽为人作，宛如天开”；“花境是模拟自然林缘自然景观，野生花卉混栽而成”。这类描述看似生动，却难以形成完整的，具有实际指导意义，并能涵盖当今各种花境的概念。花境概念的理解差异过大，使得我们在花境的具体实践中走了不少的弯路。以上海地区为例，2009年开始系统地开展花境营造活动，全市三星级以上公园参与，笔者不间断地跟踪了10多年，发现概念的理解和认识的统一，至少花了7～8年时间。全国的情况也是如此。2017年由中国园艺学会球宿根花卉分会组织的全国性花境大赛，已连续办了4届，花境的概念问题依然存在。这些实践案例是形成本书花境基本概念的现实依据。

另一方面，从花境的发源地英国，具有典型特色的花境在各个大小的花园中比比皆是，他们的花园师们都很有个性和特点，但营造的花境在概念上却如此一致，形成了独特的英式花境。笔者在研究英式花境的起源与演化过程中，翻阅了大量的历史文献，特别是各个时代的花境代表人物，但无论是格鲁德·杰基尔还是威廉·罗宾逊等，并没有找到哪位大师有对花境概念的完整叙述。花境的起源与演化，其实是一个不断完善的过程。也许是民族文化背景的不同，思维方式的不同，好像英国的花园师并没有要求一个完整的花境概念来营造花境。但是这样一个历史事实非常重要，即在维多利亚和爱德华时代（19世纪末和20世纪初）。传统的一、二年生花卉和宿根花卉在花园内的作用开始被区分开来。一、二年生花卉被用作盛花花坛，种植成整齐一致、规模宏大的图案式花坛；而宿根花卉则被种植成了花境，辉煌至今，遍及世界。明确了花境是边缘有草坪或道路；背景是较高的绿篱或建筑墙面，宿根花卉按花园师的意愿，根据花色、叶片质感、株高和花期进行艺术的组合，能从春季到夏秋均有花可赏，所以花卉，即便在不开花时都能互相陪衬。这些史料是形成本书花境基本概念的历史依据。

作者于 2019 年三次亲临英国牛津郡附近的沃特佩瑞（Waterperry）花园内，体验了一个纯粹由宿根花卉组成的花境，一个典型英式花境的魅力

图1 摄于 4 月 29 日，正处春季万物复苏时，花境中宿根花卉开始萌芽、抽枝

图2 摄于 7 月 7 日进入初夏的花境，宿根花卉盛开，蓝色的鼠尾草、大花飞燕草，嫩黄色的毛蕊花等，形态上以直线的纵向构图形成自然式景观为主，冷色调的宿根花卉形成花境夏季景观魅力

图3 摄于 9 月 7 日入秋的花境，又一波的宿根花卉盛放，花卉组团形态变成了丰满的圆球形，色彩呈现以暖色调为主，营造出秋意浓浓的花境景观

1

2

3

花境的类型

按花境位置以及观赏面分

单面式花境（single border）

以绿篱、树丛、高墙为背景的单列式花境，其观赏面是单向的，花卉的配置往往前低后高，焦点的主体花卉置于中间，高低错落的纵向景观效果明显的花境。这类花境的长度随背景和场地情况，可长可短，比较自如，是花园绿地较易协调的、最常见的、初期尝试的花境。如我国的公园绿地中绝大多数花境属于此类。

对应式花境（double borders）

两条单面式花境设置在道路两旁，成对排列，对称设置于花园绿地中的花境，又名对称式花境，或两边的花卉品种也做到左右一一对应，呈镜面效果的对应花境称为成对式花境（twin border）。这类花境对花园的绿地环境和场地要求高，花境的体量较大，往往是绿地的主景。这类花境只能出现在花境发展比较成熟的花园内，也是标志性的英式花境。

双面式花境（central border）

在道路或草坪的中央呈条状的花境，植物配置为中间高，两边低，适合两边观赏。这类花境在英式花园内并不常见，多见于法式花园的大草坪，在东欧应用较多，长条的种植床内经常出现重复的单元，形成独特的法式花丛式花境。这类花境与花丛、花坛、花带等没有明确的界限。主要看花期，花期一致，并主要应用一、二年生花卉的为花坛；花期错落，不是同时开放，考虑有季相交替，并以宿根花卉为主则为花境。

上海长风公园的单面式花境

英国尼曼斯（Nymans）花园内著名的对应式花境

英国彭斯赫斯特（Penshurst）花园内的成对式花境，两边花境中的花卉品种也是一一对应的

剑桥附近布雷辛海姆（Bressingham）庄园内的双面式花境

布雷辛海姆庄园内的 D 式花境

爱沙尼亚首都塔林街头绿地中的 D 式花境

布雷辛海姆庄园内的岛屿式花境

D式花境（D formed border）

绿地中树丛的端头，种植床的外形类似于大写字母“D”，而非条状的花境。花卉的配置还是前低后高，焦点花卉居中的种植形式，是一种外形特别的花境。

岛屿式花境（island borders）

由若干个大小不同的树丛，类似于岛屿，在这些不规则的树丛边缘种植宿根花卉形成的花境群。这类花境群的景观需要较大的空间场地来展示，是英国花境发展后期的花境类型，在诺福克郡的布雷辛海姆庄园内有大量的岛屿式花境。

上海浦东张衡公园内的滨水花境

关于滨水花境：顾名思义是设置在公园绿地中水面的边缘，类似花境的种植，只要符合花境的基本要素，称其为滨水花境也无可非议。但本书没有与前面的几类花境并列，是因为作者认为，这类花境更适合成为水景花园的一部分，而非独立存在的花境。因此，作者主张需要根据实际情况而定。

按花境种植床的外形分

规则式花境（formal border）

花境种植床的边缘呈规则的直线，早期的花境多数是此类型，如英国的阿里庄园内的标志性英式花境。

自然式花境（informal border）

花境种植床的边缘呈不规则的曲线，自然延伸组成的花境。许多单面观赏的花境和岛屿式花境都属此类花境。

古典式花境（classical border）

花境种植床的边缘由修剪整齐的绿篱围合，绿篱呈前低后高，其内种植与展示以花卉品种为主的特殊花境类型。这类花境是现代英式花境的先驱。

花境的种植床边缘为规则的直线

花境的种植床边缘为自然的曲线

海德豪（Hyde Hall）花园内的古典式花境

按花境的花卉类型分

宿根花卉花境 （perennial border）

花境内种植的花卉是纯粹的多年生草本花卉即宿根花卉，也称草本花境（herbaceous border）。这类花境是英式花境的精华，夏秋季节宿根花卉花色的惊艳表现是其他木本花卉所不及的。这类花境至今仍然是花境的经典、具有独特的魅力。

澳大利亚墨尔本植物园内的宿根花卉花境

混合花卉花境 （mixed border ）

花境内种植以宿根花卉为主，并与其他花卉种类，包括花灌木、球根花卉，甚至一、二年生花卉和观赏草混合栽植，以丰富花境的花色、株形、质感，延伸与增强了花境的观赏性。这类花境在实际应用中更为普遍，被广泛采用。

威斯利花园内的典型混合花境

阿里庄园内的混合花境

日本横滨公园内的月季主题花境

阿里庄园内早春球根花卉的主题花境

专类花卉花境（theme border）

花境内种植以某一类特定的花卉为主，形成独特的主题花境。如以种植月季为主的月季类花境；以芳香植物为主的蜜源类花境；以白色花卉植物为主的白色类花境，等等。

在良好的树木背景和精致的草坪陪衬下，花境与绿地融为一体

花境前面的草坪养护不当会影响花境和整体绿地的景观

花境的应用

花境与花园中其他花卉应用形式的关系

花境必须成为花园植物景观的组成部分

花境与花园的关系，类似于我们的五官与人脸的关系。好比一双漂亮的眼睛不能离开人脸而存在，花境也不能离开花园绿地环境而存在，包括合适的位置。成功的花境应该很好地融入花园绿地环境中，并成为绿地景观的组成部分。营造花境的时候，不仅要注意到花境的本身，花境的背景和花境前面的草坪同样重要，同样需要与花境一并设计，考虑其协调一致，包括后期的养护。

花境是花园中应用花卉布置的形式之一

花园中需要各种类型的花卉，其布置形式是不一样的，花境仅是各种应用形式的一种。除了花境，其他的花卉应用形式有花坛、地被、岩石花园、高山草甸、自然花甸、水景花园、垂直绿化（墙园）、棚架花园以及各种专类花园等等。在我国，由于对花境概念的理解偏差较大，不同花卉应用形式之间经常混淆。这样既不利于花境的营造和提高，也不利于其他花卉应用形式的发展，更不利于丰富的、不同类型的花卉在花园绿地中得以应用。

草本花卉，作为植物景观的重要组成部分起独特的作用，具有种类、品种丰富，无比绚丽的色彩，显著的季相变化等特点，是植物景观中不可或缺的植物材料。如何发挥草本花卉的作用，需要合适的方法和技术，即花卉在绿地景观中应用的形式，我们的前人已经总结了许许多多的形式，而本书主要介绍的花境，仅仅是这些形式的一种，必须避免其他形式与花境混为一谈

图1 上海人民广场的中心花坛

图2 威斯利花园内道路两旁的花境

图3 树丛林下的蕨类植物和耐阴性花卉组成的地被植物

图4 英国花园内生长浓郁的大草坪

图5 片层状的陡峭的山峰，形成高山花卉的特有生境，马槽式种植的低矮宿根花卉和收集、培育岩生花卉的小温室构成了高山花园的三件套

图6 英国皇家植物园邱园内的岩石花园

1	2
3	4
5	6

图 7　荷兰库肯霍夫郁金香球根花园
图 8　英国花园内的缀花草甸
图 9　美国街头绿地中的自然花甸
图 10　美国芝加哥千禧公园内的自然花甸，皮特·欧多夫的作品，又称普里列种植（Prairies），即牧场风光
图 11　威斯利花园内的水景花园
图 12　汉普顿宫内的紫藤花墙园，即垂直绿化

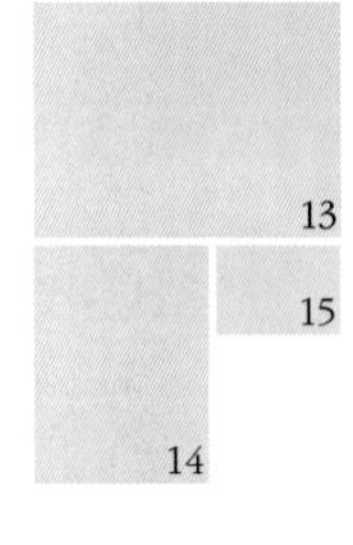

图 13 新西兰南岛基督城植物园内的月季专类园

图 14 棚架花园

图 15 上海浦东街头的容器花园

花卉主题景点不是花境

花卉主题景点是我国特有的一类花卉布置形式，被广泛应用。主要用于城市的公共场所，如街道、广场、道路口等等，为了增加重大节日，特别是重大事件的宣传或庆典活动的气氛而形成的，很多具有临时性。即以花卉植物材料为主体，运用常用的花卉应用形式（手法），按一定的立意组合成既符合艺术构图的基本原理，又能满足花卉植物生长的花卉景观。花卉景点可以是单一的花卉应用形式，也可以是几种应用形式的组合。

这类花卉景点，主要是为了烘托气氛，运用的手法不拘一格，有种植的、有连盆摆放的组装等等，可能会包括运用花境的手法，但主要是以强调主题的表达和效果的热烈，甚至所谓震撼的效果。不追求效果的长久性，有时也会弱化与环境的协调性，几乎难以融入花园绿地环境。因此，花卉的主题景点不是花境。

上海浦东砂岩广场上的主题景点，追求大体量的节庆震撼效果

上海徐汇街头绿地中的主题景点，运用了不同的花卉布置手法，景点既有景观的效果，又有利于植物生长、养护，较易融入绿地花园

上海金山滨海公园早期的花境，由于宿根花卉种类和品种缺乏，花境景观效果不尽人意

当今世界宿根花卉的种类和品种已高度发展，为花境提供了丰富的花卉材料

花境在花园中可以成为独立的景观

花境作为一种亮丽的花卉应用形式，其夺人眼球的景观效果完全可以成为花园的景点，供游人驻足观赏。我国的花园绿地流行的所谓花卉主题景点，可以视作其他花卉应用手法，与花境完全不同。即主题花卉景点不能作为花境。

花境在花园植物景观与花园产业体系中的作用

宿根花卉得以充分应用，促进了宿根花卉的产业发展

花境的营造过程是“适地适树（花）”法则的自然体现。花境其实就是将合适的宿根花卉种类，应用在花园合适的位置，即各种花园元素（包括树坛、草坪、道路、建筑）的边缘。宿根花卉的多年生习性与花境追求的效果长久性相一致，花境景观的季相变化也为宿根花卉提供了充分展示的舞台。

花园内花境的应用推进，对宿根花卉的需求会不断上升。从花卉产业的角度，宿根花卉的品种开发以及育苗、生产技术的提高变得迫切而有价值。这必将促进宿根花卉的产业发展。没有宿根花卉产业的健康发展，提供丰富的宿根花卉品种与产品，就不可能有花境的蓬勃发展。

花境大大丰富了花园植物景观中的花卉品种

下表是2009—2010年间对上海主要公园内花坛、花境应用花卉的种类进行了统计与对比。这两年就是上海地区公园内开始尝试花境布置形式。统计分别按花坛和花境，每年春秋各一次，共计4次，表内的组表示每次统计的数量，如花坛18组，表示这次统计了18个公园的花坛，花境也是如此。花坛、花境各4列，表示共统计了4次，每列显示不同花卉被采用的种类数。统计数据可以看到花坛里面的宿根花卉数是0，总计的平均数是33。这说明：如果我们只用花坛的布置手法，宿根花卉就难以在花园内应用，

2009—2010年度花坛与花境花卉种类应用数量统计

花卉类型	花坛应用种类数				花坛平均	花境应用种类数				花境平均
	18组	21组	36组	26组	25组	15组	20组	33组	18组	22组
一、二年生花卉	24	23	25	23	24	26	29	38	22	29
宿根花卉	0	0	0	0		121	112	146	116	124
观赏草及其他	13	7	9	7	9	20	14	14	10	15
总计	37	30	32	30	33	167	155	198	146	168
单组用种类最多数	9	7	8	8	8	43	49	67	49	52
单组用种类最少数	1	1	1	1	1	6	11	6	10	8
单组用种类平均数	4.2	3.4	3.4	3.7	4	22.5	21.1	22.4	23.5	22

全年用到的花卉种类约33种。统计数据还可以看到花境的宿根花卉被采用了124种，总计平均数168种。这清楚地告诉我们，通过花境的尝试，上海公园内被采用的花卉种类从33种增加到了168种，大大丰富了花园景观中的花卉品种。

自然界为我们营造花园景观提供了丰富的花卉类型，包括一、二年生花卉，宿根花卉，球根花卉，水生花卉，多肉多浆植物，观赏草，藤本植物等等。将不同的花卉种类有效地应用到植物景观中去需要有不同的布置手法。花境则是宿根花卉在绿地景观中应用的手法，缺少了花境的布置手法，如此丰富的宿根花卉就难以在花园景观中展现。

花境能增强花园植物景观的色彩，提升植物景观的质量

我国的花园绿地中花境的应用较少，但是可以布置花境的绿地却比比皆是。当我们随意比较一下建完花境的绿地，花境的色彩效果便显而易见。宿根花卉的种类和品种极其丰富，尤其是丰富的色彩，通过花境的形式出现在花园绿地中可以给花园带来艳丽夺目的色彩。宿根花卉的惊艳色彩是其他类型的植物难以企及的，其独特之处在于：由于花期的不同，色彩的季节性持续变化；花朵的花形不同，有的竖立挺拔，有的圆润丰满，有的纤细飘逸。丰富的宿根花卉品种，几乎涵盖所有的色系，有清新雅静的冷色调，如蓝、紫、白色；有热烈奔放的暖色调，如红、橙、黄色。如此丰富的色彩构成，给予花园师极多的素材，可以营造出如画般的花园美景。

花境的营造能训练出花园的匠人，催生花园产业新机会

花园的水平高低很大程度上取决于花园的技术人员，特别是有实际操作能力的匠人。花境的营造从设计、施工到养护需要较高的花卉植物知识和实际的操作能力，尤其是花境的日常养护，是一个永无止境的不断改善和提高的过程。操作人员缺乏相应的知识和技能是无法完成的，因此通过发展和推广花境技术，可以训练和培养出一批花园的匠人，这一点对我国的花园行业来说显得更加急迫和需要。

花境的长效持续需要日常的专业养护，要给花园的主人一个正确的引导，即花境营建固然需要重视，花境的效果维持需要提供长期的养护。这给花园匠人机会的同时，从花园产业的角度看，应该也是新的机会。花境养护完全可以成为专项的服务产品，为花园的拥有者提供专业服务。

绿地中树丛和草坪结合，这样的植物景观，缺乏色彩和季相的变化

树丛和草坪的边缘，分界处采用了花境，使整体的植物景观色彩有了极大的提升

03 花境在我国的发展历程

中国的传统园林中并没有花境这一形式，特别是我们现今讨论的英式花境。随着我国园林绿地的发展，大量的公园绿地应运而生，包括了许多西方园林风格的公园绿地，花境也随之进入，但是花境的实际应用起步比较晚，也就近二三十年的事。花境在我国发展时间短，历程曲折。想要了解我国花境发展的历程，可以通过花境概念的引入、草本花卉的引种和花境实践的应用三个方面去探寻。

花境及其概念的引入阶段

花境是一个翻译名词，在有关花卉、园林的书籍中早有描述，至少可以追溯到20世纪50年代，甚至更早。特别是20世纪80年代，在各个园林专业的教科书中都有花境的描述。1997年，上海市建设委员会颁布了《花坛、花境技术规程》的上海市技术标准，这个阶段是我国园林绿化全面恢复和快速发展的时期，对草本花卉应用的需求也越来越高，在公园绿地出现了许多花坛。花境的概念只是停留在书面上的理解和叙述而已，并没有实际的实践与应用。因此对花境概念的理解不够深入，对花境的实际应用推动也非常有限。这与我国传统园林中重木本花卉而轻草本花

英国沃特佩瑞（Waterperry）花园内的纯粹的宿根花卉花境，呈现出花境特有的绚丽色彩

卉的理念有关，草本花卉的应用并不多见。草本花卉的应用在我国主要是结合满足节庆活动的需要开展的，早期的草本花卉主要是通过主题花坛（景点）应用于城市的公园和中心广场以及街头绿地。这类满足大型活动的花坛往往是景点化的，特别讲究即时的效果，以达到欢庆气氛的目的。为了满足这种需求，草本花卉的种类以一、二年生花卉为主，包括温室栽培的盆花。这种仅仅满足节庆需要的花卉应用现象到了20世纪90年代后期有了变化。一、二年生花卉的花坛，相对单一、过于集中的效果以及过量发展会导致成本的压力。随着宿根花卉的引种，花境推广应用便提了出来。

宿根花卉的引进（引种），推动了花境技术的发展

草本花卉的引种到了20世纪80年代开始被重视，特别是有了植物园系统的植物引种，大量的草本植物引种开始了，新品种的引进变成了园林行业永恒的课题，这种现象直至今日。如上海植物园的草花引种一度非常辉煌，1985年前后，草花引种已达2000多种，品种更多。各地的植物园也纷纷跟上，相关的文献也不计其数。早期的草花引种，并没有注重后期的育苗、生产，特别是园林绿地中的推广应用。草本花卉的引种也没有分门别类，如宿根花卉的种类的专项研究少，花境的实践就难以实现。宿根花卉的引种早已进行，特别是我国的北方地区，如沈阳植物园、西安植物园、北京植物园等，早在90年代初就有专门的宿根花卉引种的项目，有关的课题成果报道的也不少，但基本上都是以引种数量作为主要成果指标，实际应用的，特别是成系统和持久的宿根花卉的绿地应用未曾出现。

花境技术在园林绿地中的实践与应用

我国花境技术的兴起

21世纪初，在我国的主要城市，如北京、上海、杭州等地开始有了尝试在绿地中营造花境，即推广应用宿根花卉。上海上房园艺有限公司是最早从事宿根花卉引种和宿根花境营造的公司之一。从2001年起，就着手组织了市内7个绿地、约930m^{2}的花境应用试点，其中曹家渡绿地、虹桥路花境、海宁路花境、光启绿地、打浦桥绿地等取得了较好的效果。2002年试点范围扩大到黄浦区大桥绿地、普陀区长寿绿地、卢湾区丽园路绿地、顺昌路绿地、静安区青海路绿地、杨浦区中山北二路绿地等42处，约6600m^2。2003年，一些主要道路和重点区域的绿地，如肇嘉浜路、思贤路、中山西路、虹桥路绿地、外滩都开始应用花境，这也是上海地区最早在公园绿地中大批量的花境尝试并取得了良好的经验。

上海地区的花境应用推广的第二轮高峰出现在2009年开始的迎“世博”全面提升上海的绿化水平活动。其中全市公园、绿地的花境评比活动，持续至今已10年有余，使得上海的花境水平处于全国领先地位，详细内容，随后细说。

北京的宿根花卉引种开展得较早，如早期的北京植物园，但由于北京的庆典活动用花是空前的，可以说是全国的一面旗帜，也是中国花卉用花的一个特点。因此宿根花卉的花境应用，有报道但并没有批量推广应用的实例。2004年前后，北京的迎“奥运”花卉品种的选育课题，由北京市花木有限公司牵头的花卉引种、选育项目，在宿根花卉方面做了大量、持续、细致的工作，取得的许多成果，包括同国际宿根花卉的最新品种、最新技术、最新观念的同步性，是处于国内领先地位的。2016年唐山世界园艺博览会上的花境竞赛，吸引了来自我国主要城市的几十家参赛单位，是我国历史上最早的全国性的花境赛事。唐山世界园艺博览会的花境竞赛和2019年北京延庆的世界园艺博览会上花境的成功展示，北京市花木有限公司的宿根花卉品种和材料的提供起到了关键性的作用。

2016年G20峰会在杭州召开，为了配合峰会期间的环境布置，特别是西湖景区的各条主要道路，在原有的景观基础上，结合重要节点进行了花境布置，被视为杭州地区推动花境推广应用的主要标志，分别在杨公堤、北山路、湖滨路、南山路、龙井路、灵隐路等景区的

2016 年唐山世园会花境大赛上的参赛作品“春溪花屿”

重要路段建了20多处花境。

成都作为中国的最佳旅游城市和宜居城市之一，也是较早尝试花境应用的城市。由于当地的植物资源比较丰富，花境的应用推广在地产园林中更为活跃。

花境技术在全国范围内的推广始于2016年的中国园艺学会球宿根花卉分会的中国花境论坛，特别是2017年开始的中国花境竞赛，吸引了全国各大城市的踊跃参与，已连续举办了4届。由此活动引发的花境培训和各地的花境论坛更是轰轰烈烈地在全国各地遍地开花，相关的培训需求也日益高涨，活动的足迹遍及全国，不到3年的时间，有20多期的培训班及论坛活动，场场爆满，形成了一波花境推广应用的高潮。

上海地区花境的应用与实践

尽管花境的概念已久为人知，但要付诸实践，操作者对它的认识要浅得多，或者说仅仅停留在不成熟的理论上。当我们开始实践的初期，各种花境可以说是五花八门，存在着诸多问题，对花境的概念理解不一致，甚至有误。操作时会与花坛等景点混淆，并有景点化的趋势，以及与绿地环境的协调关系等问题。这种景点化的“花境”在2001年全国各地开展的花境尝试与应用中非常普遍，直至今日依然存在。 花境的推广应用的障碍在于：

宿根花卉的效果显现不能满足追求即时的亮丽效果；

花境往往只能提供建成初期的效果，后期的观赏性差而难以接受；

花境当年的四季效果都难以实现，更不用说景观的长效性，能够留下来的花境少之又少；

错误地认为宿根花卉养护管理粗放、成本低；

花境的设计人员，包括从业人员对宿根花卉的认识非常有限；

花境的实践过程中对花境的专注不够，包括对花境概念的理解不一致。

为了克服以上问题，经过认真总结初期花境尝试的经验，借着迎接2010年上海世博会的契机，上海市公园管理事务中心组织，由上海市公园行业协会执行的上海公园系统花坛、花境评比活动始于2009年。活动的主要形式是组织全市星级以上的公园参与，每年2次（五一和十一），由专家对各公园申报的花坛、花境进行实地察看，评分，评出名次，并对评比的结果进行讲评。同时，由上海绿化指导站组织的，对上海全市16个区的街头绿地也开展了类似的评比。这项活动一直延续至今，没有间断，已10年有余，积累了500多组的花境资料，形成了良好的技术交流氛围，汇集了上海各公园、绿地的园林技术人员的智慧。花境经历了由认识的提高，到付诸实践，再不断提高的过程，从而使花境的技术在公园绿地中得到了有效地推广和提高。笔者作为这项活动的主要专家评委，全程参与这一历程，其中的许多经验值得后来者借鉴。这个历程可分两个阶段：花境技术的引入阶段和花境技术的提升阶段。

花境技术的引入阶段

2009—2018年，为花境技术的引入阶段。这个阶段的重点是统一花境概念的认识；注重花境营造的质量；激发参与热情，培养花境的匠人。可以通过评比活动的评比内容和标准来引导和实践。

花境概念的统一认识是件非常困难的事，不仅是文字上的认识统一，更主要的是现实操作的一致。需要解决花境与原有绿地的关系问题；花境的营建过程问题（时间、形式和内容）；花境与其他花卉应用形式的关系。

我国的花园绿地中几乎没有现成的花境，需要我们在原有的绿地上增建花境，这和花境的发源地英国是截然不同的，可以说是增加了难度。最大的问题是花境的合适位置，原来的绿地并没有为花境预留空间和位置，许多绿地的设计缺陷，也没有为花境营建提供较好的位置。要在这样的花园绿地中找到合适的花境营建位置并非易事。在一个不合适的位置上建一个先天不足的花境是难以成功的。要知道，花境应该充分融入到绿地，并成为花园绿地的一部份，必须与绿地环境协调。当我们要在绿地中营建花境，位置选择的关键要素是满足花境植物对充足阳光的要求；花境的周边绿化，如背景良好；高品质的前置道路或草坪，花境留有足够的空间尺度。

花境的营建，首先在营建时间上的认识。花境不是一蹴而就的，良好的花境景观需要时间打磨。一个花境从立项、建植、形成往往需要3 ~ 5年时间。如最新的英国邱园内的花境大道，2013年立项到2016年完成。这个时间观念，

上海地区花境评比活动的评分表

项目	内容	得分比例（%）
标准性	花境概念符合度	20
花境质量	花卉质量	30
	施工质量	20
	养护质量	20
花境难度系数	规模与品种丰富度	15
鼓励因素	参与积极性、进步	5

最新的英国邱园内的花境大道，2013 年立项，作者在 2015 年 6 月拍摄的施工现场

于 2016 年项目完成后，作者再次拍摄

唐山世园会花境大赛作品，景点化的花境内会加入多余的构筑物

某花境大赛上的参赛作品，失去真谛的花境，花境色彩的纯粹性就难以实现

对于我国已习惯了追求即时效果的做法的从业人员来讲难以达成统一的认识。其二，花境形式上的认识。花境是一个纯粹的花卉植物景观，强调宿根花卉的组合、搭配，形成色彩丰富、具有季相变化的自然式植物景观。在我国需要克服习惯于刻意制作的所谓大型“景点”的做法，植物造景的意识需要努力提高，最主要的变化是去除那些非植物材料的装饰，而转为讲究花卉品种的搭配。其三，花境内容上的认识。宿根花卉是花境植物的灵魂，花境景观的魅力主要来自于宿根花卉丰富的品种和艺术的配置。在花境实践的初期，由于认识的不足，加上宿根花卉，尤其是优良的品种严重缺乏，迫使从业者采用各种其他植物如花灌木、观赏草等加以补缺。这种做法常被冠以“创新”或“特色”而过度放大，背离了花境的本源而失去花境的真谛。

强调花境概念的认识，也是为了处理好花境与其他花卉应用形式的关系。花园绿地中有许多花卉应用的形式，花境仅是其中之一，每种花卉应用的形式和花境一样是花卉在花园绿地中应用的手段或方法。每种形式的不同是针对不同的花卉类型而产生的，如同花境主要针对宿根花卉，花坛却主要针对一、二年生花卉，水景花园自然针对的是水生花卉。每种形式需要从业者不断地学习，并在花园中应用，这样丰富的花卉类型就得以在花园绿地被很好地应用。花境营建时，不能以点盖面将花境代替所有的花卉应用形式，这样阻碍了其他花卉应用形式的发展，又失去了花境的特色。

花境质量是花境实践初期的关键，把握好了花境的质量，花境营建就成功了。针对我国的现状，花境质量主要包括花境植物的质量、花境施工的质量和花境养护的质量。把握好这三方面的质量，花境的效果就能充分体现。

花境植物的质量，是花境成功的前提。长期以来，我国在宿根花卉的种类、品种、育苗和生产的研究甚少。

通过宿根花卉的修剪整理，更新复壮，调整、改善和优化花境的植物搭配，提高花境景观的效果。其中花境的养护是个日常的不间断的持续性工作，永无止境。花境的养护既是花境的技术难点也是花境营造的乐趣所在。

花境建设的人才培养是花境可持续发展的关键。花境的营造在我国绝大部分地区都是新事物。花境的设计、施工和养护的各个环节人才奇缺。另一方面，各个单位的技术力量、配套资源等发展花境的条件也是良莠不齐。如何激发参与单位的积极性，对花境的整体水平的提高非常重要。对于一个地区，一个城市来讲，没有整体、全面的提高，就形成不了持续的发展，也就没有花境水平的提高。

上海花境的评比活动，一方面是花境技术在公园绿地中不断提高的过程；另外一方面也是花卉应用的相关技术队伍形成的过程。我们知道，要建一个花境是相对容易的，但要保持花境的水平不断提高，光靠经费和突击是办不到的，要做到这一点必须要有一支相应的技术队伍。因此，在花境营建的过程中需要注意激发各方积极参与的热情，鼓励花境的人才培养，特别是花境施工、养护的操作型匠人的培养。没有专业的技术队伍就没有花境的可持续发展。10多年的花境评比活动中涌现出不少优质的花境，无一例外的是每组优质花境的背后都有一些特定的技术人员的故事。这种技术人员的形成方式是多样化的，有些单位，如闵行体育公园是由专业技术干部的常年积累、琢磨和推敲，使其花境能保持常年不衰。有些单位，如上海绿金绿化养护工程有限公司，于2009年上海公园系统花境评比活动之初，就指定专门的人员侧重花境的工作，经过

宿根花卉可用的品种，特别是适合本地的优良品种严重缺乏，可用的宿根花卉的产品，特别是符合花境使用规格的产品更难以寻觅。花境的实践使广大的园林工作者有了探索应用宿根花卉的舞台，宿根花卉的需求也越来越高，这样可以促使产业链的各个环节，加速对宿根花卉的品种选育、种苗和成品的生产，满足花境建设的需要，大大丰富了公园绿地中的花卉种类。

花境施工的质量，是花境成功的基础。土壤的改良和地形的处理常常得不到足够的重视，这对于花境的效果，特别是花境的持久性至关重要；花境植物的种植技术，是花境施工中另一项要点，包括花苗种植的时间、种植方法、种植密度以及种植后的处理。花境的施工还应包括周边的绿化处理，背景的补充与调整，草坪的修剪、整理与维护。

花境养护的质量，是花境成功的保障。花境的真正效果是施工和养护共同来完成的，而花境的养护才是体现花境效果的核心技术。通过不间断的日常养护，保证花境内的花卉健康生长，开花不断的同时，更主要的是如何

近10年的努力，逐渐培养出了花境的匠人，公司属下的花境作品，屡屡在上海市的评比中取得良好的成绩。在全国花境竞赛中蝉联了第一、第二届的特别大奖。这个奖项在全国所有参赛作品中，每年只设一个。组委会的专家们连续二年都将此奖项颁给了上海绿金绿化养护工程有限公司，既是对上海的作品的认可，也验证了技术匠人在花境营造中的重要作用。

花境技术的提升阶段

2009—2019年，上海的花境评比活动经历了10个年头，各大公园和街头绿地中涌现出了许多质量较高的花境作品，特别在花境概念的理解、花境的营造技术和参与热情方面有了很大的提高，上海的花境水平也得到了全国同行的高度认可。为了进一步提高花境的水平，在肯定成绩的基础上找差距，特别是对比国外先进国家的花境。经过总结、对比发现，上海目前的花境主要在普及率、常态化和技术性三个方面有待提高。

普及率是由于各个公园绿地比较专注评比的作品，少有推广普及，而事实上绿地中需要布置花境的场地很多，可以与绿地整体质量的提升同步进行，推动花境的普及。

常态化，是由于评比的时间都是围绕着每年的五一和十一，其他季节被忽视了。这对于强调不同季节的观赏效果的花境，特别是宿根花卉的观赏效果来讲是不利的。为了即时的效果，过多地使用一、二年生花卉，过密的种植，不当的更换也在所难免。如何遵循宿根花卉作为花境的灵魂，充分发挥宿根花卉的作用是提升花境水平的要点之一。评比的着重点由过于强调节庆日转向平时的常态效果是关键。

技术性，以往的花境营造中，因为评比会过多地强调即时效果，临时加急的施工较普遍，而忽略了技术性。成功的长效花境绝对不是一蹴而就的，靠突击加急营造不出成功的高水平的花境。花境的营造有一系列的技术需要掌握，并应用到花境的营造中去，这些技术的全面掌握在花境实践的初期是难以做到的，上海经过连续10多年的实践已经到了需要全面提升这些技术的阶段了。这些技术的提升可以通过评比方法、内容和标准的调整来加以落实。因此，技术提升阶段的评比内容可以深化，如下表：

项目	考核内容	得分	扣分原因	改进意见
方案设计	图纸文件 5；设计合理性 5；整体效果，季相变化 5；色彩与层次 5；宿根与草花比 5			
花苗质量	宿根品种新优 5；花苗苗龄 5；植株健壮 5；观赏期长 5；无病虫害 5			
施工质量	地形饱满 5；土壤改良 5；花苗种植 10			
养护管理	整体养护 5；花苗健壮 5；无杂草杂物 5；宿根花卉修剪整理 10；及时更换 5			

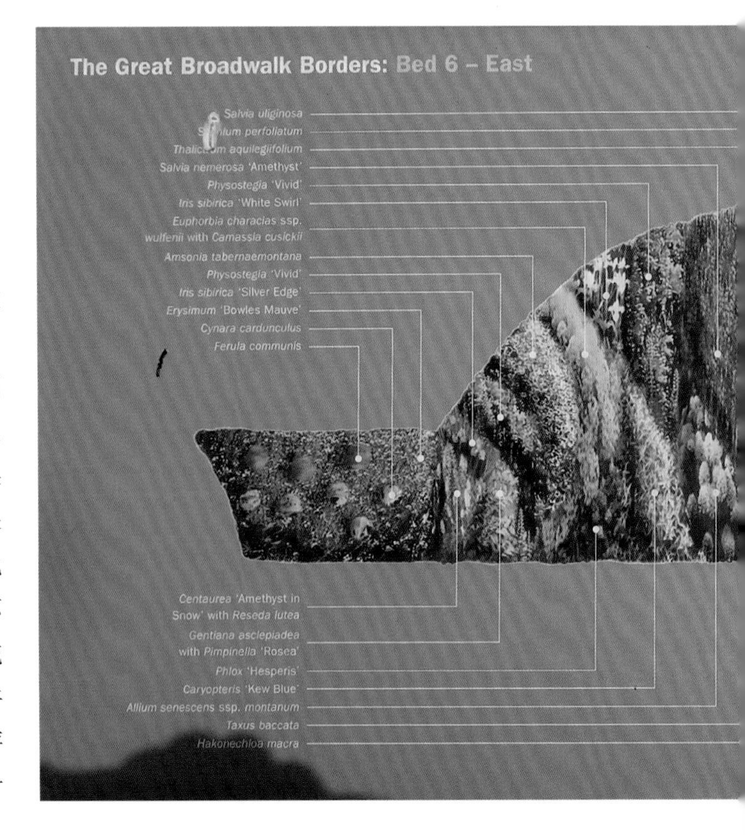

从技术深化的内容可以看出，技术提升目的在于花境质量的提高。技术提升的内容在原来的基础上深化和具体化。这些技术包括：

方案设计：花境概念的具体落实和体现，花境的设计必须充分理解花境的概念。同时需要考虑花境与绿地环境的协调，逐步做到花境的设计与绿地环境同步设计。花境设计的另一个挑战是花境的植物配置，逐步做到花境设计图纸与实际效果一一对应。其技术关键是花境的设计开始，如何做到设计图纸、设计文件和设计的实施与施工养护的紧密结合。

花卉材料：花境的主体材料是花卉，宿根花卉的种类丰富与否、品种优劣和产品质量是花境成功的前提。在花境营造的历程中花卉材料经常会出现制约性的要素，成为花境发展的瓶颈。

施工技术：新建的花境和花境的调整所需要的操作技术。主要包括种植苗床的土壤改良和地形处理，以及花苗的种植技术，即种植花苗的苗龄和种植密度。

养护技术：建成的花境需要通过日后的养护来补充、调整和优化花境的效果。主要包括保持花境植物的健康生长，病虫害的防治，宿根花卉的修剪、整理，及时的更新复壮。

技术总结：花境技术最容易被忽略的就是技术总结，及时进行技术总结是花境技术不断提高的最有效的手段。通过技术总结可以及时了解花境营造的成功经验和不足之处，为下一步的提高提供依据，也是实现花境特色的必要路径。技术总结可以使以往的工作发挥更好的作用，使下一步的工作内容更加明确，从而提高工作效率。

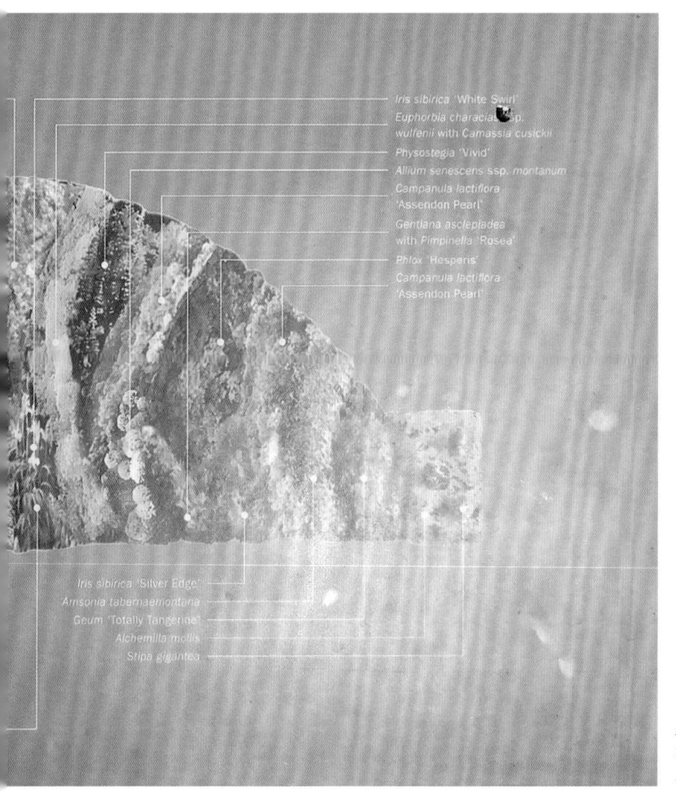

英国邱园新建的大花境，共分为8段，其设计图纸与实际效果是对应的，完成竣工后，每一段的平面图在花境现场展示，供游人查阅

04 花境营建的三个发展阶段

临摹阶段：花境营建的初级阶段，常为静态景观

临摹阶段的花境常具有以下三大特征：

花境概念的理解逐步成熟

花境营建的初期，人们只是按书本上的花境概念开始实践。由于缺乏可操作性的具体规范，取而代之的是各种版本的花境概念，使从业人员难以把握，通常会出现两种现象。一方面出现各自理解的花境，花境无规范；另一方面为了追求效果，花境景点化。

既然是临摹阶段，就需要以规范的花境理论作指导，带有强制性的执行和领悟，这个阶段不鼓励所谓创新。即以传承为主，变革为辅，经过反复推敲逐步形成规范的花境作品。

上海淀山湖景区，到了 2017 年，花境作品就比较纯粹了

上海淀山湖景区，在 2009 年早期的花境，花境中运用了红灯笼等装饰物，具有明显的景点化特征

2012 年上海静安公园的花境，采用开花的时令草花强化布置的花境，花境景观的视觉冲击力强

分别是上海动物园花境的春季、夏季、秋季的景观，是一个比较成功的花境，花境的景观也做到了三季有花可观，有景可赏

追求花境景观的即时效果，即呈现静态景观的特征

临摹阶段的花境，追求效果是刚开始花境实践者普遍的意愿，人们总是希望所做的花境景观亮丽而吸引眼球。为了达到这样的效果，在花境花卉品种的选择上，传统的宿根花卉难以满足，新颖的宿根花卉的园艺品种尚未跟上，取而代之的是一、二年生草花的过度应用，阻碍了宿根花卉园艺品种的发展。为了达到这样的效果，在种植密度上，不能接受宿根花卉疏密有致、需要生长空间的实际种植技术要点，而是不断增加花卉的种植密度，阻碍了花境植物的生长、开花。为了达到立竿见影的效果，无法实现花境景观的季相演替的自然美，取而代之的是每个季节通过更换形成装饰性的静态景观美。春季、夏季、秋季是由三幅静态的景观来体现。

设计、施工、养护技术过于简单

临摹阶段的花境，施工人员更相信自己现场的直接感觉而非设计图纸。花境设计缺乏在花园的总体布局，强调局部细节，更专注花境的本身，而忽略了花境与周边绿化环境的协调。设计图纸的可操作性弱，如种植设计中的花卉品种、植株的规格等不容易一一满足。表现为花境的植物组团机械呆板，斑块的痕迹明显而不自然，色彩时浓时淡缺乏整体呼应。

花境的施工不能严格谨慎地按设计进行，其施工过程变得计划性弱，施工中的必要环节会因人而异，少有统一的规范、标准。施工质量也时好时劣，良莠不齐。这样的花境常给以后的花境养护埋下不少隐患。这个阶段的花境养护只能以常规的浇水、施肥和清除杂草为主。花境中宿根花卉特殊的养护技术被简单的更换所替代。

临摹阶段花境营建的技术要点：

花境的营建从模仿开始。不仅我们这样，其他国家也一样。美国的一、二年生花卉一直流行，直至20世纪70年代，他们开始对英国的宿根花卉花园感兴趣了，大量的英式宿根花卉花园在美国出现，他们尽其所能将照片上能看到的美艳的宿根花卉都用到美国的花园里。大花飞燕草、毛地黄因夺人眼球的花序很容易地被人们拿来应用，而不顾其对环境的要求。这就是美国的花境临摹阶段。我国的花境营建正处在这个阶段。如同小学生学习书法，都会从练习描红本开始；学习绘画的，都会从临摹开始。这个阶段的花境，尽管是初级的，有些做法并不见得合理，但它是花境营建过程中必然要经过的。

1. 加强花境理论的学习，特别是花境概念的规范技术，以传承经验为主；
2. 加强花境景观特征的营造，高低错落、色彩缤纷的自然式景观，四季交替的变化景观，宿根花卉比例的逐步提高；
3. 加强花境景观的评估，完善花境设计、施工和养护的关系，寻求花境景观可持续性的技术要领。

大花飞燕草、毛地黄特殊的效果，是极易被采用的花境花卉

机械斑块状的花境，是典型的临摹阶段的花境

成形阶段：花境季相交替的动态景观

成形阶段的花境常具有以下两大特征：

花境景观的四季交替呈现出自然的动态景观特征

花境植物的配置呈现出群落化，弱化植物的堆砌感；俯看花境，可以看到花境内的每株植物都有独立的生长空间，植物之间疏密有致，相邻而不相挤，呈现出植物各自的体量大小，高低错落，花开花落，色彩变化的花境景观。阿里庄园的著名花境，是个有百年历史的花境，花境的植物是纯粹的宿根花卉，每年早春至夏秋至少有着明显的三个高潮的花期，其高明之处在于这种花期的更迭变化是花境内的植物配置，随着季节的变化，花卉的生长、开花自然演绎的。早春的宿根花卉的萌芽抽枝，大花葱首先报春。飞燕草、毛蕊花、风铃草、老鹳草等在夏季盛放，向日葵、堆心菊、紫菀、大花泽兰等在秋季绽放。成形阶段的花境标志着景观的动态变化。花境的景观追求不仅于花卉的盛放，而涵盖于花卉的整个生长过程。早春时节花卉的萌芽、展叶、蓄势待发的嫩枝，充满生机，已经展现出早春特有的自然生命之美，花境中不同的宿根花卉，有的花蕾含苞欲放，有的鲜花怒放，艳丽夺目，经过园艺师艺术地配置，其魔幻般的色彩变化，植株、花形各异，此起彼伏，不断呈现出变化的动态景观。花境色彩的配置，时而盛夏的清冷宁静，时而夏秋的热烈奔放。花境的景观跌宕起伏，演绎着花卉植物的生命交响乐。

新西兰基督城广场的花境

阿里庄园的花境，演绎着由春季到夏秋季节自然的季相变化（特别感谢浙江大学夏宜平教授提供图片支持）

花境的设计、施工和养护技术趋于规范，花境景观稳定、持久

成形阶段的花境标志着宿根花卉丰富的品种被越来越多地应用，一、二年生花卉的应用被弱化了。宿根花卉的组团形式越来越自然，机械式的斑块痕迹弱化了。宿根花卉独特之美被充分展现，花境中每种花卉各展其美，各司其职，互不干扰，拥挤的植物堆砌痕迹弱化了。这些标志性的变化，呈现花境植物配置的群落化，使花境景观自然协调，整体一致。

设计的作用被重视，设计的整体协调性强，按图施工能力提高。种植技术高超，充分理解宿根花卉的特性，各种花卉的疏密间距根据植物的特性而定。如布查特花园的早春，这个季节虽是宿根花卉的枯叶期，没有茂盛的枝叶，更没有繁花似锦，却有许多空隙和留白，但各种植物，不同的株型大小，相同的是生机勃勃。花境内尽管空秃有之，但绝无残花败叶，枯枝杂草。所有的苗木不论大小，棵棵蓄势待发，充满生机。花境外，修剪整齐的草坪，背景中盛开的花灌木，整个花境别样的景致，不必等到盛花时，花境景观同样精彩，时时处处彰显出花境的自然美，也是冬季花园内应该有的景致。其实花境到了成形阶段，处处需要体现高质量，具体表现为丰富的花卉品种、专业的施工技术、精心的养护管理。

英国皇家植物园邱园的大花境，其设计感很强，设计平面图被标注在花境的每个地块，一一对应

图1 花境的总平面图和第二段的平面图
图2 花境完成后的第二段的实景图

布查特花园内早春季节的花境景象，虽然土壤裸露，但是未见杂草、枯枝残花，处于休眠期的宿根花卉，还是疏密有致，嫩叶萌芽，蓄势待发，充满生机

成形阶段的花境，主要的技术措施如下：

1. 加强宿根花卉的品种选育，掌握花境花卉的习性，丰富花境内的植物材料资源；
2. 加强花境的植物配置，尽力做到花境植物的时而展叶、时而盛花，形成动态景观；
3. 加强花境的设计管理，图纸等技术文件完备，尽力做到按图施工；
4. 加强花境养护管理，努力做到日常不间断的精细养护，保持花境季季有景，日日可赏。

成熟阶段：注重适生花卉的选用，展现花境的地方特色

适生花卉品种的选用是成熟阶段花境最主要的特征。

当年美国从模仿英国的花境开始，曾经进入一段狂热期，并试图超越，而行动上却会尽其所能，将能看到的英国花境中所有表现好的花卉品种悉数搬到美国。慢慢的，也是必然的，许多英式花园中的宿根花卉在美国无法健康地生长，这并不是养护不当而是气候条件的不同。之后不久，具有美国特征的花境开始出现，在夏季气候干燥的西部，较多使用龙舌兰、芦荟、景天，而在东北部，芍药、石竹、玉簪、铁线莲等的应用，使得花境的养护简便，且花卉生长茂盛。适合本地区的花卉品种的选育势在必行，花境中积极采用具有本地特色的适生花卉品种，才是花境的成熟标志。在欧洲许多发展较早的花园内的花境，其实已是当地特色花卉品种收集和展示的主要手段，而并不只是专注花境的景观效果。有意思的是，成熟阶段的花境又回归到了花境的起源之处的两大目的：品种的收集与展示、花境的花园景观效果。所不同的是，收集的品种聚焦在适生的优良品种，景观效果已提升到了观赏性和生态的完美统一，形成最具地方特色的花境。

成熟阶段的花境告诉我们，花境特色的本质是花卉品种的本地化。实现本地特色花境的途径是选育适生花卉的优良品种，所谓中国特色的花境也是如此，而不是加入所谓的中国元素来实现的，尤其是各种摆件之类的非植物材料的加入。花境特色的营造关注点应该在花境植物。中国的地域广阔，气候类型各异，很难只形成一种特色的花境。应该根据不同的气候类型，形成东北的花境特色、华东的花境特色、华南的花境特色等等。花境中的花卉优良品种是不能简单照搬的，只能按当地的气候类型选育适生的优良花卉品种。一旦形成特色花境，即成熟阶段的花境，才称得上是符合生态的、环保的、低维护的长效花境。

挪威的特隆赫姆植物园的宿根花卉区，其实就是一个花境，花境的介绍注重的是所有的花卉品种都来自于挪威周边的特色花卉，每个品种的来源均有标注

上海辰山植物园的试验中心正在开展的当地适生宿根花卉品种的选择，这是迈向成熟花境阶段的必要途径

成熟阶段的花境，主要的技术措施如下：

1. 加强花卉品种选育技术的学习，开发适生花卉的优良品种；
2. 加强花境特色的营建，注重生态的、环保的、低维护的长效花境。

综上所述，花境营建的三个发展阶段，是花境实践过程中的三个阶段，每个阶段都有其特点，对于花境实践的初期临摹阶段是非常必要的，可以帮助从业者更好地理解花境，为做好花境以及花境的提高打下基础。三个发展阶段的花境不能简单地以优劣论，以水平高低分，尤其是后两个，以追求花境自然景观为特点的成形阶段的花境和以低维护、生态、环保侧重的成熟阶段的花境，在实际应用中，往往二者皆有之，主要看建造花园的目标。花园主追求花境的亮丽景观，就需要采用亮丽的宿根花卉品种，哪怕有些品种不能适应而当一、二年生花卉栽培。这些宿根花卉，其宿根性就不那么重要了，需要的是夺人眼球的景观。有些城市的郊野花园，追求野趣、自然、生态，特别是低维护，那么适生花卉品种便是首选。三个阶段的花境，千万不要教条化，满足花园的需要，灵活应用才是王道。

花境的起源源于花卉植物的收集，自然式景观的营造；花境的成熟即收集花卉品种丰富度上更强调了适生性；追求自然景观效果上更强调了生态性。花境营建的三个发展阶段是花境产生到成熟的过程，是花境得以持续辉煌的过程。这是因为花境尽管经历百年之变，但始终不离其宗。花境的灵魂就是宿根花卉的植物景观艺术。

宿根花卉展示会上的由亮丽宿根花卉新品种组成的花境

第二章

花境的设计与技巧

01 种植设计的特点
与花境设计师的要求

植物造景的特点

“她用艺术的方法将不断生长的植物色彩在大地上作画。”这是人们给英国花境的代表人物格鲁德·杰基尔的评语。简而言之，种植设计就是通过选择并运用植物达到设计师预期的景观效果。种植设计的基础知识之所以重要是因为我们周围好的种植设计并不多见。尽管现在新的、有趣的种植想法越来越多，有时某些局部看着还不错，但总是缺乏整体考虑的种植设计。对于学习者来讲，不应该过多地关注所谓的新观念，而越来越忽视种植设计的基础知识，甚至不好好熟悉植物知识。出现了许许多多的看似越来越华丽、使人兴奋的设计，加上许多硬质景观，植物只是最后附加上去的。因此，植物选择是通过现存的数据库信息提供的，植物清单都是设计师认为最好的，实际上许多植物景观效果根本无法实现。花境是纯粹的植物造景，离开了种植设计的基础知识，何以完成花境设计？

景观变化的特点

我们如果把花卉植物景观设计与建筑设计、雕塑、绘画都称为艺术创作的话，绘画是二维的平面创作，建筑、雕塑是三维的立面创作，而花卉植物景观设计是四维的立体空间创作，需要加上

植物生命的时空艺术。显然种植设计是最为复杂的，需要考虑的因素更多：

设计者要考虑植物景观的立体空间，是人们可以进入的，从各个角度观赏的，可能是远望，也可能是近赏；

植物景观是随时变化的：季节的变化、年月的变化和环境的变化，包括光照条件的变化；

植物景观的材料是生长的，处理得当可以生长茂盛，反之可能生长不良，甚至死亡。生长的变化必然引起景观的变化，而生长的好坏与日常养护有关。

设计、施工、养护结合的特点

植物景观设计如此多的变化，设计师先要完成种植设计中的植物选择，植物除了足够吸引人，也必须考虑植物能生长良好。种植设计师必须懂得你在设计中选的植物不仅仅是艳丽夺目，更重要的是在实际中能实现设计的意图。其他设计，如建筑设计的选材有统一的

杰基尔设计的花园

型号、规格，容易形成精确的施工图，按图施工来实现设计方案的效果。植物景观设计的选材，植物材料是变化的、不确定的，施工图难以完全传递设计意图，施工过程需要经过调整、完善、优化才能实现设计方案的效果。植物景观设计是艺术创作的话，需要具有提供详细有效的图纸的功夫；植物景观施工就是艺术的再创作，需要设计师具有组织、协调和优化的现场功夫。成功的植物景观的完成需要设计、施工、采购（生产单位）几方的组织、协调和配合，进行艺术创作，提升景观的效果。要成为一名好的植物景观设计师，作者的建议是从参与施工开始，通过多年的学习与实践，获得过硬的现场功夫。因为一个好的设计，往往7分在现场，3分在图纸。植物景观的营造，在城市小尺度空间里更难以实现，而花境设计就是小尺度的植物景观设计。设计师往往急于追求效果，会种植过密，短时间内呈现出丰富的色彩景观，其他大部分季节花境看起来毫无观赏性，尤其盛花期之后，变得枯枝烂叶，残花败果，乱七八糟留存着一些挣扎的植物，景观效果无法延续。因此，花境设计师不仅仅是画画图纸那么简单，要成为一名优秀的花境设计师应具备以下3个基本要求：

丰富的种植设计基础和花境植物与品种知识；

丰富的图纸绘图技能和过硬的花境图纸表达功夫；

丰富的花境现场组织、施工和优化的现场协调功夫。

花境与花园环境宜同步设计

花境与花园环境是唇齿相依的关系，不能离开花园环境来讨论花境，花境设计也应该与花园设计同步进行，只有这样才能使花境与花园中的其他元素，如树丛、草坪、道路、建筑等高度协调，融为一体。好比画肖像时，五官中的漂亮眼睛需要和脸庞中的其他元素——鼻、嘴、耳同步完成才好。花境的发源地英国花园中的花境与环境结合得如此得体，这是一个非常重要的原因。由于花境在我国的实践时间较短，加上我们的花园设计师对花境的认知有限，造成了许多建成绿地和花园中没有花境的设计，我们需要在这些已建成的绿地中将花境添加进去，这就给我们设计花境带来许多新的难题。尽管如此，只要遵循下列步骤并掌握必要的技巧，我们同样可以设计出令人满意的花境。

英国花园内的花境与花园是同步设计的，花境能充分展现植物材料的自然美

北京市植物园内的花境是后期勉强增设的，存在诸多不利因素

02 花境设计前的沟通与辨析

花境项目客户拜访信息表

项目名称						
甲方单位名称						
拜访地址						
拜访对象						
负责人	姓名			职务		
联系方法						
参加人员						
项目基本情况						
花境的规模大小						
花境的位置描述						
拜访准备：	1. 拜访前的预约十分必要，确保客户有时间，有兴趣接受拜访； 2. 准备好拜访目的，需要达到的目标； 3. 专业性准备，如对应的成功案例和必要的视觉辅助资料，你的专业度是建立客户信任的基础； 4. 准备一些项目可能用到新产品，新品种，新方案，吸引客户的兴趣； 5. 准备好问题，拜访过程中不离主题，注意倾听，寻求结果。					
甲方的意向和偏好：						
花境的类型（包括植物的偏好 特别喜欢，不喜欢的）						
花境的重要观赏期						
花境的色彩偏好						
花境淡季的期望，包括冬季：						
花境的预算估计	万元					
花园（绿地）类型	公园景区		道路绿化		居住小区	
原绿地对项目的利弊因素：						
光照	阳性		半荫		全荫	
场地	合适			需改造		
植物（包括草坪）	合适			需调整		
养护水平	高		中		低	
特殊要求						
场地土壤与地形：						
壤土	合适	粘重	松散	杂草	杂物	
	pH		EC		无报告	
地形	合适			需处理		
场地测量	长度			宽度		
绿地植物调整						
背景植物调整意见						
草坪道路调整意见						
拜访小结：						
拜访人：			拜访日期：			

花境设计前的信息采集

拜访甲方人员

接受设计项目后，设计人员与甲方的前期沟通非常必要。了解甲方的要求和意图，包括甲方项目的服务对象，花园业主对花卉植物的偏好和禁忌，对目前花园的不满意之处，业主的花园打理知识和可以提供的日后养护能力，以及项目可能的预算。

花境布置现场勘察

设计人员必须会同甲方和施工负责人员对需要设置花境的现场进行实地勘察，做好笔记，并用草图、测量和照片等手段收集相关信息，形成现场勘察记录（报告）。现场勘察主要内容包括：

现场的周围环境特点，尤其是光照条件和绿化情况，包括树木、灌丛和草坪等；

现场的地形和土质情况；

现场的水电供给以及排水情况。

花卉材料信息收集

设计人员应根据设计的要求，了解可能的花卉材料及来源（采购渠道）的信息，包括主要种类、品种（花色）、生产水平、提供能力、提供时间等。

了解施工队伍的施工经验，施工质

量；了解项目的时间进度计划和各方人员的配合与协作的基础。

设计前的首次拜访是花境设计特点形成的关键步骤，做好访前准备是必要的，见拜访信息表。事先准备一份拜访要点可以确认在访问过程中不会遗漏所有的信息要点，以便在离开现场前做最后的检查，确保已获得所有信息。

花境营建意向的达成

拜访的最后阶段，设计师需要和甲方建立初步的意向，通常甲方不会很清楚他们真正要什么，设计师需要引导，带上一些以往的成功案例、图片等都会非常有助于甲方接受你的议案，并达成进一步的意向。

花境项目简介的编制

首次客户拜访完成后，设计师需要回顾收集的所有信息，测量的数据，草图和照片，分析项目的场地情况和存在的问题，根据客户的需求提供项目的建议和方案，编制项目简介，或称花境方案。这个文件非常重要，直接关系到能否成功获得承接该项目的委托。编制过程中需要最大程度地体现出设计师对甲方需要的理解，并同甲方反复沟通，包括经费预算，逐步达成一致，以甲方签字确认为准。

花境项目简介的编制，是一项专业性很强的技能，在以下三种情况下都会被要求提供此类文件。①甲方已委托设计师对他们的花园或花境项目提供建议和建造方案，这时，报告就可以直接提出具体方案，包括草图和详细的信息。②甲方同时向几个设计师提出花园或花境项目的方案征集，这时，报告变成了能否获得项目委托的关键材料。③简介文件作为设计文件的附件，用作设计文件中某些细节的解释和补充说明。虽然花境项目简介没有统一的模板，但以下的基本格式可以提供初学者参考。

封面页

一个专业的简介封面可以给甲方在打开文件前就留下好的印象，可以包括以下内容：报告的大标题；报告的服务对象，即甲方的名称和地址；报告的编制者，即设计师的名称、地址和联系方式；报告编制日期。

目录页

列出报告内容的所有标题与相应的页码。

介绍页

通常是报告的第一段，应该说明报告的一般背景和项目的范围，可以介绍项目的位置和委托报告的原因等细节。

报告正文

这是报告的核心内容，报告的结构由设计师根据项目的特点和建议的内容来安排，让逻辑来决定文件的顺序，所以首先回顾现场情况的分析与问题，然后提出改变的建议。写好项目简介的几个重要建议：

如何突现报告是为谁写的，时刻抓住甲方的需求是报告的关键。因此在写报告前，先与甲方确认他们的需求并一一列出，非常重要。

报告需要有趣、刺激和视觉上令人兴奋。枯燥乏味的报告会让人感觉你的工作也可能是无精打采的。

鲜明的观点，用粗体的数字标题和副标题，并插入适当的图片，避免长页的文本。

数据提供以第三人称表述，更显权威性和可信度，如“场地经检测……”不建议用第一人称写成“我们检测了场地……”

正文的排版布局要大气、宽敞，如文本的行之间使用双间距；文本的体例保持一致，插图的标注规范等都会显示出专业性而给报告加分。

总结与结尾：报告的结尾，简短的总结所要表达的观点非常必要，但不要加入新的内容，主要是有助于牢牢地抓住甲方对报告的兴趣并做出正面的决定，而不是分散甲方的注意力。

编制好的花境简介一定要装订整齐后递交给甲方。

花境的扩初设计

当花境简介（方案）被甲方认可，并收到委托确认后，设计师就可以进入花境设计的深化阶段，即花境的扩初设计，提供详细的设计文件。花境设计是一项艺术创作，它虽然无法可依，但一定有章可循。设计师需要具备创作灵感，尽情发挥，才能设计出富有个性特点的花境作品，而这些个性的展现需要建立在花境特质的基础之上。花境的特质是由其自身的章法所形成的，区别于其他的花卉应用形式，如花坛、岩石花园、水景花园等。花境设计深化的结果必须是为营建一个有特点的花境，而不是其他。提供具有可操作性的技术指导文件，包括图纸技术说明。

花境设计的基本原则

计划性原则

花境设计的计划性在我国的现实情况下尤为重要。花境设计的实施需要有足够的准备时间，其中最主要的是花卉材料的准备。当前，适合运用在花境的花卉本来就缺乏，设计师必须了解如何取得合适的花卉材料，包括这些植物材料的种类、品种、规格和苗龄等，以及主要的供应商或苗圃的供应能力。花境设计（含所有的设计文件）必须根据所用的花卉材料，提前一个生产期完成。

协调性原则

花境的类形，必须与绿地环境协调，充分考虑与周边环境结合，选择适宜的花境类型，如单面观赏的花境还是D式花境。花境的设计与绿地环境（花园）同步设计是二者协调的最佳方法，在我国，由于通常是先有绿地，后加入花境，协调性变得更加重要而不容易做好，涉及的花境在空间尺度大小、花境与周边绿地环境的比例、布置形式和内容上协调一致，使花境景观融入绿地花园环境之中，成为绿地环境的组成部分，兼顾主题立意和景观效果。

花境的立意，花境设计为了营造某个主题，但其目的是为了激发和深化人们对花卉景观欣赏的热情，更好地体验花卉园艺之美。花境设计师也会被要求突出花境的所谓主题和立意？其实立意要体现以人为本、景观为重的原则，不宜刻意地制造过于直白的立意而失去花卉园艺的艺术感染力。尤其是花境，作为花园景观的一部分，与其说是花境的立意，不如说是整个花园景观的主题，花境只是该主题的强化和补充，适当淡化花境的主题追求，注重花境景观的营造也未尝不可。尽力做到含蓄中求立意，体验中明主题。

花卉植物造景原则

花境是纯粹的植物景观，因此植物造景是花境设计的核心内容，花卉植物种植设计的每一步都必须充分符合花卉的生态习性和观赏特性。选用的花卉种类必须因地制宜、适地适花，并充分展示植物材料的特征，以达到良好的观赏效果。

花境扩初设计技巧

花境的位置选择

花境位置的选择，首先是考虑满足花境植物的生态习性，即花卉对环境条件的要求，包括光照、温度和土壤肥水状况。光照是前提条件，用于花境布置的场地必须阳光充足，绝大多数的宿根花卉，尤其是开花艳丽的花卉是阳性或强阳性的，这些花卉在阴处往往会生长虚弱，徒长且不能正常开花。花境周边的植物需要特别留意观察，尤其在花境的东南方向，避免有高大的乔木，确保其树荫也不会落到花境上。落叶树的阴影在冬春季节常会被忽略，需要特别留意。

上海世纪公园的花境位置能较好地展现花境的景观，主体花境处在阳光充足场地，前面有开阔的草坪，花境的背景树木葱郁

上海岭南公园的花境

图1 花境主体的树荫部分需要选择耐阴性的花卉，如莨力花

图2 以乔木为背景，常常因缺乏灌木，花境过于靠近树干，结果花境会处在高大乔木的树荫下，花境花卉无法正常生长，效果难以呈现

图3 乔木下虽有球形的灌木，由于处在树荫下，不仅灌木不能正常生长，花境又紧贴灌木球，这样的花境位置就严重出错。这种错误是由于设计前缺乏现场的勘察，其实前面有足够的开阔草坪，将灌木和花境主体前移便是一个良好的花境场地

图4 树林夹道

图5 树林下由于树荫太浓，开花植物无法正常生长、开花，缺乏花色的花境会失去营建花境的意义

图6 场地处在对称的中轴线上，是一个非常好的花坛位置

图7 层层叠叠的岩石，错落有致，适合建造岩石花园，而不适合花境

温度是花境植物中宿根花卉能否持续生长的必要条件，宿根花卉一般均指耐寒性花卉，常可以耐0℃以下的低温，而花境设计，只要考虑可以露地越冬即可。花境植物的宿根性还取决于耐热性，指夏季超过30℃以上高温的天数，与耐低温相比，高温、高湿对宿根性的影响更大，许多宿根花卉难以多年持续生长、开花，不是因为寒冷的冬季，而是因为难以逾越高温、多湿的夏季。我国国土辽阔，气候各异，设计师必须掌握当地的气候条件，配置合适的花卉种类和品种，有些花卉及品种在一地能越冬、过夏，换成另一地可能无法宿根，有些即便可以越冬也不见得能过夏。具体花卉的耐寒性和耐热性，除了通过气象数据和花卉特性资料，还必须有设计师平时的观察和必要的试验，才能保证既能越冬过夏，正常生长、开花，又具良好的景观效果。

花境位置的土壤情况也应做必要的了解，包括土壤的特性和肥力以及供水等等。绝大多数的场地，土壤需要改良，以满足花卉的生长。有关土壤改良和地形处理将在后续施工中详解。

花境位置的选择，也要满足花境景观效果的呈现。主要包括花境的背景与景观陪衬、花境的尺度把控。

花境与绿地的协调

绿地花园中，树坛（树丛）、绿篱、草坪、道路和建筑（墙面）的边缘原则上都可以设置花境。花境需要与这些花园元素融为一体，并展现出景观的效果。花境设计时就要考虑这些元素，要么成为花境的背景，要么成为花境的前缘陪衬，二者与花境构成整体的植物景观。在已建的绿地中设置花境，这些背景或陪衬往往不尽如人意，需要设计时做出必要的疏减、补充和调整。良好的背景应该是花境动态景观变化的一部分，譬如早春花灌木的花期可以弥补宿根花卉尚在萌芽、生长淡季的低潮期。浓郁的绿色，譬如，修剪整齐的绿篱或纯朴的建筑墙面是花境最常见的背景。如今，花园中心有各种各样的篱笆，或流行的格子架结合藤本和攀缘植物可以作为简易的花境背景。无论哪种背景植物，与花境的主体之间应留30～50cm的通道，既有利于日后养护，也有助于背景植物的生长。

羽衣草在上海地区，7月仍生长良好

8月的上海酷暑高温，羽衣草会完全枯死而难以过夏

上海长风公园的花境效果亮丽，其优质的草坪陪衬非常重要

位于伦敦的汉普顿宫内建筑墙面成了花境的背景

彭斯赫斯特（Penshurst）花园内的花境背景是修剪整齐、生长浓郁的绿篱

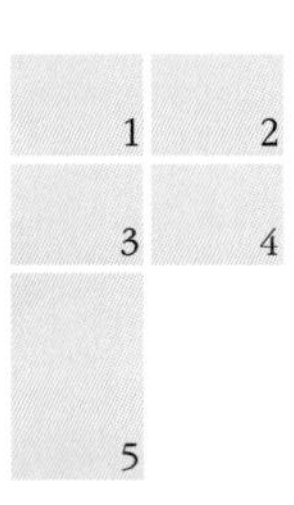

背景通道

图1 滨江森林公园的花境以树丛为背景，花境与绿地非常协调，但早期的花境是紧贴背景植物而建的，这给后期的养护带来诸多不便，也会影响树丛的生长

图2 在花境植物与背景，如绿篱之间要留出通道

图3 即便是花境的头尾，只要有背景处理，都要留出通道

图4 留出的通道在花境外观上没有任何影响，注意一下左下角的小木架

图5 来到小木架处才发现，原来花境和绿篱背景间留有通道。通道的宽度以能保持背景植物的正常生长，如阳光射入，同时便于人员进入开展花境的日常养护

花境的尺度把控

花境的尺度把控与花境位置的设定关系密切，场地是否能容纳足够的空间，直接影响到花境层次的营建和花境景观的季相交替。花境的植床为带状的，外形可以是直线或曲线，其大小随空间场地而定，长度为宽度的5倍以上，具体长度不限，通常在60～70m以上，英国邱园内的对称式花境，长320m，为世界上最长的对称式花境。长度较长的花境可以分段，每段20～40m，植物配置采用段内变化、段间适度重复的手法营造花境的节奏和韵律，产生有序的变化。花境的宽度才是花境设计的关键。花境理想的宽度为4～6m。花境过窄，如小于60cm，只能种植单层，至多加一层背景墙面上的攀缘植物，而无法产生花境的层次，做到季相变化。花境的宽度太宽，如超过8m，就不方便养护。

花境宽度与花境类型的关系见下表：

植床宽度	花境的配置
30cm	攀缘植物或矮绿篱，不能形成花境
45cm	种植单排的花卉植物，不能形成花境
60cm	种植单排的花卉植物，加上墙面攀缘植物
90cm	种植单排的花卉植物，加上一层矮小的边饰植物
120cm	墙面的灌木背景，加上一层宿根花卉
150cm	可以形成三层种植的花境，但不易形成季相变化
180cm	宿根花境的最小宽度，形成3～4层种植的花境
240cm	混合花境的最小宽度，可以混入花灌木的花境
300cm	宿根花境最小的理想宽度
360cm	混合花境最小的理想宽度
600cm	可以营造层次丰富的花境，富有季相变化

沃特佩瑞（Waterperry）花园内的宿根花卉花境，60多米长的花境并没有分段

彭斯赫斯特（Penshurst）花园内的花境，同样60多米的长度却将花境分段，段落间设有休闲座椅

图1 爱美之心人皆有之，在藏区，人们会在院子的周边种植些乡土花卉，如翠菊等，这是最简单的花境形式

图2 许多场地，形似带状，但并非都适合布置花境，花境要求一定的宽度。宽度不够，简单地种植绿色球状造型会显得过于单调，缺乏色彩和景观的变化

图3 宽度小于30cm的场地就种植一排花卉来增色，谈不上花境，可以成为花带

图4 宽度过窄，如小于45cm，无法配置成变化的层次，难以形成花境

图5 45～60cm宽度，难以营造前后层次，可以借助墙面植物或相邻种类来产生变化

图6 道路和草坪的边缘，空间小，没有足够的宽度，简单的花带更为适合

图7 早期的花境，宽度通常不到3m，要形成变化丰富的花境，常由于前后层次有限，花境景观效果的季节性很强

图1 场地宽度在 90 ~ 120cm 时，可以形成 2 ~ 3 个层次，但还是构不成花境

图2 宽度达到 180cm，可以布置出 3 个层次以上，是形成花境的最小宽度

图3 花境对宽度是有要求的，3m 以上才能形成理想的花境

图4 宽度达到 240cm 以上，才可以考虑混合花境，花灌木比较占空间

图5 150cm 以下的宽度，通常利用墙面上的攀缘植物，加上一层简单的花卉，这样处理，干净利落，整体效果容易把握

图6 营造层次丰富的花境，往往需要有 5 ~ 6 个层次，这样花境的宽度，以 4 ~ 6m 为佳。足够宽度的花境，层次丰富，才能实现自春季到夏秋花开不断、季相变化的自然景观

图7 足够宽度的花境，层次丰富，方能实现自春季到夏秋花开不断

1 2 4 5 6 3 7

花境的植物选择

花境种植设计的核心是满足花境植物的生长，并营造花境的景观效果，即观赏性。花境设计师只有全面熟悉花境植物与品种的知识，掌握种植设计基础的理论，才能做到花境景观的完美呈现。花境植物主要是宿根花卉，如何满足花境植物的健康生长将另列章节详述。本节主要阐述如何满足花境的景观效果（visual qualities）。花境植物选择需要运用种植设计的基础理论，详述如下：

设计师应该清楚放入设计中的每一棵植物在景观中的作用。花境是花园的一部分，即花园植物景观的一部分。学习花境设计前，了解种植设计基础理论是再次提醒我们，花境设计属于种植设计，即草本植物的种植设计。同时花境与周边的绿化环境，即植物景观关系密切。就如画画，画家每画一笔，点也好，线也罢，块面色彩组成一幅画，每一笔都有其作用，不该有多余之笔。植物景观中的植物也有其在组成景观中的作用。种植设计的基本内容就是选择植物，如何艺术种植。

花境的景观特质是自然，主要是通过植物特征的变化来实现的。植物配置需要抓住花卉的特征，下表中列举的植物特征正是形成花境景观的要素。即植物的形态（株高）、质感、色彩和花期的变化，形成了高低错落的竖向景观的变化，花开花落的季相变化。花境植物的选择首先要掌握宿根花卉这些特征的变化，分述如下：

形态（form）

植物的外形，主要包括形状、枝态和株高，是种植设计时选择植物的重要依据。

形状（shape）是指植物充分生长后轮廓的形状，所以落叶树只能在夏季才能看清楚，而常绿树则全年可见。对于花境中用的草本花卉来讲，除整株的外形（常称株形）也会指特定的叶形、花形和果形。

以花境应用为主的宿根花卉在出现时并没有很强调形态，对设计师来讲，花朵或花序，有的是果子的形状更加重要。草本植物也比乔木和灌木更具活力，而且随季节的推移，它们的形状会发生巨大的变化，基于这些形状的种植设计会更为成功。常见的草本花卉形状有：

英国阿里庄园著名花境的植物清单（部分）Arley Herbaceous Border Bed H

属（genus）	种（specie）	品种（variety）	花色（flower colour）	株高（height）（cm）	花期（Flowering months）（月）					
蓍属（*Achillea*）		Credo	奶黄（creamy yellow）	100		6	7	8		
蓍属（*Achillea*）	珠蓍（*ptarmica*）	The Pearl	白色（white）	25 ~ 60		6	7	8		
蓍属（*Achillea*）	欧蓍草（*grandifolia*）		奶白（cream）	120 ~ 160		6	7	8		
乌头属（*Aconitum*）	乌头（*carmichaellii*）		深蓝（deep blue）	90 ~ 120					9	10
乌头属（*Aconitum*）		Bressingham Spire	深蓝（deep blue）	90 ~ 120		6	7			
蒿属（*Artemisia*）	白苞蒿（*lactiflora*）	Alba	白色（white）	120 ~ 150				8	9	
蒿属（*Artemisia*）	白苞蒿（*lactiflora*）	Guizhu	白色（white）	120			7	8		
蒿属（*Artemisia*）	银叶艾（*ludoviciana*）	Valerie Finnis	白色（white）	90		6	7			
假升麻属（*Aruncus*）		Guinea Fowl	奶白（cream）	60						
紫菀属（*Aster*）	荷兰菊（*novae-belgii*）	Boningale White	白色（white）	30 ~ 45				8	9	10
紫菀属（*Aster*）	美国紫菀（*novae-angliae*）	Harrington's Pink	浅粉（soft pink）	120				8	9	10
紫菀属（*Aster*）		Little Carlow	堇紫（lilac）	120				8	9	10
星芹属（*Astrantia*）	大星芹（*major*）	(mid pink)	中粉（mid pink）	90	5	6	7			
风铃草属(*Campanula*)		Kent Belle	紫色（purple）	75		6	7	8		
风铃草属(*Campanula*)	阔叶风铃草（*latifolia*）	Alba	白色（white）	90		6	7			
刺头草属(*Cephalaria*)	大花山萝卜（*gigantea*）		浅黄（pale yellow）	180 ~ 250		6	7	8		

花境中的花卉形态各异，以圆形居多，有的指株形，如紫叶小檗，有的指花序，如蓝色的风铃草，有的指果形，如蓝刺头。剑形叶的火星花与其他形状形成强烈的反差，显得尤为突出。大花翠雀和落新妇的直立形花序使整个花境的组团配置层次丰富，变化自然

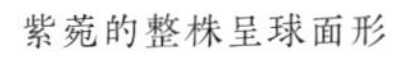

紫菀的整株呈球面形

大花葱的花序呈圆形

圆形与球面形（round or spheres）：这是一组由密集纽扣状小花组成的球面形花朵，如大星芹；有的就是圆球状的，如大花葱。这些花朵密集排列在一起，在柔和的背景下会异常突显。常被作为各种竖线条花朵的中间融合，以创造强烈的组团形态变化效果。

穗状与条形（spikes and spires）：这是一组有总状花序或穗状花序的花卉种类。类似于乔木和灌木的圆柱形和柱形。

有的像茛力花，单株花序高耸挺拔；有的像婆婆纳，数个花穗簇拥呈蜡台般效果。它们是最好的花境材料，常被用作花境的中、后部的焦点植物，其夺人眼球的花朵，形成强烈的竖向景观效果。

菊花头状花序（daisy-like flower heads）：菊科花卉是一个比较大的类群，常能为花境提供较强烈的花形，特别是夏秋的景致。有的花朵密集如紫菀，有的花朵松散如多花向日葵，变化多端。

透幕形（screens and curtains）：这是一组花序松散，可以形成通透的幕布状效果，透过它们能看到后面不同的花卉，形成强烈的层次感。如柳叶马鞭草、巨花针茅草等。由于它们通透的花形，植株的前低后高的配置可以被打破，出现更为丰富的层次感。

伞形（umbels）：这是一组具有松散圆形花序的花卉，如茴香、泽兰等。许多能使花境产生自然野趣的效果，给种植增添了一种自然的气息。

枝态（habit）：是指茎、分枝的生长方向，也称株形，有时也指叶片和花序。有时同一花卉植物会有两种枝态类型，如钓鱼草拱形的枝条上有下垂的花序。

常见的枝态有：

垂枝型（weeping）：植物的枝条由主干开始都下垂

条形花序的穗花婆婆纳

林下鼠尾草、羽扇豆的条形花序，具有强烈的竖向景观效果

向日葵的头状花序

柳叶马鞭草稀疏的枝条，形成通透的效果

泽兰典型的花序大而显眼

巨花针茅草特别的株形，基部的茎秆通透，与其背后的植物形成丰富的层次感

钓鱼草拱形的枝条上有下垂的花序

生长，如垂枝槐。这类枝态非常显眼，常成对种植，是很好的主景植物。

下垂型（pendulous）：植物的主枝直立或斜展，只在先端下垂，如柳树，花朵下垂的如吊钟海棠、夏雪片莲等。这类花卉适合组团种植。

拱形下垂型（arching）：许多灌木的丛生枝条和草本花卉的叶片呈拱形生长，花灌木如黄金条，草本花卉如火星花、鸢尾等，还有许多线形叶的观赏草。

直立型（upright）：植物的枝条或花朵直立生长，许多花卉具有直立型的花序，如翠雀、金鱼草、毛地黄等。这类花卉容易形成竖向线条的画面，加强花境的景观效果和花境的高度，在花境的种植设计中作用很大。

水平型（horizontal）：植株的枝条与主干垂直生长，枝条呈水平状生长，如荚蒾。这类枝态易于引起注目，可以形成独特的视觉效果。

花卉植物的形状和枝态只有当特别清晰可见，对视觉效果有足够冲击力时才有意义。对于落叶的乔木和灌木来讲，冬季显现最明显；对于针叶树和常绿树终年都看不清其枝态，因此，枝态就没有意义。

相同的形状或枝态的花卉种植在一起可以起到协调统一的效果。如将萱草和百子莲相邻种植，相同的拱形叶和不同的花色、花形，产生既有统一、又有变化的景观效果。

株高（height）：指花卉充分生长、开花时的植株高度，这个植物特征对花境设计尤为重要，是营造花境高低错落、竖向景观的必要元素。设计师应该对植物的株高有足够的了解，才能熟练地应用。

花境内株高的确定取决于花境的宽度，通常花境的中后部用高些的花卉，株高在90～120cm，如果宽度在3.6m以上，可以有4个以上层次的，最后排的花卉株高可

吊钟海棠下垂型的花朵

火星花拱形下垂的枝叶

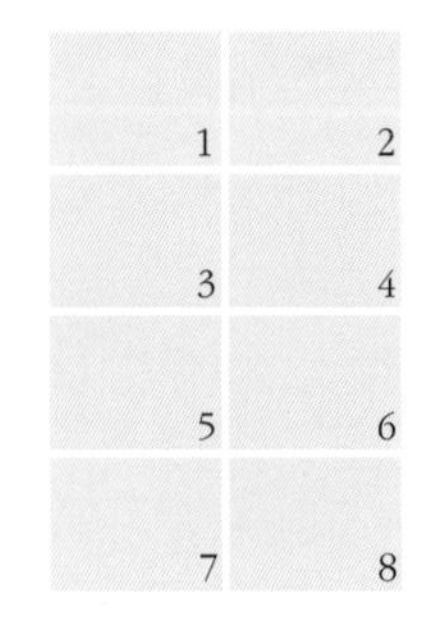

图1 花境植物的形态是组景配置的基本元素，包括形状、枝态和株高。形态，如开蓝色花的羽扇豆的花穗呈穗状条形；锥花福禄考是整个株形为球面形。枝态，大花萱草拱形下垂的叶片比其整株的球形更引人注目。株高，大星芹和玉簪的株高差异形成了丰富的景观效果

图2 花境中的菊花形的蓍草，丰满球形的大星芹，配以竖向紫色的落新妇，蓝色的大花翠雀，特别是橙红的火炬花，组成了层次丰富的花境景观

图3 采用了大量的小苗，无法呈现花卉各自的形态，失去了花境的基本特征，花境景观机械而呆板

图4 花卉的形态变化，特别是毛地黄、薰衣草、蓝花鼠尾草等直线条的花形应用，花境景观得以展现

图5 花境中植物的形态缺乏变化，尤其带修剪痕迹的球面形占主导时，难以产生自然的花境景观

图6 有了花卉形态的变化，花朵的形状、枝态的变化，花境显得自然。形态的变化当然包括株高的变化，而前景中四季秋海棠、景天的株高过于低矮而不协调

图7 上海中环绿地花境初期，花卉配置的形态单一而机械，前景特别低矮的筋骨草尤为唐突，与其他花卉格格不入

图8 上海中环绿地另一花境，花卉形态变化自然，尤其是竖向线条的蛇鞭菊等的应用，花境景观特征突显

达150cm以上。花境的前排自然常用低矮的花卉，但不要误以为越低越好，一般不建议使用株高低于20cm的花卉，以40～60cm为宜。花境的中间层宜选择株高60～90cm的花卉。

粗糙感的塔蚁

质感（texture）

质感指植物体，尤其是枝叶的视觉粗糙度和平滑度。事实上，通过感觉植物体，如看到毛茸茸的绵毛水苏，会不由自主地用手去触摸一下，得到的“触感”的感觉，转化形成的视觉感受。植物的这种视觉感受主要通过叶片的大小、形态和表面的不同，可以形成3种质感：粗糙感、细腻感和中间感。

细腻感的细叶美女樱

粗糙感（coarse texture）：那些叶片较大的，叶表面皱褶的，叶缘锯齿明显的都会形成粗糙感的质感，如塔蚁。这类粗糙感的花卉往往较显眼而成为视觉的焦点，具有厚实、稳重、密集的感觉，容易拉近花园的视觉距离，使整体空间变小。

细腻感（fine texture）：那些叶片较小的，叶面光滑的，叶缘全缘，无锯齿的，都会形成细腻感的质感，如细叶美女樱。这类细腻感的花卉不容易被注意到它们的存在，具有轻盈、飘逸、蓬松的感觉，延伸了花园的视觉距离，使整体空间变大。如在一个小的花园内，将细腻感的花卉用量比例增加，可以使花园的空间感觉变大

中间感的锥花福禄考

中间感（medium texture）：那些质感介于粗糙感和细腻感之间的，如锥花福禄考。用于连接粗糙感和细腻感的植物，有助于统一和协调植物质感。

实际设计时，情况远比这3种质感复杂得多。同一植物的不同部位可能有不同的质感，设计师需要决定哪个更重要。往往叶片的质感比花朵的质感更显

1	2
3	4
5	6

图1 千姿百态的花卉给花境组景提供了许多元素，植物的质感不同常能形成对比，如画面前方的毛蕊花的叶片宽大，被毛，质感粗，与后面的锥花福禄考光洁的叶片形成反差

图2 玉簪粗犷、皱褶的叶片与左边薰衣草、耧斗菜细腻的叶片形成对比

图3 俄罗斯糙苏叶片被茸毛，粗糙感与前面的黄晶菊、耧斗菜细洁的叶片形成质感变化

图4 质感的粗细是相对的，铁炮百合的花朵与柳叶马鞭草的花序，一粗一细形成强烈的虚实变化

图5 紫叶观赏谷子的粗犷花序与细柔的粉黛乱子草对比明显

图6 粗犷、毛绒绒的毛蕊花和纤细、光洁的凤尾蓍形成虚实变化的景观效果

突出，一方面常绿植物叶片的质感整年可见，即便是落叶植物，叶片也是贯穿整个生长季节的。另一方面，叶片的大小、叶片形状、叶片表面和叶片边缘都可以形成不同的质感，诸如光亮的、粗犷的、绒毛状的、羽毛状的、皮革状的、鳞片状的，等等。种植设计中，植物的质感不同可以形成组团间的变化，相同的质感可以使组团间协调统一。

色彩（colours）

营建花境的主要目的是丰富绿地花园中的色彩，缺乏色彩的花境就失去了其存在的意义。每个人可能都有一个自己的调色板，研究表明，颜色可以唤起潜意识的情绪反应。花境设计中的色彩设计是花境设计的灵魂，在创造景观美的同时也表达了设计师的情感和花境的主题意愿。具体色彩原理和方法如下：

几乎所有关于色彩的权威资料都是从光谱开始的，这通常用一个色环来表示。光谱的颜色是在彩虹中看到的全部色调。有三原色（primary colors），即红色、黄色、蓝色。所有其他的颜色都

彩虹反映的是可见光部分

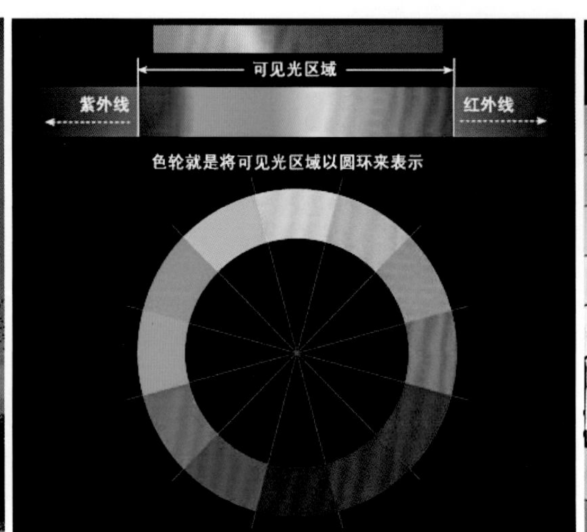

色环，将可见光用圆环来表示

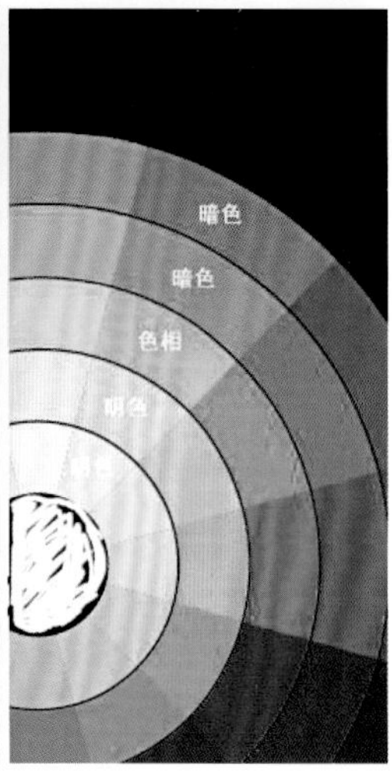

色彩明度、暗度和灰度

花境中丰富的色彩主要是红色与黄色之间的色彩变化，属于调和色的搭配

蓝色的大花葱和橙黄色的智利水杨梅组成对比色

由原色混合而产生，反之，混合无法产生原色。当其中两种颜色混合时，会产生3种副色（secondary colours），即橙色、紫色、绿色。然后在每个原色与副色之间再扩展成6个中间色（intermediate colours），即橙黄色、橙红色、紫红色、蓝紫色、蓝绿色、黄绿色。我们肉眼可以识别的颜色比光谱所有的色彩要丰富得多，是通过色环由外向内加入不同量的白色，形成无数等级的明度，颜色逐步变浅，产生粉红、浅黄、淡紫。相反的，通过色环由内向外加入不同量的黑色，形成无数等级的暗度，颜色逐步变深，产生深红、深橙、深紫。同样的对色环的颜色加入不同量的灰色，形成无数等级的灰度，颜色变灰，产生灰绿色、灰红色。通过这样的明度、暗度和灰度的变化，丰富的色彩便无穷无尽，什么天蓝色、玫瑰红、咖啡色等，实际是淡蓝色、深粉红、深橙红的描述性称呼罢了。

这个色环还告诉我们，每个颜色正对的颜色互为补色，即红色的补色为绿色，黄色的补色为紫色，蓝色的补色为橙色。这意味着将两种互补色相混合，会互相中和或互补，形成灰色。然而，将两种互补色，橙色与蓝色并排放置会产生强烈的对比效果。两个相邻原色之间的花色为调和色，这意味着这些颜色仅仅是这两种原色的渐变混色。如黄色与红色之间的橙黄、橙色、橙红是在黄色中逐渐加入红色的结果。这些颜色越是相邻的，调和度越高。

暖色调（warm colours）**和冷色调**（cool colours），将色环一分为二，以橙色为中心的一半为暖色调，以蓝色为中心的一半为冷色调，其分界线是绿色与黄绿色之间和红色与紫红色之间的连线。暖色调如红色、橙色等色调热烈、刺激、活跃、视觉感受强烈；冷色调如蓝色、紫色等色调平和、宁静、休闲，视觉感受温和。

运用色彩学原理，营造和谐自然色彩的花境。色彩的和谐经常出现在大自然中，例如蓝天映衬下森林的深绿色、天空的蓝色和海洋的湛蓝，更引人注目的是太阳下山时天空中的红色和橙色。我们对这些色彩的和谐有着发自内心的愉悦。根据色彩学原理，花境植物设计时的色彩搭配，采用以下色彩方案有助于营造自然的景观效果：

相邻色（又称调和色）的和谐色彩配置（harmonious color schemes）：将相邻的颜色混合搭配成和谐的颜色，是花境景观中最有效的自然色方案。常用的方案有：橙色、橙红与金黄色可以将我们带入刚落日的天空或秋季的色彩。花境中可以采用橙色、橙红的花朵，与金黄色的观赏草或背景的秋色树叶形成和谐的色彩。紫色、红紫色与蓝紫的搭配又将我们带入日落的末期，夜幕降临时的宁静。花境中为了达到季相的变化，可以将大花翠雀、荆芥、薰衣草等组成初夏冷色调的景致，到了夏秋采用紫菀、金光菊、大麻叶泽兰、一枝黄花形成暖色调的景象。

钓钟柳、虞美人、月季和即将开放的火星花，均为红色，形成了暖色调的花境

上海清涧公园入口处的花境，初夏的景色也为暖色调的

初夏，花境中蓝色的大花飞燕草和蓝紫的腹水草形成了冷色调的景观

上海静安公园花境里配置的薰衣草、桃叶风铃草和飞燕草，也是蓝色为主的冷色调景象

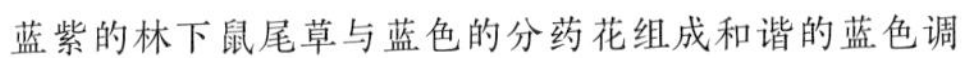

蓝紫的林下鼠尾草与蓝色的分药花组成和谐的蓝色调

红花鼠尾草、紫红色的香彩雀、赤壁鸡冠组成和谐的红色调

花境中鲜艳的红色石竹，密集种植成明显的斑块状，色彩对比强烈，与周边自然成丛的组团和色彩难以协调

金黄色金光菊与紫红色的千屈菜以及两边蓝紫色的老鹳草和紫露草形成分裂对比色的配色，而非紫色的对比色

单色系的和谐色彩配置（monochromatic color schemes）：利用色彩的明度、暗度和灰度变化，配置成和谐的色彩，这也是花园中普遍存在的自然色彩，如嫩绿色的草坪、绿色的树叶和深绿色的针叶树。花境设计中更是可以运用各种深浅的红色或黄色，而避免采用特别鲜艳的正红色。

分裂对比色的和谐色彩配置（split complementary schemes）：花境应谨慎采用对比色（contrasting colour schemes），即将色环的2个对立位置的色彩搭配种植，如红色和绿色、橙色与紫色会形成强烈的反差，有很强的视觉冲击力。为了增加花境的色彩亮度和突现焦点植物，可以在与周边组团花卉协调的基础上采用对比色，活跃花境整体的色彩感。使用分裂对比色的配置可以使花境的色彩既亮丽，又保持自然。如黄色与蓝紫或紫红而不是紫色。为了追求或弥补花境的即时效果，避免选用规则组团的对比色，尤其是斑块状的对比色，体量和斑块没有处理好会显呆板、唐突而不自然。

阳光对花卉色彩的影响：花卉的色彩会随着太阳在天空中的移动而变化。每天日出、日落时的阳光是暖色调的，那些红色、橙色的花色格外耀眼；冷色调的花色相对暗淡。中午的阳光非常强烈，近似白色的光线下，暖色调的花色会褪去光芒而

图1 花境中花卉缺乏了色彩，或斑块状、打补丁式的花色补充也只能是画蛇添足了

图2 即便是花色丰富的花境，也要注意慎用对比色。画面中的斑块状红色，与周边的绿色形成强烈的对比色，显得非常唐突

图3 花色的相邻色是花境植物配色的主要手法，应用较多，容易协调，如各种深浅的蓝色大花飞燕草、柳叶风铃草配置成冷色调的景观

图4 同样的暖色调的配色宜采用红黄色系的相邻色，如玫红的西达葵、紫红的千屈菜、深紫红的美国薄荷容易配出协调的花色

图5 采用越是相近的色彩配置，景观越协调。紫红蓼，金黄的金光菊，玫红的八宝景天、紫松果菊，紫菀等，形成一个非常自然的花境景观

图6 上海浦东金桥公园内的一组花境，初夏时以大花萱草、美国薄荷、美人蕉和松果菊等红橙色为主，点缀些蓝色的百子莲，大大增强景色的活跃度并形成色彩的对比和谐

图7 到了夏秋，蓝色的墨西哥鼠尾草占据了主体，点缀些橙色的美人蕉有异曲同工之妙，色彩对比和谐

在大自然色彩面前，人类的语言变得苍白无力。因此，所谓的色彩原理、配色技巧绝非清规戒律。花境的色彩应该顺应传统经验，尊重地域风情，不断展现个性的创作过程，这就是花境的魅力

冷色调的花色开始复苏。在那些缺乏阳光的暗淡天色下，蓝色、紫色特别是白色依然引人注目。

阳光的光质随季节性的变化会影响到花境的景观，尤其是季节性景观。冬季的光线灰色而寒冷，只有苍白的小花朵还在发光，如雪滴花。春天的阳光越来越暖和，嫩叶绿色，花朵往往是黄色、蓝色、紫罗兰色。夏天的光线变得强烈，传统花境中的粉红色、蓝色花朵在晴天看起来异常美丽。秋天的阳光是金色的，黄色的树叶和观赏草与红色、金黄色、蓝紫色花朵形成特有的秋色景观。

花期（flowering season）

指花境中运用的花卉品种的开花期，或观叶、观果等的观赏期。花境设计中的花卉配置，需要将不同花期的花卉品种有机均衡地配置于花境，使花境的观赏期越长越好，至少从春季到夏秋一直有花可赏。设计师只有掌握了用于花境的花卉种类和品种的花期，才能做到这一点。

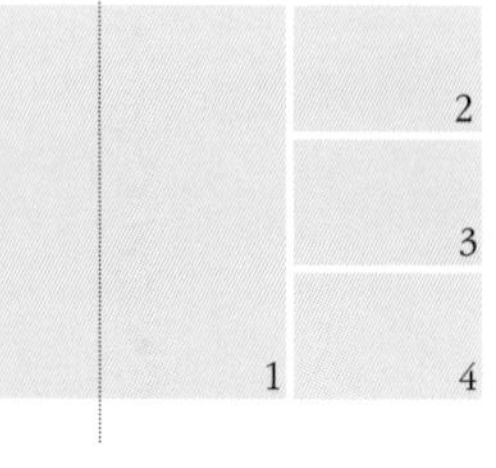

阳光与花色

图1 中午强烈的阳光下，紫色、蓝色等冷色调的花朵格外灿烂

图2 夏季的日照，粉红、蓝色更让人舒适

图3 秋季的光线，带有暖意，将金黄、橙黄变得更加灿烂，秋意浓浓

图4 冬季的阳光，给残存的枯花带来最后绚丽的机会

1	2	3
4	5	6
7	8	9

花境植物的花期演绎

图1 滨江森林公园的这组花境，春季的景色已经色彩斑斓，几乎所有的植株都进入了盛花期，游人惊喜不已，驻足拍照。这个花境的缺陷在于其观赏期仅限于盛放的花期，而没有预留其他季节的景观

图2 花境需要从春季至夏秋都有花可赏。宿根花卉的应用又不容许通过更换来实现，只能通过植物配置呈现花期的季节演绎

图3 春季第一波花是秋冬种植的球根花卉，如观赏葱和早春的宿根花卉耧斗菜等

图4 真正的宿根花卉要到晚春初夏才能盛开，如林下鼠尾草、蓍草、大花飞燕草、毛蕊花等，形成花境的第二波花期

图5 到了夏秋季节，第三波花期的种类盛开，如紫菀、向日葵、大麻叶泽兰等

图6 花境中的花期演绎是通过植物配置来实现的，大花飞燕草、毛蕊花的右后侧是大麻叶泽兰。前方枝条网是逐渐生长的锥花福禄考，其右侧还有柳叶风铃草。再往前，老鹳草的两侧是紫菀，这些都是夏秋开花的种类

图7 初夏开花景观的周边，埋藏着下一波夏秋开花的种类

图8 花境的花期演绎是花境独特的技术要领，要做到整体感强，图为阿里庄园的花境，初夏的景观，整体花境的初期状态，周边有着许多逐渐开放的种类

图9 随着时间和季节的变化，花境的整体进入盛花。色彩、花量、花形共同演绎着季相变化，年复一年，循环往复，这就是花境的美妙所在

园艺品种是花境效果的保障

前文所提的花卉植物的特征对花境景观的作用在实际的设计中需要有优良的花卉材料来实现。这一点对设计的落地效果至关重要，设计师对花卉植物的了解不能仅停留在花卉的种类上，而必须落实在园艺品种上。同一种类的花卉，无论是株形、质感还是花色、株高，都会因为品种的改变而不同。只有准确地运用花卉的园艺品种，才能更好地展现花境设计的景观效果，丰富的园艺品种也给花境景观的提升带来更多的可能性。

花境的植物配置

花境花卉植物的配置其实是动态景观的设计，生长着的植物，年年、月月、天天都在发生变化。在选择任何花卉品种前，有个整体的方案非常重要，先确认一下你希望达到的花境效果。这个阶段需要遵循基本的构图原理，植物景观设计的基本原则，以及花境植物配置的方法：

植物景观的构图原理

黄金分割比例原理

1∶0.618就是黄金分割，这个伟大的发现来自古希腊的毕达哥拉斯学派。即将整体一分为二，较大部分与较小部分之比等于整体与较大部分之比，其比值约为1∶0.618，那么，这样比例会给人一种美感。这个比例具有严格的比例性、艺术性、和谐性，蕴藏着丰富的美学价值，公认为是最能引起美感的比例，被广泛应用在生活的各个方面，尤其是各种艺术门类，如绘画、音乐等。花境植物配置时，黄金分割原理有着广泛的应用价值，是花境中焦点植物位置确定的重要依据。花境中焦点植物的位置宜处在黄金分割点上，这样容易形成视觉中心，突显美感。再如花境的长、宽的尺度与植株高度比例都可以利用黄金分割原理，建立花境的艺术构图，使花境景观呈现最佳的美感。

三角形构图原理

所谓三角形构图是线条、图形、明暗、色彩和质感五大构图原理之一的图形构图。各种图形构图中，三角形构图是最稳定的平衡构图。花境景观追求自然式，其画面的平衡，比起规则式画面难以做到，而利用三角形的构图原理，有助于建立平衡、稳定的景观，尤其是花境的立面景观布局。

花境植物配置时，三角形构图原理可以帮助我们建立稳定的景观效果。花卉配置时，首先花境立面的高度及位置，往往是三角形的顶部，一般在中、后的位置，即花境的背景或骨架。再考虑平面的布局，焦点植物会偏中层位置。最后是低矮的植物在花境平面的最前排。

尺度与比例原理

法国建筑师布隆代尔提出的“美产生于度量与比例”。任何一件功能与形式美的产品都有适当的尺度与比例关系，尺度与比例既满足功能要求，又符合人的视觉习惯。尺度与比例关系在一定程度上体现出均衡、稳定、和谐的美学关系。花境植物配置中把控好植株的体量大小，对于花境景观与环境的和谐，满足人们的观赏视觉感受都需要控制好尺度与比例的关系。

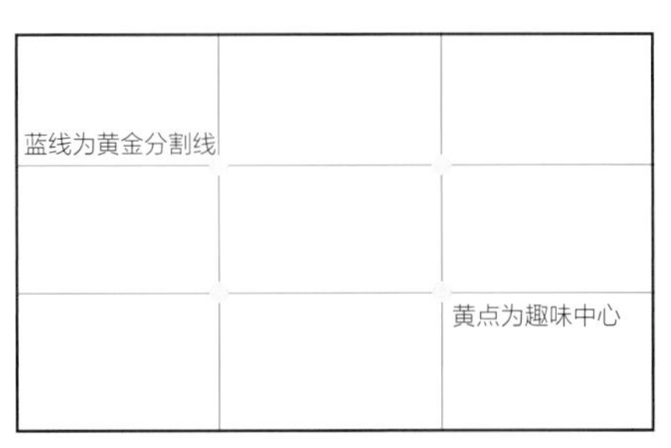

黄金分割线与黄金分割焦点

花境中的焦点植物毛蕊花正处在画面的黄金分割线上。花境景观生动且平稳

高大的菜蓟构成了花境景观的最高点，处于偏后的背景位置；前面是低矮的蓍草；林下鼠尾草和锥花福禄考组成焦点植物位于画面的中层。整体景观构成稳定的三角形

上海海粟公园的绿地条件非常适合营建花境，花境始建于2009年，起初花境注重沿着背景树而建，形成了当时上海最长的花境之一，但忽略了与整体绿地环境的比例关系，尤其是花境的宽度。每当重要节庆，总觉气氛不够，就在绿地中加入一些牵强的花球，增加花卉色彩的体量

花境按尺度、比例关系，加宽了花境的宽度，舍去那些不协调的球类造型，花境整体效果大大提升

花境植物配置的原则

变化与统一原则

花境景观的特征是自然，花卉的变化就可以实现花境的这一特征，使景观活泼和不呆板。花境中的焦点植物或景观植物，容易产生引人注目的效果。花卉的季节性变化，以及花卉的形态、质感、花色和株高等特征可以配置成各种变化：竖向景观的变化、花开花落的变化、色彩深浅的变化、质感粗细的变化、组团体量大小的变化、花朵疏密的变化等等。

统一原则是防止花境变化太多，显得杂乱无章，而难以形成花境整体的和谐一致。统一就是相同或相类似植物组团之间的密切联系，往往是花境中的填充植物，种类不多但重复出现。这些类似的填充植物可以是花卉品种，或花卉的形状，或花色。统一原则可以避免花境设计中塞进太多的不同植物，从而产生具有联系的群落感。

1	2	3
4	5	6
7	8	9

花境植物配置技巧

图1 组团是花境植物配置的基本技法，在平面上要避免机械的斑块状，显得呆板而不自然

图2 组团采用不规则的形态，即群，组团的外形大小不一，形态各异

图3 花境的体量较大，但过多规则的矩形斑块组团，使花境失去了自然景观的效果

图4 特隆赫姆植物园的花境组团，其每组的形态、大小都不一样，形成自然的群落

图5 新西兰基督城的街头的花境，植物的每个组团各有特点，配置协调

图6 早期静安街头的花境，尽管色彩斑斓，但植物组团斑块痕迹过于明显，景观不够自然

图7 植物组团改进后，自然成群，花境景观呈现自然

图8 花境植物的组团成群，自然变化，配置协调是营造花境景观自然属性的关键

图9 竖向景观营造是花境植物配置的独特技法。大花飞燕草、腹水草、乌头等，那些直线条花形的品种可以说是为花境天造地设的，它们的出现，意味着花境景观已成功一半了

图10 竖向花卉的应用，使得花境植物配置高低错落，往往是前低后高

图11 花境植物配置的高低位置并非千篇一律，有了虚实的变化，能产生丰富的层次感

图12 松散的马其顿川续断与下面的大花萱草，纤细的茴香枝条与后面的旋覆花形成了景观虚实变化，这是花境植物配置时遵循了构图原理

图13 构图原理的上松下紧，上轻下重，三角形的构图，是花境植物配置的理论依据

图14 花境植物配置，各组团要做到疏密有致，组团间相触而不拥挤，为恰到好处的配置

图15 那些刻意的留白，忽视了植株间的空隙，不是花境植物配置的要领

图16 花境植物配置的疏密有致，即便到了盛花时，植物组团依然能各司其职，享有各自的空间，这才是花境植物配置的要领

构图简洁原则

所谓“少便是多”是为了表现出约束性，花境设计不求种类过多，以免凌乱。简洁意味着不要把所有可能的花色、形态和质感混在一起，即不要把你所喜欢的植物放在同一个设计方案中，起初设计师会选择很多的植物品种，在实际设计中往往可以减半，然后只要增加数量和重复。这种重复容易产生花境景观有规律的变化，就会形成花境景观的韵律和节奏感。

对比与调和原则

对比即差异，形成花境景观对比效果，具有强烈的刺激感，让人产生兴奋、热烈和奔放的感受。调和即类似，容易产生柔和、平静、舒适和愉悦的美感。花卉植物的差异与类似包括如株形、叶形、花形等方方面面。在花境植物配置中尤其以花色最为敏感。为了突显某个焦点植物，或增加关注度可以适当采用对比色，但大多数情况下还是采用调和色来营造花境景观的自然属性。花境的植物配置要处理好花境与环境，如背景或建筑之间的协调关系，既有对比的反差，突显花境景观的观赏性，引人注目；又要保持与环境的调和，融入花园之中，成为一个整体。

尺度与均衡原则

花境内的植物体量的大小，植株的高低，花色的深浅都有花卉组景的均衡原则，使花境设计求得景观效果的稳定、和谐。花境植物的配置中，目标是在对比与协调之间产生平衡，当植物之间有适当的联系时，这就成功了。均衡在规则的景观中较易做到，即对称的均衡，如镜面效果；而花境的自然式景观中容易被忽略，或难以做到，如立面布局时采用三角形构图。常用的方法有焦点植物与填充植物的

花境的中后部大花飞燕草、毛蕊花以及前面的羽衣草不经意中重复出现，2～3种花卉，少而简洁，形成花境的基调，整体感强；花境的中间各种角度植物此起彼伏的盛开，花境景观变幻无穷

火星花剑形的叶片，独特而张扬，与周边其他花卉的叶片形成强烈的反差；左下角圆形的旋覆花与右边的八宝景天形成呼应，但与背后的千屈菜、腹水草、蓝刺头形成了强烈的对比，构成了丰富的花境景观画面

协调，注意主次之分，譬如，花与叶的均衡，可以是不同花期的植物互相陪衬，或在密集花朵植物的边上种植观赏草等。体量与比例的均衡，花境设计中所用的花卉组团大小与花境的尺度大小和比例对花境的气氛会产生很大的影响。如植株过大，空间会变得昏暗而幽闭；如植株过小，则可能会感到明亮和开阔。

韵律与节奏原则

花境植物配置时，通过花卉类似的特征，形成有规律的变化，营造动态的花境景观。即花境的景观是不断变化的，花期的此起彼伏，色彩是飘逸流动的，景观的画面是稳定的。可以选择花境内比较稳定的组团，不断用类似的组团重复出现，就能产生韵律感。盛开的花朵与陪衬的绿叶，使花境动态效果有节奏地变化，而不显凌乱。这个原则可以保持花境景观的整体性，又具有自然的动态美。

无论是画面的构图原理，还是植物配置的原则，都是互相联系、互相作用的，归根到底是将花境植物配置成的景观既有韵律，又显稳定，在动势中求均衡，在装饰中求自然。

红线蓼密集的红色花穗与开花的观赏草和大麻叶泽兰中间细柔的观赏草起到了画面的均衡作用

背景中特别有形的柱状柏树，花境后层的蒲苇观赏草，以及前景中金光菊和粉红色八宝景天交替出现，整个画面韵律与节奏感强烈

1 6 7
2 3
4 5 8

花境植物配置的重复技巧

图1 上海动物园的花境，醉蝶花、美人蕉、蓝花鼠尾草和五色梅的配置采用重复技巧，这样能营造花境景观的稳定性和整体感，并产生韵律与节奏的变化

图2 处于静安公园的老花境，植物配置以斑块拼接为主，花境景观缺乏整体联系，更谈不上节奏、韵律

图3 这组徐家汇街道上的花境，种类不多，但黄金菊的重复，包括背景中的球状造型的重复，使整个花境显得整体感强，且带有韵律变化

图4 花卉种类的重复是最常用的手法，如花境中一枝黄花的不同品种、紫菀的不同品种

图5 毛蕊花、大花飞燕草、羽扇豆、毛地黄是通过共同的花形达到花境景观中的重复效应

图6 这组花境的植物配置，从美女樱到远处的金鱼草，用10余个品种，但互相缺乏联系，花境景观极其不稳定，花儿右边盛开，左边暗淡，整体感弱

图7 花色、花期的重复是营造花境景观非常有效的方法。花境的偏后部位，浅黄色的花序贯穿整个花境，中层淡蓝、浅黄不经意地出现红色，分布整个花境

图8 夏秋的花境通过强烈的金黄、橙黄色有节奏地重复，营造出一幅浓浓的秋色花境景观

花境植物配置的方法

花境的平面布局，植物组团种植呈现群落感的景观

花境设计的平面布局是为了满足花境希望达到的景观效果，确定花卉的组合方式和花卉的具体种植位置。设计师将思考花境的色彩组成，植株的组合搭配、对比与协调，花期的分配，整个花境的观赏期，是短短的几周，还是整个夏秋季节，当花境景观的基本要求清楚后，我们就可以开始平面设计了。

花境的整体布局，往往从高大的植物开始，高大的植物往往放在偏后些。布局时，还要考虑不同花卉类型的搭配与景观的关系，一方面这种组合关系可以多到无数，另一方面又很难立刻产生满意的成效。因此，拍照并做好记录，可以评估花境组合的效果，满意的或需要优化的，逐步达到期望的效果。

花卉的组团方式是平面布局时的关键技术，除了少数的花灌木和体形特别大的植物，如巨花针茅可以单株种植，绝大多数的宿根花卉都是数棵组团种植的，组团种植的要点是宜群不宜块。所谓群（drifts），又称“云朵式”，即数株花卉植物以不规则的形态聚集在一起种植的组团形式。花境中的花卉组团呈群或“云朵状”，其体量宜大小有别，更有利于形成自然式的群落景观。与群对应的是要尽量避免斑块状（blocks）的组团种植形式，会使花境的景观机械、呆板而不自然。

这是布雷辛海姆花园内，花境中每个组团的大小、形状、高低、质感等各不相同，却配置协调

近距离观察一下阿里庄园的花境，即便到了盛花时，组团依然清晰地保持着各自的形态。八宝景天、落新妇、大花飞燕草，各有各的形态、高低、花期，但配置协调

上海徐家汇公园内的花境组团有着明显的斑块状，显得机械呆板而不自然

花境植物的配置，其最理想的要求是，如何做到花境中每一株花卉都能各司其职，充分展示其特有的美，不同植物之间互不干扰。这种美还应该体现在这些花卉植物的各个生长阶段，即花境的任何阶段都有群落感。花境中应用的主要植物，宿根花卉的最佳景观效果往往不在第一年，而是第二年，甚至第三年。其株形、分枝数、开花量尤其是株幅是完全不同的，对不同花卉品种株行

特隆赫姆植物园内的花境，种植密度做到了组团间互不干扰，略有空隙

花境内植物种植过密，生长旺盛的墨西哥鼠尾草很快会将周边的花卉挤占掉

威斯利花园的花境，即便到了盛花时，各个组团依然是触及而不拥挤，做到了疏密有致，呈现群落感的景致

种植过密，植株间拥挤不堪，盛开的八宝景天和繁星花正吞噬着它们之间的松果菊和百子莲，花境景观呈堆砌状

种植的五色梅，以小苗为依据，不考虑苗木成年后的株幅，而且不留生长空间，这样的五色梅是无法展示最佳状态的

根据花境内宿根花卉的株幅特征，决定种植的株行距，留白是必须的，这才是冬春植株合适的疏密度

距的确定是平面布局确定每一株花卉位置的技术关键。因此，设计师需要对所选用的花卉品种特性有很深的了解，理想的种植密度是当植物充分生长、开花时，植物间正好触及而不拥挤，花境中的花卉能各显其美。右表是常见花卉植物株行距的参考数据。

花境设计和营建的初期，往往采用的花卉苗龄偏小，并要追求即时效果，或在冬春季节害怕土壤裸露，容易过密种植，形成堆砌的景观效果。宿根花卉的个体美，由于没有合适的生长空间而无法展现。冬春季节，花境内的各种花卉植物，不同的是株型大小，相同的是生气勃勃，即便是小苗也是蓄势待发，充满生机，植株间所留的空隙是完全必要的。

花境植物株幅与种植株行距对照参数

花境植物类型	最大株幅（cm）	每平方米棵数
小型灌木，如灌丛月季	100	1
大型宿根花卉、观赏草等	60	3
大多数的中型宿根花卉、观赏草等	45	5
小型宿根花卉、观赏草等	30	10
大多数一、二年生花卉	20	25
大多数球根花卉	15	40

花境的立面处理，均衡层次感，呈现纵向的景观效果

花境设计的自然景观效果，纵向景观效果的呈现是关键之一。即花境植物配置时，如何运用构图的基本原理，如高低错落、疏密有致、虚实结合、仰俯呼应、上轻下重、上散下聚。采用三角形构图的原理，画些立面草图是一个很好的方法。花境植物设计时，需要考虑植物的配置组成应该拥有较高的植物、较低的植物和中间高度的植物混合栽植。这些高低不同的植物可以形成竖向景观的变化，而三角形的构图又很好地形成了景观的稳定性。花境立面处理时不要注重花卉的个体表现，而要关注整体的景观效果。一般采用不对称三角形构图，先确定较高植物的位置，往往是靠后部分，常为条状的花穗，形成画面的结构。选择低矮的植物，置于前面，常为覆盖性强的常绿植物，或观叶植物，便于细部完善，适当遮挡后面的植物和裸露的土壤。然后在中间加入合适的形态和质感的花卉，来形成视觉中心的焦点植物或亮点植物，增强季节性的亮点和观赏性。

采用不对称三角形构图布局花境的立面层次，先起草花境高度的位置，想要的花卉形状和质感等，完成了花境的立面草图后，再选定具体的花卉种类和品种。

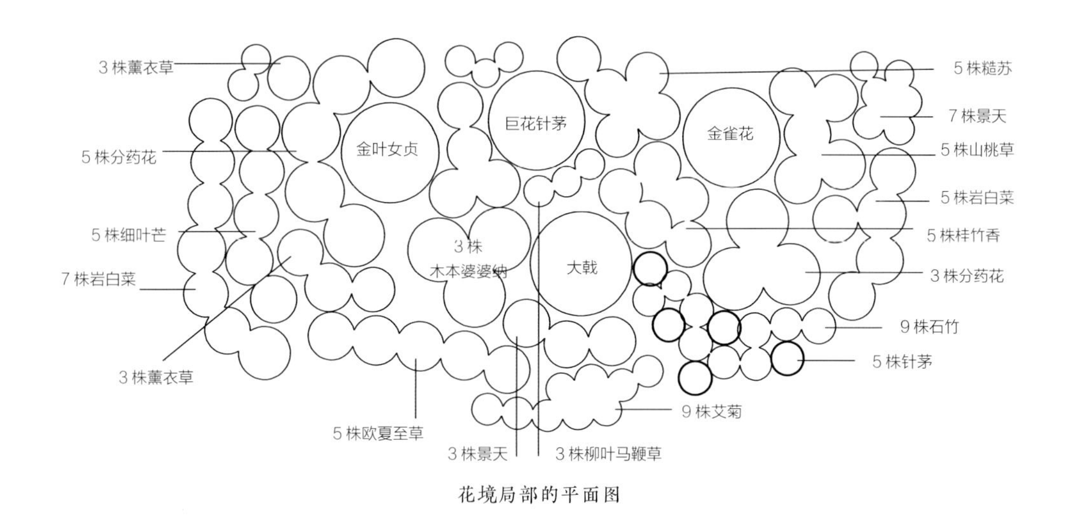

花境局部的平面图

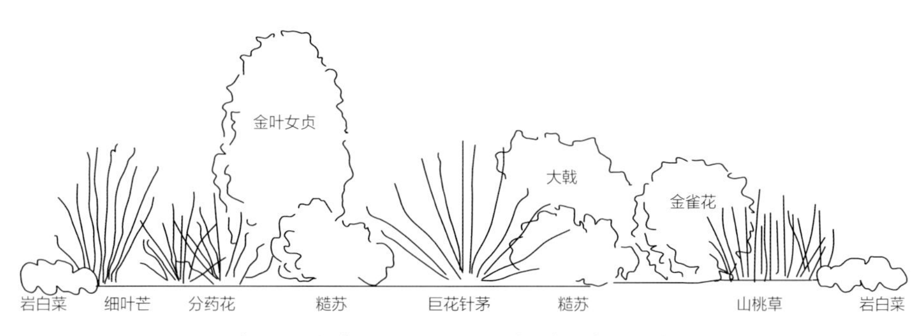

将平面图转成立面图，可以得到一个三角形的构图

花境植物配置的三步法

花境的空间层次创建，包括色彩和自然的季相变化。打造一个花境可以从花境结构的外围开始。如先从最后一层开始，我们可以选择高大的植物，形成骨架，可以是爬墙灌木，如灌丛月季形成背景。接下来是往前些，花卉的品种可以略为雅致些，如直线条的大花翠雀，这类品种的形态与背景花卉形成差异，使得景观增添能量和活力。再往前便是焦点花卉，如凤尾蓍、超级鼠尾草，以及隐藏在树枝网内的、下一季的焦点植物，可能是锥花福禄考，带给我们完全不同的质感，易与其他花卉配置融合，非常入画。然后在最前面的部分，可以用些摇曳姿态的低矮的花卉品种，如老鹳草、羽衣草等，它们可以将整个花境内的植物融为一体。另一个要素是色彩，整个花境应该有个主色循环往复，从头贯穿到尾。不论花境的长短，即使只是单一花色的简单重复就足够让人沉浸于花境的美妙之中了。杰基尔花境中花色的应用技巧是通过花境内各个组团的花色串连起来的，形成流动感的色彩。许多灵感来自传统的村舍花园（cottage garden），由冷色调的白色，蓝色开始，逐渐由黄色转变成暖色调的橙黄和红色。主要的花材有飞燕草、向日葵、堆心菊、金光菊、东方虞美人、唐菖蒲，也可以采用一些花色艳丽的品种，如大丽菊、万寿菊等。花境的色彩流行，同其他的艺术门类会有时代的变迁。当代的流行潮要感谢Christopher Lloyd——大迪克斯特花园的主管，将许多亮丽的花色重新流行起来。

“三明治”式的层次构建法，有助于花境设计的有序思考。我们可以将花境想象成一个三明治，即一片“面包”为花境的背景，通常是花境背后的结构性花卉和一些填充性花卉；另一片“面包”为花境的前景，通常是花境前面的覆盖性花卉；中间那块可口的“牛肉”为观赏性花卉或亮眼的焦点植物。

花境中的墙面植物与大花飞燕草为背景，也是三角形的最高点；蓍草和林下鼠尾草为焦点植物，画面的中层，视觉的中心；前面则是植株低矮，覆盖性强的老鹳草、羽衣草

杰基尔设计的花境，其花色如橙红的剪秋萝和白色的蔷薇，不断出现，贯穿整个花境，花境的色彩自然而具有动感

花境的背景层（back-of-border plants）常用些高于1m的花灌木或1.2m以上的宿根花卉作为结构性植物组成。花灌木适用于较大空间的花境，一般单棵种植，而宿根花卉宜组团呈群团状或云朵状种植。见示意图的右边，这些结构性的花卉随着时间的推移会长大，因此在设计初期，在结构性花卉之间需要留出至少1m的间距，并用宿根花卉或观赏草作为填充植物，日后结构性花卉逐渐长满空间时，填充植物将会被移除，见示意图的左边。对于那些空间小的花境，宽度不足2.4m，花灌木会感觉体量过重，特别是常绿的花灌木就不宜放在这一层次了，取而代之的爬墙或贴墙植物，或直接以墙面、绿篱或树丛作为花境的背景。

花境的前景层（front-of-border plants）常用些生长低矮的花卉，以绿叶期和叶形较具观赏性的花卉品种，能

堆心菊、火星花、地榆等花境的焦点植物处在中层，景观变化丰富。前后层宜稳定配置

有美丽的花朵可视为额外的惊喜，如羽衣草、火星花、荆芥、大花萱草等。在一些较大的花境，也可以用些较高的松散型的花卉品种，如柳叶马鞭草、山桃草等，避免机械地层层叠叠。花境的前景植物不要单株种植，应该相对紧密地组团成群种植，最大程度地保持土壤的覆盖。

低矮宿根花卉
结构性花灌木（1m 株幅）
结构花灌木（1m 株幅）
高茎宿根花卉
背景
花灌木间距 1m
中景
前景
结构性花灌木(1m株幅)
焦点花卉（株幅小于 1m）
低矮宿根花卉

示意图

花境的主景层（middle-of-border plants），需要选择观赏性强的宿根花卉，营造花境在不同季节的景观，无论是花色还是叶色。这是花境出彩的关键层次，以宿根花卉的品种为主，也可以用些观赏草，对体量大的花境，出彩的花灌木也是丰富花境景观的一种选择。用作焦点植物的花卉，宜选择花期不同的品种，宿根花卉也要组团成群种植，并考虑观赏的季节变更，花期的交替，花开花落，此起彼伏，错落有致地协调配置。焦点植物沿花境长度方向重复出现可以增强花境景观的整体感。有些花期较早的花卉品种，最好种植在偏后的位置，这样当它们的花期结束后可以被别的花卉遮挡。

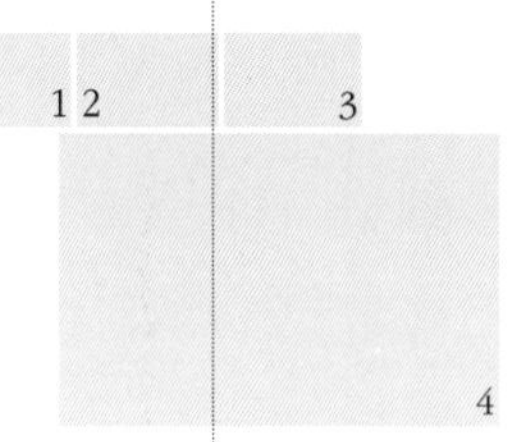

"三明治"式的花境配置：花境植物的配置，分成三层是中规中矩的做法，即所谓前景、中景和背景

图1 这个宿根花境的层次非常丰富，其配置也是通常的三个层次。但三个层次明显不同。前、后层相对比较简洁，种类品种重复性强，起着稳定和陪衬作用；中层是花境景观的主体，花形、花色、花期的变化丰富，如图中的超级鼠尾草、凤尾蓍、老鹳草等。花境植物的整个结构类似"三明治"

图2 上海青浦街道上的花境花卉也分层了，但是层次之间过于相似，变化不足，景观显得呆板而不自然

图3 花境没有层次的分配，只顾组团拼接，组团间没了联系，很难形成完整的花境景观

图4 "三明治"式的花境植物配置并不是机械的三排植物的主次之分，而是三个层次的作用之分，重点的中层（主食部分，也不仅仅是"牛肉"了）不仅花卉品种宜选择观赏性强的，其体量也明显要重些，有2～3个层次是必要的

丰富而富有变化的花境焦点植物

花境上述3个层次的解析只是为初学者理解花境的基本空间层次关系，便于入手设计。它们绝对不是2排或3行植物的排布，更不是花境的设计法则，也不能以此按部就班地机械执行。与此相反，成熟的花境也绝对不会像三明治那样具有呆板的层次，一个季相变换自如的花境，每个层次可以由1至数排植物构成，或多或少的植物，或大或小，变化越多，层次越丰富，全由自然形成。花境中的焦点植物和陪衬的填充植物不是固定的，而是变化和互换的，焦点植物位置也不一定要固定在中间，背景或前景都可以安排焦点植物，因为相对于绿地环境，整个花境便是这个绿地植物景观的焦点和亮点。花境的这种景观层次的营造很难一蹴而就，需要不断地调整、优化，才能达到理想的效果。

03 花境设计文件与图纸绘制

花境设计文件

花境设计的技术文件，即花境的施工图纸等文件，包括设计说明、设计图纸和花卉材料清单三大部分。

设计说明

指除设计图纸以外的所有设计文件，主要对花境的技术、质量提出具体要求，确保设计效果的达成。设计说明文件包括一下几部分内容。

设计概述

简要说明花境的基本情况，包括规模大小和设计意图（立意构思），设计内容和所用的花卉材料是如何表现主题内容的。设计运用的花卉种类和技术与达成设计意图的关系，并说明一些特别的技术要点。

地形与土壤改良建议

立地条件的改善是达成花卉布置设计的基础。根据设计要求结合现场实际情况，对土壤改良和地形处理提出具体要求。

水肥提供方案

水肥提供是维持花境效果的关键，能提供有效的花卉养护重要措施。花卉布置设计时就必须充分考虑并有具体的说明。

经费预算表

经费是达成花卉布置设计的保障，设计应根据花境布置的全部内容，包括所有的材料和施工的数量、质量要求为依据，编制合理的经费预算表。

设计图纸

花卉布置的设计图纸是设计文件的核心部分，根据花境布置的规模大小，设计图纸包括平面图、立面图、效果图和施工图，同一方案的设计图纸宜采用统一大小的纸张（A4或A3）。

平面图

总平面图：由2个以上花境段落组成的花境宜提供总平面图。总平面图是用来绘制花境与周围环境的关系图。总平面图可以表示的主要内容有：一组花境之间以及在绿地中的位置和比例关系。

单体平面图：是用来绘制单个花境或花境段落中具体的花卉种类和品种关系的图纸，是将设计内容中的具体花卉种类、品种（花色）按比例在图纸上标明，标明的内容必须和所附花卉材料清单的编号、种类等对应。目前，在我国绝大部分是平面示意图，即大致标出花境所用的花卉种类和配置区域。还达不到施工图阶段，这与我国的花境实践时间较短，特别是花卉材料的品种缺乏，规格不整齐，产品质量良莠

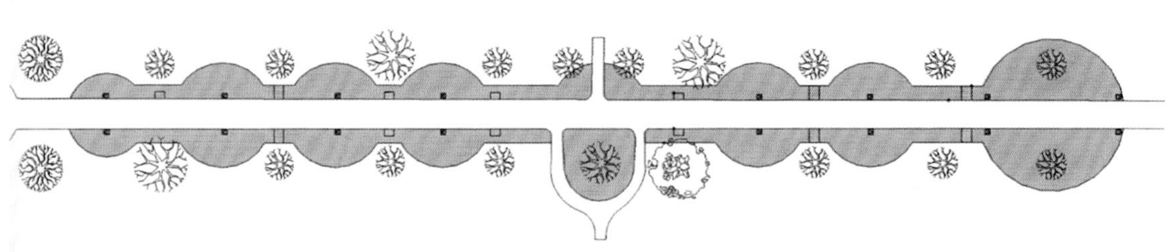

The Broad Walk Borders

We are renovating the Broad Walk to create a stunning new horticultural feature. This historic walkway, designed by William Nesfield in the mid 1800s, will be rejuvenated by the formation of two stunning parallel borders. Over 300 metres long, they will line the path to provide a vista of spectacular colour and texture. We have lifted the daffodil bulbs from each side of the path, but will be planting more of these bulbs elsewhere in the Gardens so that you can still enjoy them in spring.

Vibrant spring and summer blooms will be the highlight, and the season will be extended by grasses that will be at the peak of display through the autumn. The borders will include colourful asters, fragrant lilies and showy blooms of geraniums and penstemons, together with interesting selections from Kew's living botanical collections currently held in our nurseries.

This redevelopment is being funded through generous private donations, and a grant from Defra for the resurfacing of the path.

The path will be resurfaced in early 2015, and the borders will be complete in summer 2016.

A unique opportunity to be part of the Broad Walk Borders.

Paths leading through the borders will be flanked by 18 new benches – each fixed in place. We can now offer you this unique opportunity to sponsor one of these benches and display a plaque with your personal dedication.
To sponsor a bench or for further information please contact Jill Taylor by email: commemorative@kew.org or by telephone: 020 8332 3248

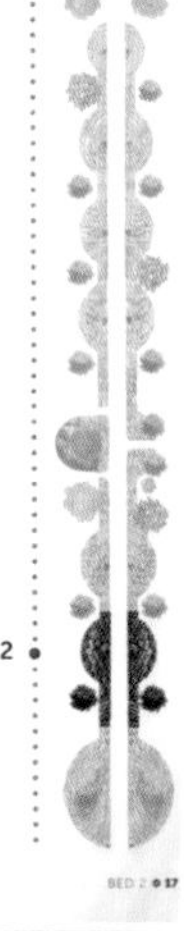

图纸落地

图1 花境大道的总平面图，将花境完整表达在图纸上。上方是它的实际效果图

图2 效果图是作者在此花境建成前，于2015年5月在现场拍摄的

图3 花境全长320m，详细的平面图需要分段表述，一共分了8段，这里是第二段，在总平面图上也是一目了然

图4 花境完成后，2019年作者再次在现场拍摄的实景图

图5 此花境为镜像对称的花境，这是第二段一侧的详细的平面图，植物名称一一标注

图6 每一段的详细平面图都展示在现场，可供查阅

图7 花境第二段，与平面图一一对应实景图

图8 第二段花境的另一侧与之镜像对称的实景图

图9 对应的前4种花卉分别是巨花针茅、老鹳草、俄罗斯糙苏、红花钓钟柳

不齐有关。后面重点介绍的种植平面图才是花境设计中最重要的技术文件。

立面图

指在花卉种植后的高低布局的示意图，是对应花境的平面图，把握花境的纵向效果的图纸，遇到有地形变化时，剖面图用来剖示花卉植物与地形和外环境的关系。根据花卉布置规模大小，可以提供整体的剖面图或局部的立面图。

效果图

用来表达花境布置设计的效果，尤其是有立体（竖向）景观，主要用于花境方案的呈现。运用各种绘图方式绘制成效果图直观地表现设计效果，需要有足够的吸引力，将设计意图表现得清晰易懂，容易被甲方接受为目的。

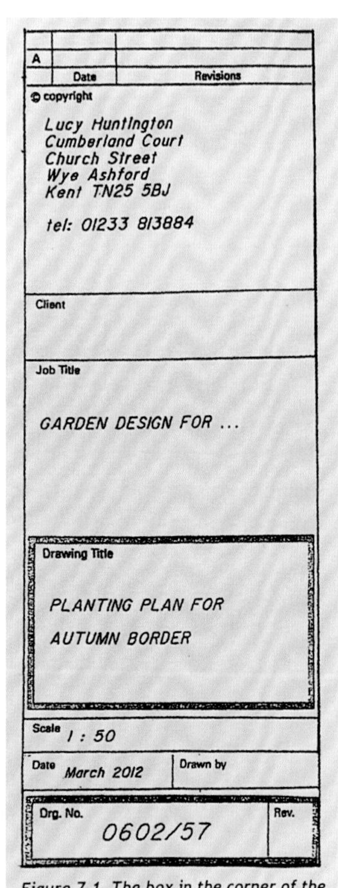

Figure 7.1 The box in the corner of the planting plan. Here the client's name has been removed to maintain confidentiality.

图纸落款基本信息框

施工图

图纸落款信息见下图，主要包括：图纸编号、制图单位、用户单位、图纸名称、比例尺、制图日期、制图人员等。

苗木清单

是按花境设计图纸的附件材料，提供详细的花卉种类清单，内容没有限制，但必须包括品种（花色）、株高、花期。

花境植物清单是种植设计图的附件，需要注意3个要点：①其编号必须与平面图的编号一一对应，便于使用和提供完整的信息。对于较大的花境，在平面图上只标组团的编号，通过和植物清单上的编号关联即可，不用在平面图纸上再标花卉名称等信息了；②花境的植物清单要紧扣花境的主体，即宿根花卉的种类，避免将背景绿地中的乔木和灌木（混合花境除外）列入清单。见案例阿里庄园花境的植物清单；③作为附件的清单的具体内容没有统一的规定，但以下几点必须涵盖，即编号，中名、种类学名、品种名、株高、色彩、花期。这样只要看到花境的植物清单，就可以判断该花境的高低错落，花期与花色的分布等花境的基本景观特征。

花境种植平面图的绘制

花境设计方案被采纳后，需要将方案落地，就要采用施工平面图，简称施工图或平面图。花境的这种平面图需要表明用哪些植物以及具体的种植位置和比例关系。花境平面图必须做到精准、明确、不含糊。平面图应该成为项目合同的重要附件，作为结算的依据。

场地测量

为了平面图的精准绘制，需要对设计的场地进行现场评定和测量。尽可能选择植物生长季节的晴天到现场，可以准确地判断场地的光照条件和现存的植物与花境的关系，包括方向。用米尺测量实际的尺寸非常重要，别人报给你的数据往往不准确。事先准备一份需要了解的内容清单非常必要，主要包括光照条件、当地气象信息和土壤情况。

种植平面图的比例尺

种植平面图需要提供设计师所选的花卉品种种植的精确位置，要做到这一点，图纸要将每一棵花卉画得足够看清其种植的位置，就需要用合适的比例尺，花境设计常用1：100的比例尺，即实地1m的大小在图纸上为1cm。对于一些种类复杂的，较小的细部可以用1：50或1：20，或1：25的比例尺，以能清楚地表达为原则。

圆圈法平面图的绘制

采用圆圈绘制花境种植平面图，种植平面图的最重要的是清楚地画出每一棵花卉的范围和种植位置，不需要漂亮的图标或色彩，常用清晰的圆圈表示，即一个圆圈和中间的十字叉（+）即可。圆圈的大小对应花卉植物充分生长后的株幅，（+）十字叉表示种植的具体位置。不同植物的株幅是不同的，设计师需要了解掌握这些信息，可以大致将花卉按株幅大小分类并对应比例尺的编号。各种花卉植物参考书上会有相关的资料，但必须核实其准确性。另外环境条件和后期的养护与植株的株幅也有关系，特别是土壤条件，许多宿根花卉一般2～3年后能生长到其最大的株幅。

组团的画法，当有数棵相同的花卉组团时，即先用最淡的铅笔画几个相同大小的、互相接触的圆圈，并加上（+）符号，注意圆圈互相不能相交或重叠，然后再用深些的铅笔将各个圆圈沿外围连接成组团的外轮廓线。不同大小的花卉植物组团的画法也是如此，就是用不同比例尺的圆圈，如宿根花卉与花灌木相邻配置，也是圆圈互相接触。

种植株行距：种植平面图需要清楚地标出种植的位置和范围，这个对于施工来讲非常重要，但画图就不容易了。当开始画种植平面图时，设计师需要查阅所用花卉植物的株幅，是2～3年后的株幅。这样才能按此大小的比例尺画出圆圈。目前可

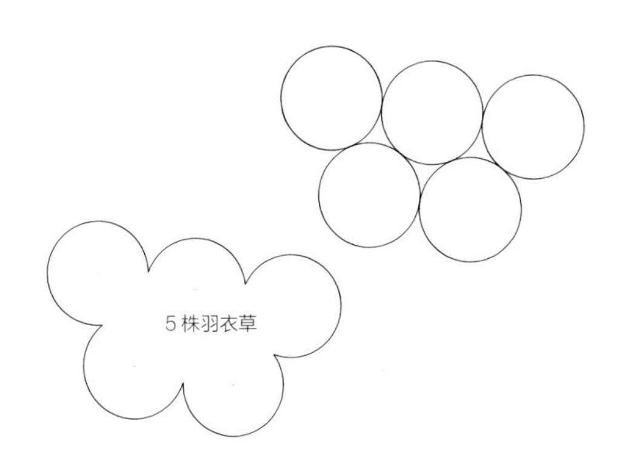

5个接触的圆圈，呈5株花卉形成的组团

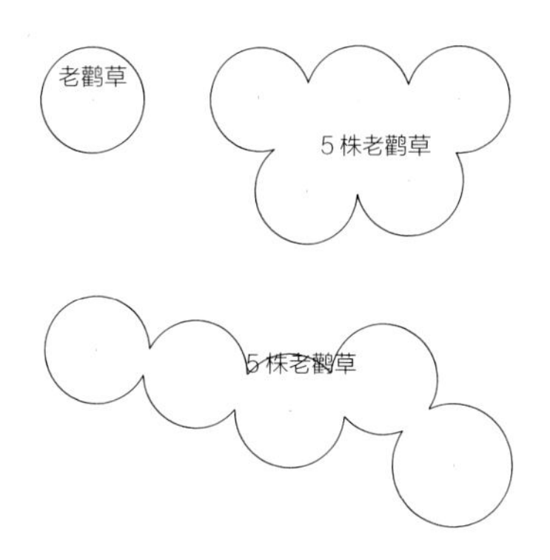

同样5株花卉组团可以形成不同的形状

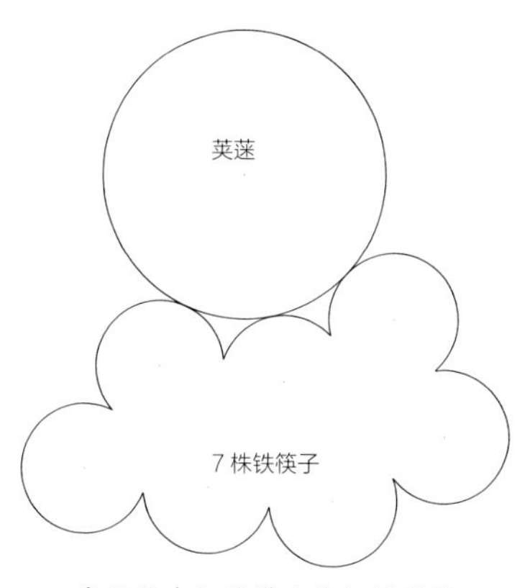

宿根花卉与花灌木的相邻配置

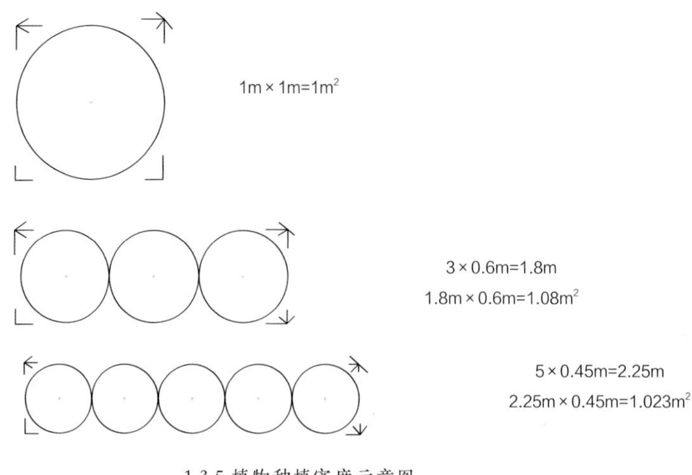

1-3-5 植物种植密度示意图

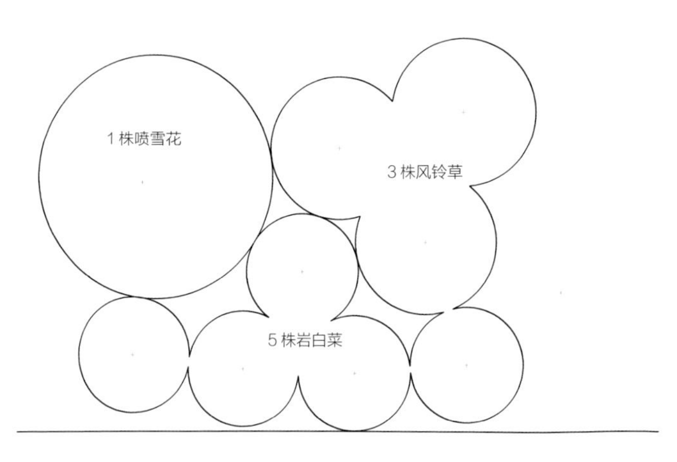

不同规格的花卉按 1-3-5 规律种植，形成的组团混合示意图

以参阅的资料，提供的数据是不统一的，有的直接是株幅，有的建议每平方米种植数量等，这就给设计师出了难题，不容易操作。将植物的株幅分类，并对应每平方米种植数量是决定种植株行距操作性较强的方法。

花境植物中主要是宿根花卉，一般株幅在30cm以上，每平方米最多10棵。花境设计避免种植过密是件不容易的事，特别是当客户需要即时的效果。解决的办法是保持同样的空间，采用相对成熟的苗，如2年生或更大些的苗。建议选择合适的小苗，由其自然生长到成熟的尺寸，填满预留的空间，这样的花境景观更加自然。对于那些较大规格的结构性植物，常为花灌木，株行距在100cm，如果土壤比较好的情况下，花灌木可能生长得又快，占的空间会超出原先的估计。这种情况可以将株行距调整为150cm，在生长的初期用些宿根花卉填充过大的空隙，花灌木的生长，会逐步替代这些填充植物，而占满整个空间。

花境组团数量：花境组团种植的特点是自然式的，植物配置其实是不同大小的不规则组团形成的群，各个组团选用的植物种类和规格大小直接影响到今后花境的效果和养护的难易。植物种类不同，其规格大小是不同的。我们可以用1-3-5的种植密度规律来设定每一组团需用的植株数量。当设计花境的时候，我们希望不同的花卉之间能有同样的作用，就需要给每一种植物足够的空间，尽管植物的体形大小是不同的。如一棵株幅100cm的花灌木需要占据1m^{2}的空间，那么就要有3棵60cm株幅的宿根花卉，占据同样大小的1m^{2}的空间，或者需要5棵45cm株幅的宿根花卉。如上面两图，这就是1-3-5的种植密度规律，如花境大些，需要用3株100cm株幅的花灌木，占据了3m^2，那就需要9株

60cm株幅的宿根花卉，或15棵45cm株幅的宿根花卉组团。这只是一个建议性的规律，并不是硬性的规定，需要按实际的空间大小作出调整。

种植平面图的绘制步骤

种植平面图的绘制是在图纸上表达种植方案，采用合适大小规格的植物种类，决定组团的形态与配置，每个组团中应用的植物数量。种植平面图也能反映出这个花境设计需要用多少种不同的花卉品种，这些信息可以使种植方案更加具体并具有更强的操作性。完成种植平面图的同时可以列出一份详细的花境植物品种清单。种植平面图绘制步骤没有特别的规定，以下的步骤便于初学者入手（以上海江湾公园花境为例）：

当设计师对植物选择感到满意时，可以试着用平面图来表示花境植物配置，也就是说，如何将这些植物种植在地面上。在原图纸按绘制比例尺大小的花境轮廓上放一张描图纸。

云朵图：将花境组团的外形，采用类似天空中的云朵状而得名，随意自然，正好与花境的特质契合。其面积因植物品种以及花境大小而异，但一定要有大小之变化。在描图纸上，花境的范围内用铅笔依据花卉的种类与品种，直接画出云朵般的图形，即花境植物的组团图形。然后，用1: 3: 5植物种植密度规律填入相应的植物

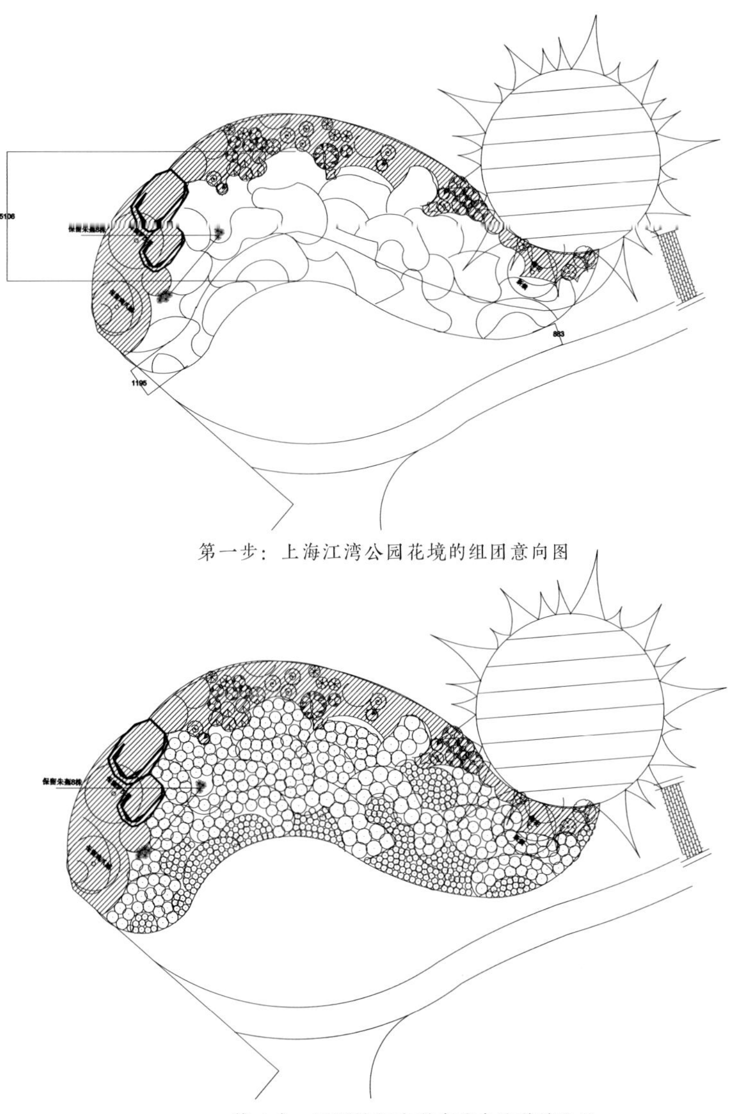

第一步：上海江湾公园花境的组团意向图

第二步：圆圈法标出所有花卉的种植位置

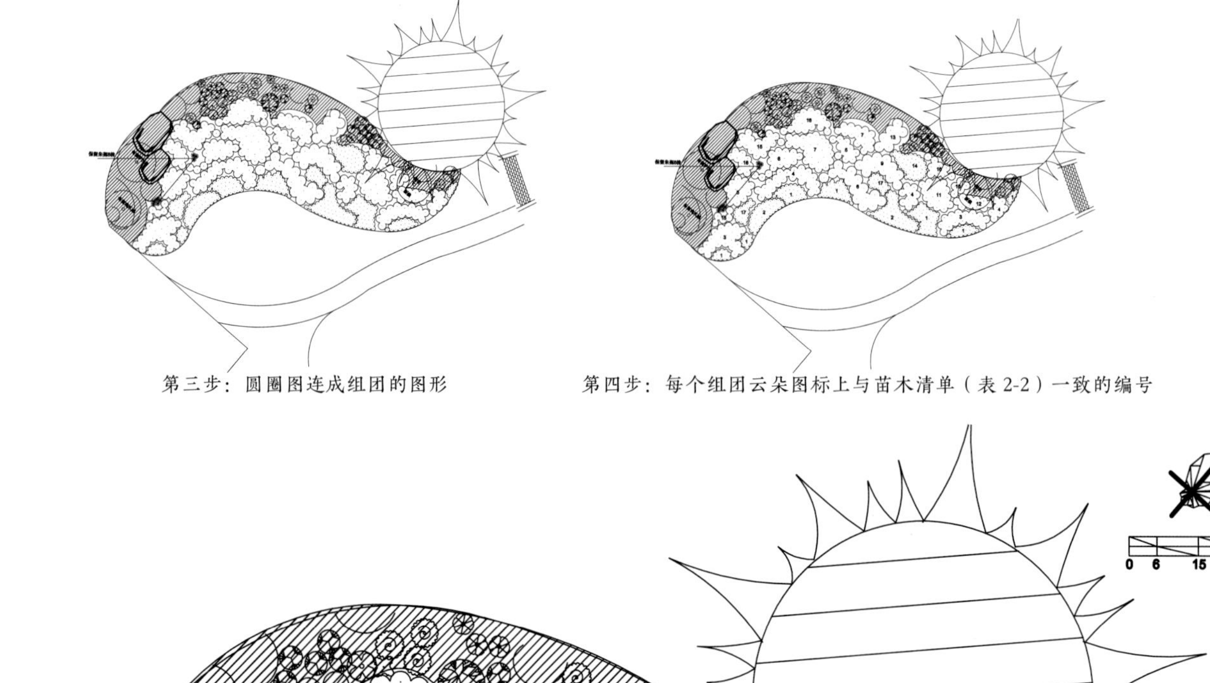

第三步：圆圈图连成组团的图形

第四步：每个组团云朵图标上与苗木清单（表 2-2）一致的编号

第五步：直接在组团云朵图上标出植物名称和数量

品种。

花境布局思考，先从花境的背景部分开始，如果要使用墙面爬藤植物的话，一般藤本植物宜种植在花境的背景，攀爬在墙面上，株行距至少2m。可分2种情况：①绿叶覆盖墙面或栅栏，可以绿色叶片、细腻或中粗的质感的种类，尽量用同一种类的品种沿墙面种植。②作为花境色彩的组成部分，但需要在体量和观赏性上与花境的整体协调。由垂直的藤本植物要比水平向的花境植物更抢眼，因此要避免使用色彩过于绚丽的、叶片粗犷的种类，小花形的种类比较适宜。

花境的部分，从背景的结构植物开始，宜用常绿花灌木，用铅笔画个圈，确定结构植物的位置。然后选择花境的前景植物，宜采用较低矮、覆盖性和观赏性强、质感吸引人的种类。尽量考虑不留裸露的土壤，组团的株行距小的，可以每平方米种5棵以上、株幅在45cm以下的种类。

花境的中层焦点植物可以选择观赏性强的宿根花卉或

小型花灌木，如月季。中等高度，花色或叶色吸引眼球的花卉品种。中层植物的株幅在45～60cm，也就是组团时每平方米3棵或者5棵左右。

圆圈图：是确定花境中每一植物的种植位置。当设计师觉得云朵状的拼图布局比较满意时，就可以用较深些的铅笔，按圆圈法将每棵植物的具体位置画在种植平面图上，较大的植物每平方米可能就一个圆圈，而较小些的植物会采用3个、5个互相接触的圆圈的种植组团。最后将不同的组团圆圈外缘连接成群，即为云朵图。

江湾公园花境的苗木清单

序号	苗木名称	学名	品种名	花期（月）	花色	株高（cm）
1	鼠尾草	*Salvia nemorosa*	卡拉多纳	4～6	深紫	30～40
2	重瓣金鸡菊	*Coreopsis basalis*	朝阳	4～6	金黄	35～40
3	小叶大吴风草	*Farfugrium japonicum*		10～11	金黄	35～45
4	西伯利亚鸢尾	*Iris sibirica*	心之光	4～5	淡紫	80～100
5	大花萱草	*Hemerocallis hybrida*	热浪	6	橙色	45～50
6	荆芥	*Nepeta cataria*		7～9	紫色	50～60
7	紫松果菊	*Echinacea purpurea*	盛情	6～11	紫红	55～70
8	大麻叶泽兰	*Eupatorium cannabinum*		9～11	粉色	80～150
9	墨西哥鼠尾草	*Salvia leucantha*		9～11	紫色	60～120
10	金光菊	*Rudbeckia laciniata*	金色风暴	6～11	金色	50～60
11	大滨菊	*Leucanthemum maximum*		4～6	白色	45～60
12	穗花婆婆纳	*Veronica spicata*		7～10	蓝色	35～45
13	大花飞燕草	*Delphinium grandiflorum*	北极光	4～5	蓝色	100～120
14	冰岛虞美人	*Papaver nudicaule*	香槟气泡	3～5	混色	35～45
15	百子莲	*Agapanthus africanus*		6～7	蓝色	80～100
16	矮生美人蕉	*Canna indica*	卡诺娃	5～11	红色	80～100
17	紫叶山桃草	*Gaura lindheimer*	红蝴蝶	5～11	粉色	50～60

花境组团的云朵图也可以倒过来绘制，即圆圈法。这个比较适合采用电脑软件，如CAD制图软件绘制。先用大小不同的圆圈，代表不同的植物体量大小，按花境的层次分布填满花境的区域，然后按选择植物的株高、花色、花期等将相关的植物圆圈连成云朵状组团，可以通过连线的粗细变化，表示不同的花卉类型，如质感的粗细等等。最后标出植物名称和数量。

按花境期望的花色、形状、株高、质感和花期配置协调，采用相同的种类或相同种类的不同品种，或重复的手法形成变化与协调。将所有的常绿植物标记一下，看看是否有分布均匀的冬季绿叶覆盖。在种植平面图标注植物名称和数量。完成了种植平面图后就可以准备一份花境的花卉品种清单。

第三章

花境的植物与选择

01 花境的主要植物：宿根花卉

宿根花卉的概念

宿根花卉指根系形态基本正常，不发生变态，地上部分当年生长，开花后遇霜枯死，地下部分宿存越冬，到下一个生长季节来临时重新萌发生长、开花的一类多年生草本观赏植物。

宿根花卉是花境的主要花卉材料，因此全面掌握宿根花卉的相关知识对花境营建的成功与否非常重要。仅凭前文的概念描述，在实际操作中会遇到许多问题。我们知道，宿根花卉是按花卉的习性和形态分类分出的一类花卉。所谓花卉的习性，含生长习性和生态习性，这是最主要的分类依据，宿根花卉的第一个关键词是多年生。指植株能否年复一年地生长、开花，循环往复，这是花卉的生长习性。宿根花卉的第二个关键词是地区性。指植株能否在该地区实现露地越冬，由于各地区的气候条件不同，其生态环境是不同的，耐寒性，即露地越冬的能力是不同的，这是花卉的生态习性。宿根花卉的第三个关键词是宿存。指植株能否在该地区一次种植，多年生长，特别是植株能露地生长并度过休眠期，这是花卉的形态。这3个词，形成了宿根花卉本地化的关键，要知道，自然界的植物不会像教科书那般界限分明，而是渐变转化的。实际项目中往往还要按人们的意志通过栽培措施加以干预，达到充分利用宿根花卉的目的。这个分类最主要的作用是根据花卉的习性，便于采取统一的栽培、养护管理措施。通过梳理，广义的宿根花卉可以包括以下几类，见图表：

宿根花卉与各类花卉的关系

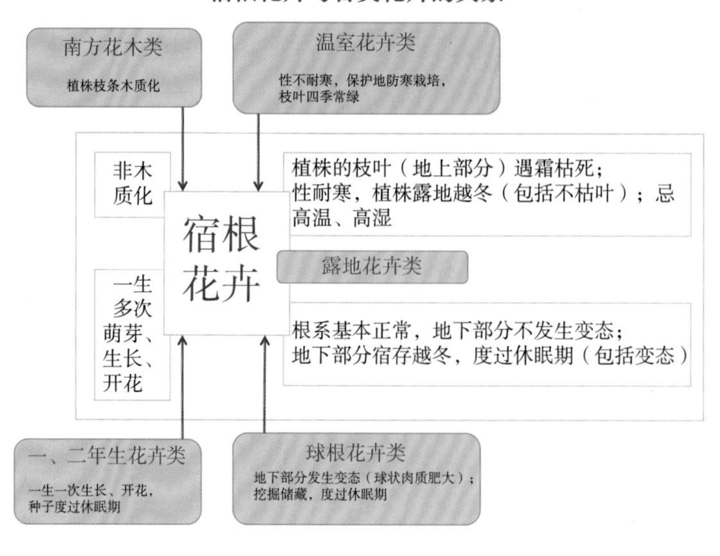

宿根花卉的类型

典型宿根花卉：这是我们通常称的宿根花卉，植株根系正常而有别于球根花卉；耐寒性强，忌高温、高湿，有别于不耐寒的多年生草本花卉（常称室内花卉）；冬季植株地上部分的枝叶枯死，以根系和基部的蘖芽或基生叶丛度过休眠期而有别于半耐寒的多年生草本花卉。这类宿根花卉比较适应北方的气候条件，所以从典型的宿根花卉来说，宿根花卉其实是北方的花。常见宿根花卉如：锥花福禄考、穗花婆婆纳、随意草、蓍草、钓钟柳。

常绿宿根花卉：这是一类冬季植株的地上部分能在露地保持绿色的枝叶越冬的多年生草本花卉，大多数属于半耐寒性，在我国的长江以北需要根据其耐寒性来判断是否能宿存越冬。如紫露草、麦冬类。这类宿根花卉比较适应南方的气候条件，越往南种类越多，到了华南地区，我们常见的室内花卉，如君子兰、百子莲等都可成为宿根花卉。

根茎状宿根花卉：这类花卉比较容易与球根花卉混淆，尽管植株的地下部分具有变态的根茎，但在其休眠期不需要将根茎挖掘储存的多年生草本花卉。如鸢尾、萱草。其耐寒性，能否露地越冬也是判别是否是宿根花卉的依据。如美人蕉在冬季无严霜的长江中下游及其以南地区，能露地越冬，度过休眠期，便可作为宿根花卉。同样是美人蕉往北方，由于寒冷、低温，冬季需要将其根茎挖掘储存越冬，度过休眠期，应该视为球根花卉。

作一、二年生花卉栽培的宿根花卉：所谓多年生草本花卉，不同种类，寿命长短不一。有的2～3年，宿根性很弱；有的3～5年甚至更长。植株能否宿根，保持良好的性状，与栽培地区的气候条件关系密切。很多实际的情况是当气候条件发生改变后，原本的多年生花卉无法正常生长发育，如难以越夏而死亡，或第二年的植株性状明显变差。为了丰富花园内的花卉种类，我们可以将那些

锥花福禄考

百子莲

鸢尾

不易宿存的多年生草花，但播种育苗的第一个生长季能正常开花的种类按一、二年生花卉来栽培，只要使其优良性状得到最大程度的展现。其实许多一、二年生花卉就是如此产生的，如雏菊、金鱼草、石竹、细叶美女樱等。实际工作中需要根据当地的气候条件和能采取的栽培措施将这部分宿根花卉按一、二年生花卉栽培。具体的分为两种情况：

春季或者春末开花，冷凉型的宿根花卉，性耐寒，低温春化有利于提高开花质量，但是不耐高温、高湿，无法度过夏季的宿根花卉。如大花翠雀、毛地黄、羽扇豆、冰岛虞美人等。当今许多宿根花卉通过育种选育，推出了无春化需求的品种，其实是对春化要求降低并能做到当年开花，需要注意的是只有当年开花质量高的品种才适合按一、二年生花卉栽培。如宿根天人菊、金光菊等，有些品种尽管当年能开花，但开花质量远不如第二年的植株，如松果菊。

早春开花，冷凉型的宿根花卉，耐寒，低温春化要求高；不耐高温、高湿，在春末夏初便早早枯死。由于长期以来的“宿根”思维，使得这类花卉难以被利用，是一类被忽视的宿根花卉。其实这是一类非常独特的宿根花卉，具有花期特别早，常在2～4月有别于初夏开花的主流宿根花卉；许多种类株型矮小，花朵密集，花色艳丽，花期集中，观赏性强。可以大大丰富早春的花园景观用花，特别是岩石花园、组合盆栽等，这类花卉的开发利用，就不要纠结其宿根性了，而是按二年生花卉栽培应用，就如同三色堇、角堇、报春花一般栽培生产和应用。常用的种类有黄庭芥、岩芹、南紫芥、海石竹、屈曲花、高山虎耳草。需要提醒的是，这类株型特别的宿根花卉，常被称为岩生花卉，是岩石花园的主要花卉材料而不推荐为花境应用。花境从业者在初期常会误用的种类有筋骨草、丛生福禄考、矮生景天等。

南方花木草本化的宿根花卉：宿根花卉，通常指的草本花卉，可自然界其实没有那么绝对草本与木本的界线，许多草本花卉，当气候条件允许时可以不断生长，渐渐地基部木质化。同样的许多木本植物，特别是南方的木本植

大花翠雀

冷凉型的宿根花卉

五色梅

宿根花卉的类型

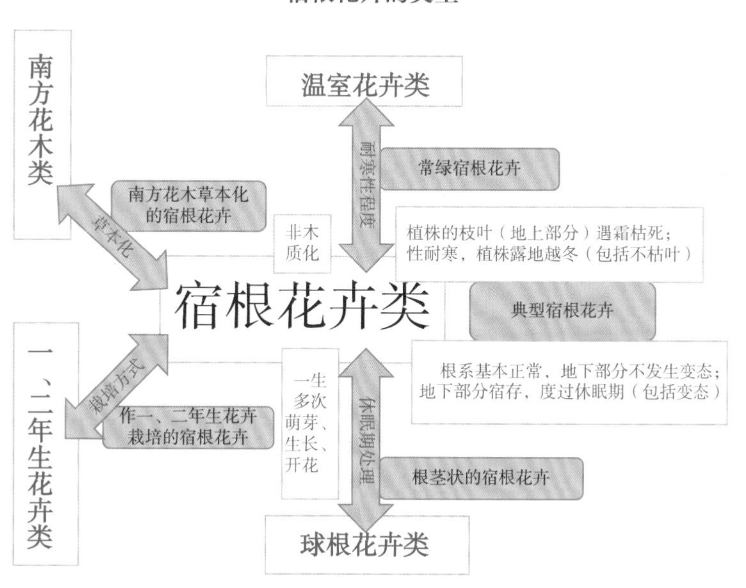

物，往北方推广，渐渐地也可以草本化栽培，形成了一类宿根花卉。这类宿根花卉绝大多数呈常绿宿根花卉，耐寒性较弱，但能适应高温、高湿。由于栽培品种的不断丰富，观赏性强化了，在我国华南地区是花境的主流宿根花卉种类。往北方主要取决于耐寒能力，其实宿根性并不被关注，丰富品种才是王道。常见的种类有五色梅、蓝雪花、龙船花、三角花等。

观赏草类: 是指以禾本科为主的，因其株形、叶形特殊而自成一类，具有独特的观赏性，通常以观叶为主，尤其是秋色。被越来越多地应用于花园绿地的草本观赏植物，而且多数为多年生草本。

观赏草类，从习性与形态上都可以列入宿根花卉，但由于其类群的特征更加独特，群体明显，本书认为观赏草类更适合另列一类，就像多肉多浆植物、水生花卉类等。观赏草在花境中的应用主要是在混合花境中，起着平衡花与叶的质感，花境植物组团间的融合和秋色景观的营造等作用。观赏草作为一类独特的观赏植物，营造观赏草专类园才是其更广泛的花园用途。

花境植物的选择

营建花境的主要花卉材料是宿根花卉，花境植物的选择就是宿根花卉的选择，也是营建花境的主要目的之一。花境植物选择的目标一方面是满足花境的景观要求，如主体的焦点植物、陪衬的填充植物、竖向的背景植物或前置的边饰植物。这种景观效果的体现包括了植株的形态、质感、花色和花期，而且植物景观是动态变化的结果呈现。另一方面还要满足植物的生长、发育所需要的环境条件，很大程度上影响到花境的长效性和养护的节约性。植物选择的关键技术就是了解和掌握植物的习性，包括生长习性和生态习性。植物选择没有最好，只有更好，那么植物选择就应该是一项长期的、不间断的工作，主要包括选择的途径、选择的资源和选择的方法。

观赏草类

选择的途径

宿根花卉品种的选择

根据花卉应用布置形式，如花坛、花境，丰富花卉应用种类 → 筛选适应当地生长的花卉种类（适生花卉） → 进一步筛选适生花卉的优良园艺品种

按花境植物的要求选择 | 上海地区适生的宿根花卉，如松果菊 | 选用松果菊的优质品种‘彩虹’

花园植物选择技术途径的 3 步曲（示意图）

第一步，设定所选花卉的景观需求，决定所选花卉的形态类型。花境植物的选择，就可以设定如竖向焦点花卉，希望的花期、花色、株高等。第二步，按设定的目标花卉，根据选择地区的场地环境条件，筛选出适合本地生长、发育的适生种类（species），如松果菊。即满足景观效果的适生花卉，作为花境的花卉，这里主要指的是适生的宿根花卉种。第三步，进一步筛选出适生种类的优良栽培品种（cultivars），如松果菊的优质园艺品种‘彩虹’。优良的园艺品种才是我们用到花园中的植物材料。

植物的名称与种类：植物名称，除了有中文名称，全世界至今还是沿用了瑞典植物学家林奈（Karl Linnanaseus）于1753年发表的双名法来命名所有的植物名称。即用两个拉丁词组成一个植物的名称，第一个是以大写字母开头的属名，第二个为种加词，由此两个词组成植物种名，即植物的学名，用斜体书写。如松果菊*Echinacea purpurea*。这样的植物名称具有唯一性的优点，极大地方便了世界性的交流，而不会混淆。这一点，就连中文名也难以做到，如幌菊，也称喜林草或琉璃唐草等，但学名只有一个，即 *Nemophila menziesii*。植物的种类，我们通常称的植物都是以种为单位的，种也是植物界分类的最小单位，每个具体的种是自然界存在的，没有人为干预的自然种。即植物界下有门、纲、目、科、属、种。我们称的牡丹、月季、矮牵牛、一串红、四季秋海棠等，都是植物界的一个种，至于其科属关系主要是植物学的范畴，花境营造工作者不必纠结。我们的关注点应该是这些种在当地的适生性，筛选出适生种。即根据项目的类型和场地情况，包

松果菊

松果菊的园艺品种

括气候因素以及栽培能力，选择能正常生长、发育的花卉种类。花境的从业者应具备花境景观的营造技能，现场场地的分析能力，了解当地的气候条件，包括土壤特性与花卉种类习性的匹配度。当然花卉种类的识别能力也是一项重要的基本功。

栽培品种：常称园艺品种，指通过人为干预，即育种家的工作，如杂交育种、人工选择育种或通过生物技术产生突变等方法，按人为的期望，包括观赏性和适应性的提高所产生的具有稳定的、可以遗传的新品种。栽培品种要注意区别于自然产生的植物变种（命名时用var. 后面加变种名，变种用小写字母开头的拉丁文，同植物学名一样用斜体书写）。栽培品种大多数还是在种以下产生的变异，其命名自1959年起，在植物名，即种加词后用单引号内以大写字母开头的英文单词组成，用正体书写。如松果菊‘彩虹’*Echinacea purpurea* ‘Prairie Splendor’。当今种间杂交产生的栽培品种也越来越多，这种情况可以在花卉的属名后面直接加上栽培品种名。花卉育种不断产生新的更好的栽培品种是推动花卉产业发展的动力，宿根花卉的育种主要是推动其得到更广泛的应用，不仅仅是花境的应用。

花园植物景观营建中，包括花境营建中所用花卉材料基本上都是园艺品种，自然的原种直接利用的情况非常少见，不仅是自然资源的日益稀缺，原生种也难以适应人类活动的花园环境。园艺品种才是我们真正使用的花卉材料。因此，花卉的产业源头是育种，园艺品种的供应商，即花卉的育种公司和宿根花卉的生产商。

选择的资源

丰富的栽培品种和高质量的花卉产品是营造花境景观的前提，前文提到了，选择花境花卉材料，首先是确定其适生性，这是基于种类，而实际采用的是优质的栽培品种，我国的花卉育种，特别是商业育种资源是非常有限的，短期内是无法满足花园营造发展需求的。因此，遍布全球的花卉育种公司都可以成为我们的选择资源。了解世界花卉育种的动向，特别是那些著名的花卉育种公司的产品更新，尤其是宿根花卉栽培品种的最新发展，对于花境营造者、花境设计师是非常必要的，所谓“巧妇难为无米之炊”。

当今世界的主要花卉育种公司相对集中在欧美地区，不过他们的产品是普及到全球的。宿根花卉的育种，最著名的有德国的班纳利（Benary），总部在瑞士的先正达（Syngenta）和美国的波尔集团（Ball）旗下的泛美种子（PanAmerican Seeds），其宿根花卉融合了被其收购的荷兰凯夫特（Kieft Seeds）。比起传统的宿根花卉种子商，如德国的Jelitto seeds，法国的天地秀色，荷兰Hem，Floragran 等，这些大的种子育种商，更注重种子的质量，包括更高的发芽率，品种的园艺化程度更高。最近20年的宿根花卉育种产生了一个新的类型，如以先正达花卉为代表的，称为亮丽的宿根花卉（impulse assortment ），指产品以带花的植株销售，消费者见花朵更易提高购买兴趣，产品做到夺人眼球，观赏性更强，增加了宿根花卉的用途，包括盆花应用。另一方面，缩短其生长期，如免春化的品种，播种当年开花的品种等，对其宿根性变得不再重要了。与此同时，这些注重观赏性更强的育种主流公司是那些以无性繁殖材料育种的公司，如Dummen Orange，Selecta，Westhoff，Danziger和日本的三得利（Suntory）等。这些注重亮丽宿根花卉产品的公司，都是服务于专业的种苗生产商，提供高质量的宿根花卉种子或插穗。相对而言，传统的宿根花卉（garden segment），应该还是花境花卉的主流，二者的区别在于：传统的宿根花卉，由专业的宿根花卉生产苗圃生产，需要较高的专业知识。这些宿根花卉苗圃是花卉产业中一个独特的部分，他们认为当产品被大的公司所开发后，由于数量的猛增，会缺乏个性，他们更愿意延续宿根花卉的本性，即多年生草本，生产的种类和品种非常丰富，一般苗圃的品种都数以千计。育苗

宿根花卉品种筛选

花卉市场上的亮丽宿根花卉

亮丽宿根花卉的产品形态

传统宿根花卉生产苗圃

传统宿根花卉产品形态

的材料不仅限于种子，包括组培、分株和扦插。产品以“绿叶期”销售，采用图片标牌为客户提供信息。这些苗圃也形成独自的推广、销售渠道，如荷兰的Boskoop 地区是这类宿根花卉生产苗圃的集聚区域。近年来，这两大类群的公司也在逐渐互相融合。典型的公司有如美国的Terra Nova和荷兰的Renjbeek。

无论是传统的宿根花卉生产苗圃还是宿根花卉的育种商，每年会举办各种新产品的介绍、推广活动。这是我们了解与选择宿根花卉园艺品种的重要资源。主要活动如下：

德国埃森IPM国际植物贸易展

每年1月的最后一周，在德国小城埃森（Essen）举办的德国埃森国际植物、园艺技术、花卉及营销专业展览会（The International Trade Fair for Plants，简称IPM）是世界花卉业界规模最大、水平最高、最具影响力的国际观赏植物专业展会。展会的规模之大，实属空前，共分12大展馆，1500家的展位，来自46个国家和联盟组织，这个综合性展会的最大亮点还是植物展品的比例高达70%以上，不乏宿根花卉的各类企业，几乎所有的花卉知名企业都会同台亮相，类比米兰、巴黎时尚发布会，这里便成了花卉植物最新潮流的风向标。其实IPM 早就进入中国市场了，于1998年开始的中国国际花卉园艺博览会，是中国花卉协会主办，每年的4～5月在上海、北京两地轮流举办的花卉园艺专业贸易展，就是由德国IPM与上海国际展览中心有限公司和北京长城国际展览有限公司承办，是目前中国花卉业内认可度最高的花卉产品专业展会。

IPM 上的展商

IPM 的展览规模大，拥有十几个展厅

IPM 上丰富新颖的展品

IPM2008 年在北京的展馆

美国的园艺产业交易会

每年7月中旬，在美国俄亥俄州哥伦比亚会展中心举办的为期4天的园艺产业交易会（简称Cultivate），是由美国园艺协会（AmericanHot）组织的北美地区最大的花园植物全产业的交易会。Cultivate 有美国IPM之称，600多家参展商，以花园植物的最新品种展示为主，同时涉及市场、销售和花园工程等全产业的从业者。所以欧洲的主要花卉公司也会亮相。会展期间还有适合各个层次

美国 Cultivate 展厅大门

Cultivate 展厅内的展品

Cultivate 上的新品种展示

Cultivate 上的培训课程

2019 年荷兰花卉品种展示会的宣传海报

的培训课程，达150多场。不仅吸引了北美地区的花园植物从业人员，也是世界各地业内人士通过参会，学习与交流花园植物的最新知识，建立和发展业务网络和渠道，寻找最新产品的良好平台。

荷兰的花卉品种展示会

每年的第24周，即6月中旬，60多家花卉育种公司在荷兰同时展示他们最新的草本花卉品种，最主要的是花坛花卉，其次是少量的盆花、切花和宿根花卉。几乎涵盖了世界上所有的著名花卉公司，在各自的场地，有的独自一家，有的几家合在一起，同时展出的好处有利于参观者能看到尽可能多的新优品种，吸引着来自世界各国的花卉专业工作者。这样的展示会主要对专业人士开放，所有的公司都在FlowerTrials 的旗下共同参与，使得展示活动的组织更加高效，包括共享网上登记、注册、实时的数据等；各家公司也会将其每年最新花卉品种在此推出，并准备了完备的资料，包括可口的免费午餐，热情地介绍给每一位前来的参观者。

这项活动的前身是花卉的品种试验与展示会，即Pack trials。每年的4月下旬或5月初。除了新品种的推荐，更注重新品种的比较试验展示。约10年前

荷兰花卉品种展示会现场

丰富的宿根鼠尾草园艺品种

年度获奖品种中，在展示会期间要评出一个欧洲之星奖品种

2019的欧洲之星奖是德国Selecta公司提供的南非万寿菊‘Purple Sun’

PackTrials变成了以育种公司的内部展示，以产品开发为主，而对业内专业人士开放展示推延到了6月中旬，并更名为花卉品种展示，即FlowerTrials。始于2003年，由5家公司发起，很快发展到60多家，涵盖了世界所有著名的花卉育种商。起初的组织并没有法律约束，2014年Fleuroselect参与了主要的组织工作，2021年Fleuroselect正式与Flower Frials合并，以会员制的形式开展活动，加强其新品种的推广，包括了每年一次的最优品种“欧洲之星”的评比活动。这个改变的好处是，原来的时间，大多数育种公司的客户，包括种植商、零售商和各地的经销商都非常忙碌而难以抽时间参与，当然许多宿根花卉和部分喜温暖的花卉到了6月也更有利于特性的展示。

美国加利福利亚州春季展示会现场

美国加州春季花卉品种展示会

每年的4月初在美国加利福尼亚州，南起洛杉矶，一路往北至圣霍塞地区有40～50家的花卉育种公司同时展示各自

美国加利福利亚州展示会的万寿菊品种

美国加利福利亚州展示会的宿根花卉园艺品种

当年的新优品种，类似荷兰的品种比较试验，但会涵盖相关的花卉产业链的内容，包括产品的市场营销，零售产品的展示以及室外的展示，全世界的专业从业人员可以通过网上预约，免费参观，是草花行业的年度盛事。

2020年注定是个特殊的年份，这项活动的主办机构美国园艺协决定将这个“春季花卉展示会”改为“加州夏季花卉展示会”，即California Summer Trial，时间从4月改到6月，其原因与欧洲的改变是完全一样的，只不过晚了近10年。

荷兰宿根花卉交易会

每年的8月下旬，在荷兰的宿根花卉生产重地布斯库普（Boskoop）有个以宿根花卉产品为主的交易会（Plantarium）。来自世界15个不同国家的300多家展商，5天的展期，吸引着来自48个国家的20000多名专业的参观者和大批的记者媒体。Plantarium 已经成为欧洲最大的、以宿根花卉为主、少量木本植物材料的交易会。

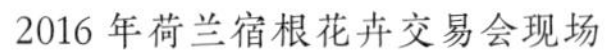
2016 年荷兰宿根花卉交易会现场

Plantarium 交易会上琳琅满目的宿根花卉品种

选择的方法

如何才能选择到营建花境所需要的优质花卉品种，最大程度地满足花境景观营造的两个基本要求：一是花卉的适生性，确保选择能健康生长的花卉种类和品种，这是本节将要重点叙述的。另一个是花境设计章节中已叙述过的花卉的观赏性。综合来讲，花卉适应性需要选择具有以下几个特点的宿根花卉：

（1）能在当地露地越冬的耐寒性种类和品种；

（2）能度过夏季高温、高湿的耐热、耐湿品种；

（3）开花容易，花期长，花量多，花色丰富；

（4）株形圆整、自然、分枝多，丛生性强；

（5）植株的整齐度高，根系健壮，无病虫害，无残花败叶。

选择宿根花卉时要避免两个极端和一个习惯，从而避免选择失败。一个极端是人们容易受到亮丽观赏性而急于跟风，盲目模仿，迅速大量使用，尤其是当前的网络时代，一张网红照片，迅速传遍大江南北；另一个极端是片面追求所谓乡土花卉，甚至野生植物的利用。其实绝大多数的野生、乡土植物对于我们生活的环境，既不适生，也不具观赏性。选择新的种类或品种时的一个不良习惯是，结论来自于有限的个人经验或来自于专家的建议。以上种种都不是正确的选择新优花卉种类和品种的方法。为了获得可靠的答案，只有通过科学的试验。根据花境景观对植物材料的基本要求，建立科学的试验方案，才能选择到符合地方特色的优质花卉种类和品种，这是一项持续不断的工作。宿根花卉筛选试验的方法主要包括以下3个方面：

首先，设定试验的目的。

试验目的，即我们通过试验希望得到的答案，我们有什么疑惑；或希望选择花卉的适生性，如是否耐寒、耐热、抗病性；或希望选择花卉的观赏性，如花期、花色、株型等。试验目的的设定必须明确，易于观察和衡量，每个试验的目的不宜设的过多，通常需要有个特定的对照品种。

其次，制定试验方案。

试验方法根据试验目的，可以分为温室盆栽试验和露地地栽试验，花境用宿根花卉的选择试验基本上是露地地栽试验。具体的试验方案应该包含以下内容：

试验场地：收集气象资料，包含气温、降水和日照等；

宿根福禄考的试验现场

试验内容：即试验品种和对照品种的名称、样本数量和来源；

试验时间：根据试验目的，安排合适的时间；

试验测试、观察的内容和方法：这是试验的核心技术，需要针对试验目的来制定；

试验的影响因子：列出那些可能影响试验结果的因子，做好控制和预案。

最后，展示试验结果。

通过数据、图表和照片展示符合逻辑的并有帮助的试验结论。花境植物的选择，主要是宿根花卉的选择，宿根花卉试验的特点有：主要是露地地栽试验；试验的周期比较长，特别是适应性试验和生长习性试验，1～3年的试验很正常；不可控的因子较多。试验的结果就是试验测试和观察内容的展示。宿根花卉的常规内容包括客观数据和主观判断两类：客观数据如植物的物候观测，即萌芽、展叶、生长、初花、盛花、末花、枯叶、休眠等，可以按实际发生的日期记录即可。得出花期的长短、绿叶期的长短、是否耐寒等结论，常用于适应性选择。主观判断如花朵质量、株形质量、生长势强弱、分枝性强弱、抗病性、综合特性等，一般不易用实际的数据来表示，只能通过判断来得出结论，常用于观赏性选择。

客观数据的记录，可以直接用图表的形式展示，比较好理解和处理，只要能尽可能表达试验结果就可以，不拘一格。而主观判断，为了能有效地展示和客观地反映试验结果。常用1～5分制的判断打分的方法，即对某个试验观察性状，如花朵质量，3分为被观察的对象群中的平均水平，4分为比平均水平略好些，5分是非常出色；相反比平均水平略弱些为2分，特别差的为1分。这种方法是在试验对象群内的排序，并数据化。评估排序打分的次数，通常每1～3周一次，当然次数越多，精度越高。展示试验结果的最直观的手段就是照片，因此，各个关键阶段的照片记录是呈现试验结果的有效方法。

宿根花卉筛选试验：试验场地要求开阔，阳光充足，地势平坦，土壤等环境条件一致性强

1	2	3	4
5	6	7	8
9	10	11	
12	13	14	

图1 为威斯利花园内的火星花试验地

图2 沃特佩瑞花园内紫菀试验地

图3 上海辰山植物园内的花卉试验地

图4 宿根花卉试验主要是地栽试验

图5 上海辰山植物园内松果菊一年生的苗（右边）与二年生的苗（左边），株形差异大

图6 试验的样本数量不求多，但求一致，确定一个对照品种，标牌清晰

图7 宿根福禄考的品种对比，早花性接近，株形差异大

图8 更多的宿根福禄考品种试验，品种间要有足够的空间，保证品种特性的展示

图9 宿根花卉的试验往往需要几年完成，这是一年生的松果菊

图10 松果菊试验的第二年，株形明显大了

图11 盆栽试验

图12 试验要持续观测、记录和拍照。2019 年 4 月 27 日拍摄的八宝景天

图13 拍摄于 7 月 11 日的效果

图14 八宝景天盛开时，拍摄于 2019 年 9 月 10 日

宿根花卉的育苗与生产

宿根花卉的品种选育为花境营建者只提供了可以使用的花境植物及其园艺品种的资源，并没有解决这些品种的材料问题。那些被选出的园艺品种需要经过专业宿根花卉的苗圃生产，才能提供批量的、规格整齐的产品，花境营建才有了丰富的植物材料。特别在我国，植物材料的开发，过于偏重品种的引进、选育，而少有后续的生产推广，导致新品种的成果报道连年不断，但实际应用的材料依然严重缺乏。宿根花卉新品种的专业生产具有很强的技术性，主要包括育苗和成品花的生产。

宿根花卉材料的提供，通过苗圃的专业生产才能解决，作为花境的从业者应该了解宿根花卉专业生产的基本知识，包括新技术，特别是宿根花卉的产品形态和类型。现代花卉产业中，宿根花卉的生产的产品主要有种子类、种苗类（穴盘苗）、裸根类和盆栽类，这些产品的生产具有完全不同的技术要求，是各个宿根花卉生产商在市场上提供的产品类型。宿根花卉的盆栽苗还是主要的产品类型，最新的花卉市场上，宿根花卉盆栽苗又分为传统的所谓“绿叶期”销售，通过彩色照片标签，提供产品的信息，另一类所谓“亮丽的宿根花卉产品类型”带花朵销售，更推荐盆栽观赏。

宿根花卉的繁殖育苗方法

宿根花卉传统栽培以分株繁殖为主，当前分株繁殖主要用于花园绿地的养护，即宿根花卉的更新复壮。分株的时间为秋季或早春，植株处于休眠状态时进行。早春繁殖，必须掌握在生长期之前进行。主要繁殖那些

穴盘苗

常绿宿根花卉的裸根苗

宿根花卉的裸根苗

宿根花卉的盆栽苗

无根插穗

生根苗

夏、秋季节开花的种类，如随意草、美人蕉等。秋冬季节，分株后的小苗应注意防寒越冬，在北方需应用冷床育苗。主要繁殖那些春季开花的种类，如芍药、鸢尾等。宿根花卉的播种繁殖，春、秋两季皆可进行，育苗时间宜早不宜晚。秋播可早至7月，以利尽早育成大苗，保证安全越冬；春播则可早至1～2月，以利有足够的时间完成营养生长。在露地没有把握越冬的小苗可以用冷床，或塑料棚保护，待翌年春季解冻后，再定植露地。组织培养与嫩枝扦插也是生产上大量繁殖宿根花卉的有效方法。扦插逐渐成为宿根花卉的重要繁殖方式，是因为无性系的园艺品种快速涌现所致。世界主要花卉专业公司已采用脱毒健康的扦插苗，即所谓无根插穗，简称URC（Un-rooted Cutting）和生根苗，简称RC（Rooted Cutting），用于规模生产宿根花卉。组织培养主要针对无性繁殖园艺品种的脱毒精英苗（Elite）的培养，也用于嫩枝扦插繁殖的插穗母本苗。组织培养由于技术的提升和成本的降低，也被用于规模化生产宿根花卉的繁殖苗，如传统的三大宿根花卉玉簪、萱草和鸢尾都采用组培苗生产宿根的裸根苗。这样通过组培苗生产宿根花卉的裸根苗仍然是传统宿根花卉专业苗圃的主要生产方式，生产着数以千计的宿根花卉的园艺品种。宿根花卉仍有着多种繁殖方式，具体要根据宿根花卉的品种，目标使用时间等需求，技术能力和经济性等综合考虑，选择合适的繁殖育苗方式。

宿根花卉的穴盘育苗技术

宿根花卉的播种育苗主要针对那些宿根性不强，作一、二年生栽培的宿根花卉，和部分种子繁殖的种类和品种。所谓一、二年生栽培，大多数地区（冬季酷冷地区除外）其实是二年生栽培，即秋播春花。宿根花卉的播种时间，宜早不宜晚的原则，通常是在夏秋季节（早至7月）播种，有利于播种苗在冬季低温来临之前，有足够的时间完成营

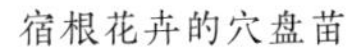
宿根花卉的穴盘苗

宿根花卉各种规格的穴盘苗

养生长阶段，形成成熟的植株进入低温春化阶段。植株需要一段春化作用对于开花质量起着关键性的作用，尤其是早春开花的宿根花卉品种。

当今花卉生产中的育苗主要采用穴盘苗，宿根花卉也是如此，播种育苗的穴盘规格，通常采用小规格（200穴）和部分采用中规格（128穴）的穴盘苗。种子的质量对于穴盘苗的质量至关重要，而宿根花卉本身的种类特别多，习性差异大，导致其种子发芽时间长，发芽的整齐度差，以及相对的制种技术弱等原因，使得宿根花卉的种子质量比其他一、二年生花卉的种子会差很多。如果用同样的方法育苗，宿根花卉的穴盘苗质量无法做到。目前的处理方法主要有两个方面：一方面，采用一穴数粒种子的播种方法，主要用于芽率较差的小粒种子的品种，每穴播3～5粒，可以使得穴盘的满穴率、穴盘苗的整齐度均有提高。这一点非常重要，每穴合适的数量，专业的宿根花卉种子提供商会有建议和说明，但最好的方法还是通过自己的试验得出。另一方面是对那些市场较大的种类和品种，专业种子公司也加大对这些宿根花卉制种技术的提升，不断提高其种子质量，包括丸粒化、多粒丸化种子等，但目前可以提供的种类和品种也非常有限，种子的成本也会相应提高，因此生产商还得做出适当的选择。

穴盘育苗技术是现代花卉产业的标志性技术之一，宿根花卉也一样。无论是种子播种还是无性系的扦插或组培苗的生根，采用穴盘苗可以为生产商提供更准确的栽培生产的信息，从而更好地制定生产计划，尤其市场对宿根花卉的需求越来越高，从传统的“绿叶期”销售，到更多希望带花朵的销售，所谓“色彩”销售。宿根花卉的穴盘育苗大致有三大途径，如图所示，分别是种子播种、插穗扦插生根、组培苗生根。

宿根花卉的育苗需要更长的时间，尤其是播种育苗。专业的育苗生产有着优势，比起裸根苗，采用穴盘苗则更加经济，特别是小规格的成品生产。穴盘苗又有移植或上盆方便的优势，无论是人工还是机械移植上盆。宿根花卉的穴盘苗相对容易做到延迟移植，在10℃ 的环境条件下，存放1～2周，有些经冷处理的穴盘苗在5℃的环境，可以存放得更久些。

宿根花卉的育苗与生产新技术

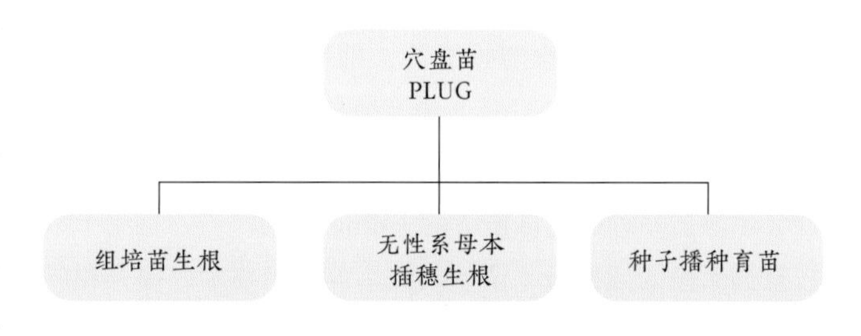

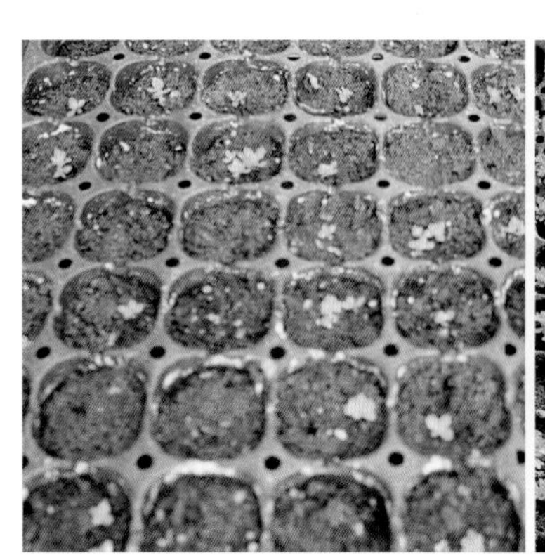
宿根花卉高山虎耳草单粒种子的劣质穴盘苗

高山虎耳草多粒种子的优质穴盘苗

优质穴盘苗满盆，开花快

低温春化

低温春化是宿根花卉栽培的关键技术之一，春化处理，就是通过低温处理引发植株形成花芽开花。经过春化的穴盘苗，只要满足开花温度，即能顺利开花，反之植株便不能正常开花，称为盲花。春化处理成功的三要素：①选择完成营养生长阶段的穴盘苗，即进入完成营养生长，进入生殖生长苗进行低温春化，常以叶数来判断，至少7片真叶以上，12～15片真叶较为适合；②控制合适的春化温度，通常是5℃左右，一般是冬季在温室内控制温度来完成的，也有在冷库内进行，但不建议，温度低于0℃有可能伤及根系，因此冷库的温度控制在2～3℃比较好。无论在温室还是冷库，低温处理期间，保持土壤的湿润非常重要，这也是穴盘规格越大越适合做低温春化的原因；③保持足够的春化时间与温度有关，一般在温室处理的，保持在5℃，最长12周几乎对所有种类都有效。在温室里，空气相对流通也比较容易做到，通常8～10周就可以了。在冷库处理的，时间不宜过长，8周就很长了，可以控制温度低些，2～3℃，及时移出冷库非常重要。不同的种类，合适的春化苗龄、温度和时间会有差异，但以上3个要素，缺一不可。

普通穴盘苗，仍然是宿根花卉穴盘苗的主流产品，这类穴盘苗往往需要更长的生长期才能达到开花的植株，植株的质量也会逊色于低温春化的穴盘苗。当生产商希望生产带花的宿根花卉时，普通穴盘苗的种类就只限于那些对低温春化不敏感或不需要低温春化的种类。普通穴盘苗比较适合宿根花卉的新手，可以提供的穴盘苗规格比较齐全，有小的200穴及以上的，有中的128穴或72穴的，也有大的50穴及更大些的。

冷处理的穴盘苗，是较新型的宿根花卉穴盘苗，这类穴盘苗经过低温春化，具有较强的季节性，一般在冬春季节，特别对那些对低温春化要求较高的种类更加有效。低温处理的根系生长良好，但容易伤及嫩芽，需特别关注。只有中等或大规格的穴盘，即128穴以下的苗才适合做冷处理的穴盘苗，过小的穴盘苗难以完成营养生长阶段，苗龄尚不适合进行低温春化。穴盘规格越大，冷处理的效果越好，因此50穴的效果更好些。冷处理的穴盘苗可以在15～18℃的温度下进行促成栽培，一般上盆后6～12周可以开花。冷处理穴盘苗的成功要素是判断苗龄，即选择合适的穴盘规格，那些当年能开花的宿根花卉品种，做冷处理的穴盘苗效果更好。

光周期处理

光周期处理是宿根花卉栽培的另一个技术要点，有些宿根花卉需要在长日照条件下才能完成花芽分化，即每天14小时以上的日照。有些则相反，其花芽分化需要短日照条件。这就取决于什么季节生产了，如对长日照花卉，当自然条件不能满足其对光照长度要求时（北半球，每年的9月到翌年的4月）可以采用晚上22：00到第二天凌晨2：00 加光的方法来完成其对光周期的反应。其实是打破黑夜的处理，即提供短夜的环境。

宿根花卉的穴盘苗越来越多的采用春化和光周期处理，来提供不同类型的穴盘苗，尤其是经过低温春化的穴盘苗。这项新技术可以使得生产商提供开花率高而整齐的宿根花卉产品。穴盘苗的类型是生产商需要做出选择的。

宿根花卉的秋季越冬种植

秋季越冬种植是宿根花卉成品花生产的主要方式，可以在春季提供高质量的成品花。秋季种植的宿根花卉生长期较长，有时需要提供冬季保护措施，如防止霜冻。同时冬季温度始终在5℃以上的南方，就难以满足宿根花卉低温春化的要求。秋季种植需要在夏末初秋完成，允许植株在种植后仍然能生长6～8周，最好能在进入春化前植株已经成熟。按地区的不同，大多数地区种植时间为9月中旬到10月中旬。生长期间的夜温低些没有大碍，只要白天能维持10℃以上的生长温度即可。完成生长的植株需要8～10周的低温（5℃左右）春化，这样春暖时，只要有合适的光照长度，

宿根花卉耐寒性常比我们想象的要强

宿根花卉的成品生产苗圃

6～12周便能开花。

宿根花卉的促成栽培

宿根花卉的促成栽培是最新的技术，尤其是提供开花的宿根花卉，传统的宿根花卉是“绿叶期”销售，就没有这方面的生产需求。尽管目前有关促成栽培的技术信息不少，但总体上还处在试验阶段，适合的种类、品种有限，并不能保证成功，如要实施，需要做2～3次的试验以保证成功率。值得注意的是，植株生长不良的开花产品，还不如生长良好的不开花的产品；由于技术的或经济的原因，不是所有宿根花卉都适合促成开花的；更有些宿根花卉盆栽开花的效果始终没有在花园地栽的效果好；另外，有些宿根花卉往往在2～3年以后才能进入真正的旺盛期，也就是这些宿根花卉需要经过二次生长和低温才能完成春化，许多苗圃就不一定能承受这样的成本，但为了好的花境效果，认识宿根花卉的这些特点，选择合适的宿根花卉材料非常重要。常见的宿根花卉生产计划如下：

未经低温春化的宿根花卉生产日程

这些种类开花不需要经过低温春化，但低温有助于提高产品的质量。附表是基于128穴的苗，小盆栽每盆一苗，大一点的加仑盆，每盆3苗。生长温度15～18℃。

当年开花的宿根花卉（上盆到开花4～8周）

中名	学名	日照	上盆到开花周数	花蕾到开花天数
圆叶风铃草	*Campanula rotundifolia*	长日照	5～6	10
高山矢车菊	*Centaurea montana*	长日照	7～8	24
须苞石竹	*Dianthus barbatus*	中日照	7～8	20
少女石竹	*Dianthus deltoides*	中日照	7～8	14
剪秋罗	*Lychnis × haageana*	中日照	6～7	15
冰岛虞美人	*Papaver nudicaule*	中日照	6～8	14
桔梗	*Platycodon grandiflorus*	长日照	6～8	18

当年开花的宿根花卉（上盆到开花8～12周）

中名	学名	日照	上盆到开花周数	花蕾到开花天数
千叶蓍	*Achillea milefolium*	长日照	8～10	20
大花金鸡菊	*Coreopsis grandiflora*	长日照	10～12	28
翠雀	*Delphinium grandiforum*	中日照	8～10	20
熏衣草	*Lavandula angustifolia*	长日照	8～10	24
羽扇豆	*Lupinus × hybrida*	长日照	8～9	14
毛蕊花	*Verbascum chaixii*	长日照	8～10	12
长叶婆婆钠	*Veronica subsessiliss*	长日照	9～10	20

冷处理的穴盘苗宿根花卉生产日程

冷处理的穴盘苗适合秋季种植越冬的宿根花卉品种，日程是基于完成营养生长阶段的成熟穴盘苗，经过10周的低温（5℃左右）春化，只要光照合适，生长温度15～18℃。

大规格穴盘苗的宿根花卉

中名	学名	日照	上盆到开花周数	花蕾到开花天数
高山耧斗菜	*Aquilegia alpina*	中日照	6 ~ 8	10
耧斗菜	*Aquilegia vrlgris*	中日照	6 ~ 7	10 ~ 12
大花金鸡菊	*Coreopsis grandiflora*	长日照	6 ~ 8	20 ~ 30
大花天人菊	*Gaillardia × grandiflora*	长日照	7 ~ 9	20
矾根	*Heuchera sanguine*	长日照	7 ~ 8	18
金光菊	*Rudbeckia fulgida*	长日照	12 ~ 14	30

这类宿根花卉的营养生长期较长，需要用大规格的穴盘，保证春化效果。

中规格穴盘苗的宿根花卉

中名	学名	日照	上盆到开花周数	花蕾到开花天数
落新妇	*Astilbe chinensis*	长日照	12 ~ 15	30
毛地黄	*Digitalis purpurea*	中日照	6 ~ 8	16
松果菊	*Echinacea purpurea*	长日照	10 ~ 12	24
大花滨菊	*Leucanthemum superbum*	长日照	7 ~ 8	24
随意草	*Physostegia virginiana*	长日照	12 ~ 15	30
多花报春	*Primula polyantha*	中日照	7 ~ 8	15
穗花婆婆纳	*Veronica spicata*	长日照	6 ~ 8	18

这类宿根花卉常用128穴的中规格穴盘苗进行低温春化。

秋季种植越冬的宿根花卉生产日程

下列宿根花卉需要较大的植株进入低温春化，将充分完成营养生长的植株，根系发达的植株进行低温（5℃左右）春化，生长温度15 ~ 18℃。

春季开花的宿根花卉

中名	学名	日照	上盆到开花周数	花蕾到开花天数
高山耧斗菜	*Aquilegia alpina*	中日照	6 ~ 7	10
多榔菊	*Doronicum orientale*	中日照	7 ~ 8	6
屈曲花	*Iberis sempervirens*	中日照	6 ~ 7	13

此类为中日照花卉，早春开花，气温上升便结束。

此类为典型的长日照花卉，经过越冬的小苗，在初夏至夏末开花。长日照处理可以提前开花。

夏季开花的宿根花卉

中名	学名	日照	上盆到开花周数	花蕾到开花天数
高山紫菀	*Aster aipinus*	长日照	5 ~ 6	14
聚花风铃草	*Campanula glomerata*	长日照	7 ~ 8	24
桃叶风铃草	*Campanula persicifolia*	长日照	10 ~ 12	30
松果菊	*Echinacea purpurea* *	长日照	10 ~ 12	24
大花天人菊	*Gaillardia × grandiflora*	长日照	7 ~ 8	20
月见草	*Oenothera fruticosa*	长日照	9 ~ 10	20
金光菊	*Rudbeckia fulgida*	长日照	12 ~ 14	30

* 气温高于20℃表现更佳。

02 花境植物各论

花境是植物景观艺术，花卉植物，尤其是宿根花卉是花境的灵魂。花境景观的营建是个永无止境的优化提升过程。这是一个花境植物选择的过程，根据花境景观特质、地域气候特点选择适生花卉的园艺品种，进行精美的配置，造就优美的花境景观。本节将按花境景观营建的需要介绍国内外花境中常用的花卉种类和主要品种。

宿根花卉作为花境的主要植物种类，并不是所有宿根花卉都适合花境景观的。本节的内容将帮助花境营造者如何选择宿根花卉及其园艺品种。我国的花境营建正处在刚刚起步的初级阶段，宿根花卉的产业正在发展中，宿根花卉的种类和品种相对匮乏。基于这样的现状和花境营建对植物材料的迫切需求，根据花境营造的轻重缓急，首先介绍十大类最常用的花境植物，可以较为具体地介绍宿根的种类与园艺品种的重要性。分别介绍国内外的花境花卉，旨在帮助花境工作者，了解当下，规划未来。

世界十大热门花境宿根花卉

蓍草类 *Achillea*

菊科蓍属。宿根花卉。花期初夏，特别适合在阳光充足、土壤排水良好的场地应用。其叶片犹如蕨类植物，质感细腻，尤其在长三角地区，能够在冬季保持翠绿（图1）。花境中常用的种类有凤尾蓍，又名蕨叶蓍 *A. filipendulina*（图2），株高120cm以上，常用品种‘Cloth of Gold’，金黄色的头状花序，伞房状排列成硕大的花朵，是花境中层焦点植物（图3），即便到了花后，干枯的花序依然有形可赏（图4）。大叶蓍草 *A. grandifolia*，是最高大的蓍草，株高达2m，花朵大，白色，是花境很好的背景植物（图5）。

蓍草类中园艺品种最多的当属千叶蓍 *A. millefolium*，株高60～80cm，枝叶纤细，最著名的品种为亮黄色的‘Moonshine’（图6）。丰富的园艺品种（图

图1 蓍草类在长三角地区，能够在冬季保持翠绿

图2 凤尾蓍，又名蕨叶蓍 *A. filipendulina*

7）可以为花境提供丰富的花色，包括深浅不同的黄色和红色等。其他的种类还有珠蓍*A. ptarmica*，披针形的叶片，不同于其他蓍草。主要品种‘The Pearl’花重瓣，白色（图8）。可以成为花境的前景植物。绒毛蓍*A. tomentosa*，植株低矮，全株被毛，花黄色（图9）。

图3　常用品种‘Cloth of Gold’

图4　干枯的花序依然有形可赏

图5　大叶蓍草 *A. grandifolia*

图6　亮黄色的‘Moonshine’

图7　丰富的园艺品种

图8　‘The Pearl’花重瓣

图9　绒毛蓍 *A. tomentosa*

紫菀类 *Aster*

菊科紫菀属。荷兰菊*A. novi-belgii* 是我们最常见的种类，植株比较低矮，通常高30～40cm（图1），适合花境的前景。紫菀是夏秋季节花境中开花植物的主力，种类品种极其丰富，英国的The Picton花园收集了300多个园艺品种（图2），是世界上收集紫菀品种最多的专类园。美国紫菀*A. novae-angliae*是其中最重要的种类，在我国并不常见，有待开发。植株较高，130cm以上，园艺品种丰富，如粉红的'Pink Parfait'（图3），深玫红的'Alma Potshke'（图4），紫色的'Helen Picton'（图5）。这些品种拥有较高株形，常作花境的焦点植物，但需要做好扶枝措施。该属中有些种类株高在70～80cm，花境应用不需要扶枝，常见的有：意大利紫菀 *A. amellus*（图6），花朵大，单瓣，紫粉色，花期7～9月；比利牛斯紫菀*A. pyrenaeus*（图7）紫色；杂交紫菀 *A.× frikartii*（图8）花朵小而密集，具有野趣。

图1 荷兰菊 *A. novi-belgii*

图2 紫菀 *Aster* spp.

图3 粉红的'Pink Parfait'

图4 深玫红的'Alma Potshke'

图5 紫色的'Helen Picton'

图6 意大利紫菀 *A. amellus*

图7 比利牛斯紫菀 *A. pyrenaeus*

图8 杂交紫菀 *A. frikartii*

图1　大花翠雀 *D. grandiflorum*

图2　‘北极光’

图3　‘巨人’

图4　大花翠雀是花境中营造自然景观的主材

图5　飞燕草 *D. ajacis*

图6　冰岛飞燕草 *D. nudicaule*

大花翠雀

Delphinium grandiflorum

毛茛科飞燕草属。大花翠雀，又称大花飞燕草，宿根花卉。株高达120～180cm，具有长长的条形总状花序，是花境竖向景观的独特花材（图1）。大花翠雀的园艺品种有无性系的品种，如‘Lord Butler’花序硕大，花穗密集，花境应用需要扶枝。相对而言，国内主要应用的园艺品种是种子繁殖的杂交系的品种，如‘北极光’（图2）花穗紧密，花色以蓝、深蓝为主，株高90～120cm；‘巨人’（图3）株高120～150cm，花序相对稀疏些，花色有白色、蓝色和紫色。

大花翠雀是花境中自然景观的营造主材，三五成丛的组团，随意安插在花境的中后部，在增加花境景观竖向线条的同时营造出自然的景致（图4）。花期4～5月，是最早一波的宿根花卉。

尽管把大花翠雀称为宿根花卉，在我国大部分地区难以度过夏季，人们难以舍弃其花境的独特作用，实际运用中大多按二年生花卉栽培使用。该属的另外一个常见花卉——飞燕草 *D. ajacis*（图5）常常被列为*Consolida ajacis*。本书的一、二年生花卉中依然可以找到它。株形个体要小些，株高60～90cm，与大花翠雀相比，叶片细裂，花朵小，花色、花期类似。也可以用作花境。

冰岛飞燕草*D. nudicaule*（图6）是该属中比较特别的种类，叶片全缘，花色橙红。

毛地黄 *Digitalis purpurea*

玄参科毛地黄属。常被列为宿根花卉，但宿根性很弱。种子繁殖的园艺品种较多，实际应用都按二年生栽培（图1）。毛地黄的条形、总状花序硕大，非常夺人眼球，是春季花境的主要花卉，可以形成强烈的视觉效果（图2）。同属的其他种类也很多，但花境中并不多见。如铁锈毛地黄*D. ferrugiana*（图3）和园艺品种‘卢卡斯’毛地黄 *D.* ‘Lucas’（图4）。

图1 种子繁殖的园艺品种较多，实际应用都按二年生栽培

图2 毛地黄可以形成强烈的视觉效果

图3 铁锈毛地黄 *D. ferrugiana*

图4 毛地黄园艺品种‘卢卡斯’ *D.* ‘Lucas’

图1 佩兰 *E. fortunei*

图2 紫茎泽兰 *E. purpureum*

图3 紫茎泽兰园艺品种 *E. purpureum* 'Atropurpureum'

泽兰 *Eupatorium*

菊科泽兰属。佩兰*E. fortunei*（图1）中部叶片3裂状，伞形花序淡紫色，常为药用栽培，国内花境也有应用。真正广泛用于花境的是紫茎泽兰*E. purpureum*（图2），有着优良的园艺品种，如'Atropurpureum'，株形高大，达2m，伞形花序大而密集，花色紫红，花期8～10月，是花境夏秋季节的背景花卉（图3）。

老鹳草类 *Geranium*

牻牛儿苗科老鹳草属。人们把它比作邮票，即当你拥有，便萌生收集其丰富种类和品种的念想。在花境的发源地英国，到处可见老鹳草的身影，是良好的花境前景植物（图1）。其名称也与同科的天竺葵属混淆至今，无法纠正。可想而知，其品种之繁多，被描述成几乎可以适合任何环境的老鹳草品种。这样一个重要的花境植物，在我国却难见其踪影，有待开发，尤其在长江以北地区，相信有其用武之地。常见的种类有灰色老鹳草 *G. cinereum*（图2）、老鹳草 *G. sanguineum*（图3）。

图1 老鹳草是良好的花境前景植物

图2 灰色老鹳草 *G. cinereum*

图3 老鹳草 *G. sanguineum*

图1 猫薄荷 *N.×faasseni*

图2 猫薄荷园艺品种 *N.×faasseni* 'Superba'

图3 猫薄荷园艺品种 *N.×faasseni* 'Snowflake'

图4 黄花荆芥 *N. govaniana*

图5 大花荆芥 *N. grandiflora*

图6 'Six Hills Giant'

图7 紫花猫薄荷 *N. parnassica*

荆芥类 *Nepeta*

唇形科荆芥属。花境植物当数杂交荆芥,又称猫薄荷 *N.×faasseni*，枝叶丛生,蓝色的小花，覆盖性强，特别适合用做花境的前景（图1）。主要园艺品种如'Superba'（图2）花蓝色；'Snowflake'（图3）花白色。整株的香味，容易招蜂引蝶。春季始花，花后经修剪，能再次开花至夏秋。

荆芥属的其他种类：黄花荆芥 *N. govaniana*（图4）是个特别的荆芥，花朵黄色，有别于荆芥的蓝色。大花荆芥 *N. grandiflora*（图5），花色浅蓝，花朵大。园艺品种 'Six Hills Giant'（图6），浅蓝的花瓣具紫斑点。紫花猫薄荷*N. parnassica*（图7），花紫色。

鼠尾草类 *Salvia*

唇形科鼠尾草属。有900多种的大属，尽管我们最熟悉的一串红是一年生花卉，但有更多的宿根花卉种类适合花境应用，其种类之多，形态各异，甚至花色和花期的不同，适合花境的不同用途。

蓝花鼠尾草*S. farinacea*（图1），尽管是一年生花卉，主要是不耐寒，但条形的总状花序，非常适合花境的应用。‘维多利亚’是常用的园艺品种，也有白色（图2）以及无性系的品种（图3）。近年来推出2个宿根性弱的品种，也常被花境中应用：‘蓝霸’鼠尾草*S.* ‘Mystic Spire Blue’（图4）是种子繁殖的鼠尾草杂交品种，株形更大，花序更长。尽管宿根性不强，也可用作花境。另有无性系的品种，超级一串红*S. fulgens* ‘Wendy’s Wish’（图5），是2015年度切尔西花展的得奖品种。花形和枝叶酷似一串红，但因株形明显大，基部略木质化而得名。

林地鼠尾草*S. nemorosa*（图6）是典型的宿根种类，叶片椭圆状卵形，无柄，叶面略皱，花序长，园艺品种丰富，有的株形硕大，花序粗壮（图7），有的花色丰富，如‘Sensation’系列（图8），花色蓝色、紫色、紫红和白色。超级鼠尾草*S.* ×

图1 蓝花鼠尾草 *S. farinacea*

图2 ‘维多利亚’白色品种

图3 ‘维多利亚’无性系品种

图4 ‘蓝霸’鼠尾草 *S.* ‘Mystic Spire Blue’

图5 超级一串红 *S. fulgens* ‘Wendy’s Wish’

图7 株形硕大，花序粗壮

图8 ‘Sensation’系列

图6 林地鼠尾草 *S. nemorosa*

图 9 超级鼠尾草 *S.* × *superba*

图 10 ‘New Dimension’

图 11 荷兰花卉展示会上鼠尾草丰富的园艺品种

superba（图9），其实是林地鼠尾草的杂交种，枝叶少有差别，株形更紧凑，同样拥有更多的园艺品种，如‘New Dimension’（图10），花序密集，注重观赏性，兼顾盆栽观赏（图11），而忽略其宿根性。杂交鼠尾草 *S.* × *sylvestris*（图12）是超级鼠尾草的亲本之一，主要园艺品种有‘Mainacht’（图13，图14）花色有蓝、紫红和白色。草地鼠尾草 *S. pratensis*（图15），叶形大，三角状卵形，叶柄明显，花色蓝紫，花期特别早。

樱桃鼠尾草*S. greggii*（图16）亚灌木草本化的宿根花卉，灌丛状，分枝多，株高60～80cm，适合花境的前景或中景。叶椭圆状卵形，全缘被毛。相近的种类有：小叶鼠尾草*S. microphylla*（图17）形似樱桃鼠尾草，叶缘有锯齿；花色有深玫红、粉红、白色和双色品种（图18），花期夏季。杰曼鼠尾草*S.* × *jamensis*（图

19）为以上2个种的杂交种。

其他高茎类的鼠尾草，常绿灌木草本化，这是一类耐寒性较弱的多年生鼠尾草，我国的长江以北地区需要有越冬防寒措施。株高120cm以上，常作花境的中景尤其是背景，主要种类有：加那利鼠尾草*S. canariensis*（图20），叶三角状卵形，略皱，总状花序顶生，紫色，春季开花。毛地黄鼠尾草*S. digitaloides*（图21），株形较大，花序长，唇形花冠弯曲，粉红带紫，苞片宿存，粉色。初夏开花；凤梨鼠尾草*S. elegans*（图22），灌丛状，枝叶分枝多，叶长卵形，叶色深绿。总状花序，唇形花冠，细管状，花色猩红，花期夏秋；黄花鼠尾草*S. glutinosa*（图23），枝叶被腺毛；叶片卵形，基部心形，叶面皱褶，锯齿明显；花冠黄色；总苞鼠尾草*S. involucrata*（图24），枝条和叶脉紫红色，叶片卵形，先端尾尖，锯齿纤细，叶色绿似蔷薇叶（又名Rosyleaf Sage）；唇形花冠，花冠筒膨大，亮玫红色，夏季盛花；墨西哥鼠尾草*S. leucantha*（图25），丛生性强，分枝多，生长势旺盛，花境应用需要适度控制。叶片条形至线形，狭长，叶色墨绿，茸毛状；总状花序，花冠与花萼同紫色，花期初夏，花后修剪复花能力强，花开不断至秋冬。有花冠与花萼异色的品种，花冠白色，花萼紫色（图26）；花冠玫红，花萼白色（图27）。龙胆鼠尾草*S. patens*（图28），生长势旺盛，灌木丛状，

图12　杂交鼠尾草 *S.* × *sylvestris*

图13　'Mainacht'

图14　'Mainacht'

图15　草地鼠尾草 *S. pratensis*

图16　樱桃鼠尾草 *S. greggii*

图17　小叶鼠尾草 *S. microphylla*

图18　双色品种

图19　杰曼鼠尾草 *S.* × *jamensis*

图20　加那利鼠尾草 *S. canariensis*

图21　毛地黄鼠尾草 *S. digitaloides*

图22　凤梨鼠尾草 *S. elegans*

图23　黄花鼠尾草 *S. glutinosa*

图24　总苞鼠尾草 *S. involucrata*

图25　墨西哥鼠尾草 *S. leucantha*

图26　花萼紫色

图27　花萼白色

图28　龙胆鼠尾草 *S. patens*

花境应用需要控制。叶心形，叶面皱褶；总状花序长，花冠蓝色（因花色而得名）。园艺品种，'Patio'株形紧凑（图29），花蓝色，略浅，亮丽；花色近白色带浅蓝色晕（图30）以及花色浅蓝（图31）。天蓝鼠尾草 *S. uliginosa*（图32），又名沼泽鼠尾草，宜生长在湿润的土壤而得名。丛生性强，枝条纤细，直立，株高达120～150cm，呈松散状，花境应用，适当的扶枝非常必要。叶披针状卵形，锯齿明显，叶色浅绿，节间长。总状花序稀长，花冠蓝色，略带白心。整株纤细，随风摇曳，尤为自然。

图29 'Patio'株形紧凑

图30 花色近白色带浅蓝色晕

图31 花色浅蓝

图32 天蓝鼠尾草 *S. uliginosa*

图1 蛾毛蕊花 *V. blattaria*

图2 蛾毛蕊花 *V. blattaria*

图3 东方毛蕊花 *V. chaixii* ‘Cotswold Queen’

图4 银叶毛蕊花 *V. olympicum*

毛蕊花 *Verbascum*

玄参科毛蕊花属。种类繁多，用于花境的种类，大多被称为宿根花卉，但实际按二年生花卉栽培使用。冬春季节，株形呈莲座状的叶丛，升温后迅速抽薹，开花，花梗粗壮，直立，全株被毛。花境应用最多的：蛾毛蕊花*V. blattaria*（图1），花梗很高，达180cm，穗状花序，亮黄色，花期6～8月，随意安插于花境之间，景观立显，自然怡人（图2）。同属种类有：东方毛蕊花*V. chaixii* ‘Cotswold Queen’（图3）株形略小，高120cm左右，叶色深，花序密集，花小，橙黄色。银叶毛蕊花*V. olympicum*（图4），株形质感粗，整株被银色毛，尤其花蕾，银色剔透发亮，花黄色。

图1 轮叶婆婆纳 *Veronicastrum sibiricum*

图2 北美腹水草 *V.virginicum*

轮叶婆婆纳 *Veronicastrum sibiricum*

玄参科腹水草属。是从婆婆纳属（*Veronica*）中分出的，仅有2个种。花境应用的为轮叶婆婆纳，又名西伯利亚腹水草（图1），株高可以达2m，叶披针形，4～6叶轮生；常用园艺品种'Apollo'，穗状花序，粗壮，长达30cm以上，作为花境的中、后景非常夺人眼球。主要花色为紫色，花期7～9月。本属另外一种，北美腹水草*V.virginicum*（图2），植株略矮，120～140cm，主要品种如'Alboroseum'花穗淡紫带粉红。

国内花境中常用的宿根花卉

莨力花*Acanthus mollis*（图1），爵床科老鼠簕属为该属的代表种。多年生草本，株高达150cm，植株呈莲座状的叶丛，耐半阴，株形硕大，质感粗犷，花序长达60cm以上，小花白色，6~7月开花，易吸引眼球。同属种：深裂莨力花*A. spinosus*（图2），叶片深裂状，花朵淡粉紫色。

百子莲*Agapanthus praecox*（图3），石蒜科百子莲属。南非原产的多年生草本植物，常绿或半常绿，长条状的叶片，拱形下垂，叶丛呈二列状排列。株高100~150cm，株形大，伞形花序具长花梗，花朵蓝色，有白色品种（图4），花期6~8月。同属种：非洲百子莲*A. africanus*（图5），株形略小，叶片窄些，花朵略小，花量多。

亚菊*Ajania pacifica*（图6），菊科亚菊属。多年生草本，以其优雅的叶片和整齐的株形，呈现细腻的质感，银边的叶缘与秋季的金黄色小菊花，被称为金银菊。不过开花时的株形松散而失去魅力。许多地区，特别是潮湿的环境，容易腐烂，需谨慎使用。

耧斗菜*Aquilegia vulgris*（图7），毛茛科耧斗菜属。叶片3小复叶，枝叶细腻，花枝松散，纤细优雅，花形奇特，每朵小花由5个漏斗状的有矩花冠组成，故又称漏斗菜。不耐湿热，宿根困难。

图1 莨力花 *Acanthus mollis*

图2 深裂莨力花 *A. spinosus*

图3 百子莲 *Agapanthus praecox*

图4 百子莲 *Agapanthus praecox*

图5 非洲百子莲 *A. africanus*

图6 亚菊 *Ajania pacifica*

图7 耧斗菜 *Aquilegia vulgris*

木茼蒿*Argyranthemum frutescens*（图8），菊科木茼蒿属。曾经的温室花卉，因此，耐寒性较弱，长江以北地区不宜越冬。多年生草本，主枝条半木质化，叶片细裂，半肉质感；菊花形的头状花序，具长花柄，花白色，春季开花。有多色品种（图9，图10）。

花叶芦竹*Arundo donax* var. *versulatum*（图11），禾本科芦竹属。宿根花卉，叶剑形，抱茎而生，常有银白色的条纹，以观叶为主。

马利筋*Asclepias curassavica*（图12），萝藦科马利筋属。多年生草本，主枝木质化，红黄相间的小花着生枝顶，夏、秋季开花不断（图13）。来自南方的花木，不耐寒。

狐尾天门冬*Asparagus densiflorus* 'Myers'（图14）百合科天门冬属。与我们熟悉的观赏文竹和食用芦笋同属。本种稠密的枝叶，形似狐尾，质感细腻，覆盖性强，宜与各种花卉搭配，是花境常用的前景植物。

图8 木茼蒿 *Argyranthemum frutescens*

图9 木茼蒿 *Argyranthemum frutescens*

图10 木茼蒿 *Argyranthemum frutescens*

图11 花叶芦竹 *Arundo donax* var. *versulatum*

图12 马利筋 *Asclepias curassavica*

图13 马利筋 *Asclepias curassavica*

图14 狐尾天门冬 *Asparagus densiflorus* 'Myers'

落新妇*Astilbe chinensis*（图15），虎耳草科落新妇属。耐半阴，宿根花卉，叶片为羽状复叶，小叶有锯齿；复穗状花序，花色紫红、粉红，春季观赏。花境应用，自然怡人，易与其他花卉搭配（图16）。园艺品种丰富（图17）。

射干*Belamcanda chinensis*（图18），鸢尾科射干属。夏季7～8月观赏的宿根花卉，鸢尾状的剑形叶片，花小，橙黄色，具橙红色小斑。

白及*Bletilla striata*（图19），兰科白及属。早春开花，地被植物应用较多，耐阴。花境偏阴的位置可以适当使用。

图15 落新妇 *Astilbe chinensis*

图16 落新妇与其他花卉搭配

图17 落新妇园艺品种丰富

图18 射干 *Belamcanda chinensis*

图19 白及 *Bletilla striata*

风铃草类*Campanula*，桔梗科风铃草属。该属有多种宿根花卉，花色以蓝色、白色为主，可以用于花境。常见种有：丛生风铃草*C. carpatica*（图20），植株低矮，丛生状，花多而密集，宜花境前景应用。聚花风铃草*C. glomerata*（图21），花蓝色，集生枝顶。乳花风铃草*C. lactiflora*（图22），植株较高，达80～120cm，花序长，蓝紫色花。阔叶风铃草*C. latifolia*（图23），株高120cm以上，花序呈圆锥状，常浅蓝色，也有白色品种（图24）。主要花期为春夏季节，是花境应用最多的风铃草，常用作中、后景（图25）。风铃草*C. medium*（图26），是最常见的种，宿根性弱，为二年生草花，花冠钟形，又名钟

图 20 丛生风铃草 *C. carpatica*

图 21 聚花风铃草 *C. glomerata*

图 22 乳花风铃草 *C. lactiflora*

图 23 阔叶风铃草 *C. latifolia*

图 24 阔叶风铃草（白色）*C. latifolia*

图 25 阔叶风铃草 *C. latifolia* 常用作中、后景

图 26 风铃草 *C. medium*

花，常用的品种 ‘Champion Pro’ 花色丰富，有蓝、粉、白色（图27至图29），花期5月。同属的其他种：牧根风铃草*C. rapunculus*，现已有应用品种‘Heavenly Blue’（图30）；朝鲜风铃草*C. takesimana* ‘Iridescent Bell’（图31），花朵钟形，密集，紫粉红色。

图 27 风铃草 ‘Champion Pro’

图 28 风铃草 ‘Champion Pro’

图 29 风铃草 ‘Champion Pro’

图 30 牧根风铃草 *C. rapunculus* ‘Heavenly Blue’

图 31 朝鲜风铃草 *C. takesimana* ‘Iridescent Bell’

图 32 美人蕉 *Canna indica*

美人蕉*Canna indica*（图32），美人蕉科美人蕉属。仅有1种多年生草本花卉，耐热，耐湿，适应性很强。'卡诺娃'是当今全球最流行的园艺品种，种子繁殖，生长势强，花朵顶生，花色丰富，有红、玫红、黄色、橙黄等，夏秋开花不断。另有紫叶美人蕉（图33）和彩叶美人蕉（图34）品种。

黑矢车菊*Centaurea nigra*（图35），菊科矢车菊属。株高达150cm以上的多年生草本，初夏开花，花深紫，特别适合作春夏季节的花境的背景应用。

三色菊*Chrysanthemum carinatum*（图36），菊科菊属。曾经的温室花卉，耐寒性弱。叶片细裂，半肉质感。头状花序，因花朵基部具有异色环纹而得名，花色丰富（图37），花期春季。

图 33 紫叶美人蕉

图 34 彩叶美人蕉

图 35 黑矢车菊 *Centaurea nigra*

图 36 三色菊 *Chrysanthemum carinatum*

图 37 三色菊花色丰富的头状花序

牛眼菊*Chrysanthemum leucanthemum*（图38），菊科菊属。多年生草本，茎直立，叶条形有缺刻，叶色深，头状花序，白色，春季开花。有些将其归在 *Leucanthemum vulgare*，因此与近似种大花滨菊难以区分。而花境中最常用的种是大花滨菊*Leucanthemum* × *superbum* 或*L. maximum*（图39），无论怎么称呼，它们都以金黄色盘心花和白色盘边花组成的头状花序应用于花境。大花滨菊有许多园艺品种：'Lagrande'（图40）花整齐，白色；'Lacrosse'（图41）花瓣匙瓣，白色；'Laspider'（图42）半重瓣，白色；'Lacreme'（图43）花瓣浅黄色。

菊花*Chrysanthemum morifolium*（图44），菊科菊属。中国传统名花，享誉世界的第一大观赏花卉，主要用作切花。具有极其丰富的花色、花形，当今的育种新品种已有盆花观赏（图45），当然也会有花园应用的品种（图46），花境中可以尝试使用秋季开花的主要品种。

图38 牛眼菊 *Chrysanthemum leucanthemum*

图39 大花滨菊 *Leucanthemum* × *superbum*

图40 'Lagrande'

图41 'Lacrosse'

图42 'Laspider'

图43 'Lacreme'

图44 菊花 *Chrysanthemum morfolium*

图45 菊花盆花观赏

图46 花园应用的菊花品种

图 47 彩叶朱蕉 *Cordyline terminalis*

图 48 金鸡菊 *C. basilis*

图 49 大花金鸡菊 *C. grandiflora*

图 50 玫红金鸡菊 *C. rosea*

图 51 'Heaven' s Gate'

图 52 轮叶金鸡菊 *C. verticillata*

图 53 火星花 *Crocosmia hybrida*

图 54 火星花黄色品种

彩叶朱蕉*Cordyline terminalis*（图47），百合科朱蕉属。主要为南方的观叶植物，叶形大，花园中常与剑麻、龙舌兰配置，外形上归入棕榈类，呈现南国风光。花境中应用的主要是彩叶朱蕉，叶片细长，二列状扭曲集生枝顶而区别于近似种龙血树，叶色有紫红、黄色和彩叶的变化。

金鸡菊类*Coreopsis*，菊科金鸡菊属。其中有多种宿根花卉用于花境。金鸡菊*C. basilis*（图48），花金黄色，基部有红色环痕。大花金鸡菊*C. grandiflora*（图49），比较常见的种，花黄色，花期5月，有重瓣品种。玫红金鸡菊*C. rosea*（图50）植株低矮，高30～50cm，枝叶丛生，密集呈球形，花朵小，多而密，花色有金黄和紫红、玫红等，常见品种：'Heaven' s Gate'（图51），花色玫红。轮叶金鸡菊*C. verticillata*（图52），枝叶细，多分枝，叶片轮生，线形，纤细，花黄色。

火星花*Crocosmia hybrida*（图53），鸢尾科雄黄兰属。是花境中夏季开花的种类，剑形的叶片，其叶形和质感与大多数种类能形成反差，花序弯曲，花色以橙红为主，有黄色品种（图54）。

姜荷花*Curcuma alismatifolia*（图55），姜科姜黄属。产自泰国，耐湿热，花形似郁金香，叶片似美人蕉。株高60cm，花开夏季，是夏季花境的好材料。

石竹类*Dianthus*，石竹科石竹属。有多个种可以用于花境，多数宿根性不强，但易开花，品种丰富，叶对生，节明显，石竹型花冠，花色有红、白色，春夏开花。常见的有：须苞石竹*D. barbatus*（图56），茎梗粗，直立，株高60cm，花朵小，因苞片须状而得名（图57）。石竹，又名中国石竹*D. chinensis*（图58），枝叶细，分枝多，植株低矮，花朵略大，苞片披针形。杂交石竹*D. interspecific*（图59），为种间杂交，取须苞石竹的叶，中国石竹的花朵，是最常用的园艺品种。常夏石竹*D. plumarius*（图60），叶片粉绿色，花粉红、白色。瞿麦*D. superbus*（图

图55 姜荷花 *Curcuma alismatifolia*

图56 须苞石竹 *D. barbatus*

图57 须苞石竹 *D. barbatus*

图58 中国石竹 *D. chinensis*

图59 杂交石竹 *D. interspecific*

图60 常夏石竹 *D. plumarius*

图61 瞿麦 *D. superbus*

61），花瓣细裂状。

荷包牡丹*Dicentra spectabilis*（图62），罂粟科荷包牡丹属。宿根花卉，用于花境可展现其独特的蒲包花形，花序弯曲舒展，花粉红、白色（图63）。因叶片似牡丹叶而得名。同属种：美丽荷包牡丹*D. formosa*（图64），叶片裂片细。

紫松果菊*Echinacea purpurea*（图65），菊科松果菊属。宿根花卉，夏季开花，修剪后可以复花至夏秋；花色紫红。园艺品种丰富（图66），花境宜选用枝叶丰满、较高的品种，可达80cm以上，如‘彩虹’（图67），适合花境的焦点植物应用。目前也有无性系的品种，花色包括之前没有的黄色（图68）。

禾叶大戟*Euphorbia graminea*（图69），大戟科大戟

图62 荷包牡丹 *Dicentra spectabilis*

图63 荷包牡丹 *Dicentra spectabilis*

图64 美丽荷包牡丹 *D. formosa*

图65 紫松果菊 *Echinacea purpurea*

图66 紫松果菊园艺品种丰富

图67 紫松果菊‘彩虹’

图68 紫松果菊无性系品种，花黄色

属。宿根花卉，枝叶密集，花朵小而多花性，白色，花期长，春夏季节，花境的填充植物。

梳黄菊*Euryops pectinatus*，菊科梳黄菊属（图70）。叶片粉绿色，花亮黄色，黄金菊的园艺品种'Virids'（图71），花色金黄，花期长，是目前应用较多的品种，冬春与春夏均有花可赏。

大吴风草*Farfugium japonicum*（图72），菊科大吴风草属。宿根花卉，耐阴，常作地被。冬季开花，花黄色。

蓝雏菊*Felicia amelloides*（图73），菊科蓝菊属。半耐寒宿根花卉，注意越冬保护。叶片倒卵形，头状花序，蓝色，花期春季。

宿根天人菊*Gaillardia aristata*（图74），菊科天人菊属。枝叶被毛，花黄色、橙红及双色；花期春季。

山桃草*Gaura lindheimeri*（图75），柳叶菜科山桃草属。宿根花卉，生长势旺盛，适应性强。枝条纤细，多分枝，花小，花序条状，小花白色，花期夏秋。花境应用，质感细腻，是容易搭配的填充植物。园艺品种逐渐产生中，如有矮生品种（图76）和优质无性系品种，紫叶红花（图77），粉红花（图78）。

图69 禾叶大戟 *Euphorbia graminea*

图70 梳黄菊 *Euryops pectinatus*

图71 黄金菊'Virids'

图72 大吴风草 *Farfugium japonicum*

图73 蓝雏菊 *Felicia amelloides*

图74 宿根天人菊 *Gaillardia aristata*

图75 山桃草 *Gaura lindheimeri*

图76 山桃草矮生品种

图77 山桃草无性系品种紫叶红花

图78 山桃草无性系品种粉红花

图79 堆心菊 *Helenium autumnale*

图80 堆心菊杂交品种

图81 香思草 *Heliotropium arborescens*

图82 香思草白色品种

图83 嚏根草 *Helleborus orientalis*

图84 萱草 *Hemerocallis hybrida*

图85 橙红色萱草

图86 橙黄色萱草

图87 美洲矾根 *Heuchara americana*

图88 美洲矾根品种丰富

堆心菊*Helenium autumnale*（*hybrida*）（图79），菊科堆心菊属。宿根花卉，该属有一、二年生种类。花境应用的主要是宿根种类，常以杂交品种出现（图80），植株高120cm以上，花黄色、橙黄，为花境的主要焦点植物。

香思草*Heliotropium arborescens*（图81），紫草科天芥菜属。常年的温室花卉，做宿根花卉应用，注意越冬防寒。小花密集成头状花序，紫色，有白色品种（图82），具香味，花期5月。

嚏根草*Helleborus orientalis*（图83），毛茛科铁筷子属。又名铁筷子。耐阴，早春开花。花紫色、紫红和白色，有重瓣品种。

萱草*Hemerocallis hybrida*（图84），百合科萱草属。宿根花卉，叶片线形，丛生，拱形下垂，花梗高出叶丛，花百合形，花色以黄色为主，有橙红（图85）和橙黄（图86）等。园艺品种非常丰富。

美洲矾根*Heuchara americana*（图87），虎耳草科矾根属。以观叶为主的宿根花卉，耐阴，宜作花境的前景应用。品种丰富（图88），叶色变化多。注意不耐高温、水湿。

珊瑚钟*Heuchera sanguinea*（图89），虎耳草科矾根属。花朵具有较强观赏性，花序长，呈线条状，花红色，春夏季观赏。

槭葵*Hibiscus coccineus*（图90），锦葵科木槿属。宿根花卉，因植株高度达180cm，叶片深裂似槭树而得名。宜为花境的背景。花红色，花期夏秋。

芙蓉葵*Hibiscus moscheutos*（图91），锦葵科木槿属。宿根花卉，叶片宽卵形，株高120cm，花大，圆形，红色，夏秋开花。

玉簪*Hosta plantaginea*（图92），百合科玉簪属。耐阴。叶片基部心形，花白色，花期6～8月。同属种类：粉叶玉簪*H. sieboldiana*（图93），叶片宽心形，粉绿色；紫萼*H. ventricosa*（图94），叶片窄卵形，花紫色。

图 89　珊瑚钟 *Heuchera sanguinea*

图 90　槭葵 *Hibiscus coccineus*

图 91　芙蓉葵 *Hibiscus moscheutos*

图 92　玉簪 *Hosta plantaginea*

图 93　粉叶玉簪 *H. sieboldiana*

图 94　紫萼 *H. ventricosa*

图95 树八仙花 *Hydrangea arborescens*

树八仙花*Hydrangea arborescens*（图95），虎耳草科八仙花属。株形较大，株高180cm左右，花序圆锥形，花白色，花期6～7月。同属有多种可以用于花境。八仙花*H. macrophylla*（图96）是该属的代表种，最常见于花园，园艺品种丰富，由不孕花组成，花形为圆球形品种（图97，图98），和中间是两性花组成的扁平形的花形品种（图99，图100）。锥花八仙花*H. paniculata*（图101）株形高大，花序圆锥形，粉白色。栎叶八仙花*H. quercifolia*（图102），株形高大，叶片有缺刻状似栎叶而得名，花序长，白色。

金丝桃*Hypericum chiniensis*（图103），藤黄科金丝桃属。枝叶丛生，花单瓣，因雄蕊丝状而得名；花色金黄，夏季开花。同属种：蔷薇金丝桃*H. cerastioides*（图104），株形略小。

图96 八仙花 *H. macrophylla*

图97 花形为圆球形的八仙花品种

图98 花形为圆球形的八仙花品种

图99 花形扁平形的八仙花品种

图100 花形扁平形的八仙花品种

图101 锥花八仙花 *H. paniculata*

图102 栎叶八仙花 *H. quercifolia*

图103 金丝桃 *Hypericum chiniensis*

图104 蔷薇金丝桃 *H. cerastioides*

鸢尾类*Iris*，鸢尾科鸢尾属。有许多观赏花卉，按习性和观赏用途主要分成3类：①宿根类，是花境应用的主要种类，代表种：德国鸢尾*I. germanica*（图105），属髯毛类杂交组群中高茎的种类，主要特征是花瓣基部具髯毛，叶片被白粉，叶色粉绿；花朵大，园艺品种丰富（图106至图108）。生长要求土壤排水良好。宿根类鸢尾的常见种还有：蝴蝶花*I. japonica*（图109），花白色，花期最早，3~4月。鸢尾*I. tactorum*（图110），花蓝色，花期4月，耐阴。是我国最常见的种类。香根鸢尾*I. pallida*（图111），花蓝色。②水生类鸢尾，即耐水湿的鸢尾，常见种类：黄菖蒲*I. pseudacorus*（图112），花黄色，常在水边生长，也可以花境应用。花菖蒲*I. leavigata*（图113），又名日本鸢尾、燕子花，花色丰富。‘路易斯安那’鸢尾

图105　德国鸢尾 *Iris germanica*

图106　德国鸢尾园艺品种丰富

图107　德国鸢尾园艺品种丰富

图108　德国鸢尾园艺品种丰富

图109　蝴蝶花 *I. japonica*

图110　鸢尾 *I. tactorum*

图111　香根鸢尾 *I. pallida*

图112　黄菖蒲 *I. pseudacorus*

图113　花菖蒲 *I. leavigata*

I. ‘Lousisiana’（图114），园艺杂交品种，花色丰富，花期5～6月。西伯利亚鸢尾*I. siberica*（图115），是一种耐水湿的鸢尾。③球根类鸢尾，指具有球茎的一类鸢尾，又称荷兰鸢尾，品种非常丰富，主要用作切花。

火炬花*Kniphofia uvaria*（图116），百合科火把莲属。叶片丛生，花序条形，橙黄色，初夏开花，是花境中营造自然景象的重要花材（图117）。

花叶野芝麻*Lamium galeobdolon*（图118），唇形科野芝麻属。耐阴，花紫色。

薰衣草*Lavendula angustifolia*（图119），唇形科薰衣草属。因其紫色的浪漫、浓郁的香味广受欢迎。叶片条形，花序长，花蓝色，有白色品种。同属种：羽叶薰衣草*L. multifida*（图120），叶片羽状细裂，主要品种‘西班牙之眼’花色蓝紫。法国薰衣草*L. stoechas*（图121），穗状花序，小花较大，俗称“耳朵”，蓝色。

蛇鞭菊*Liatris spicata*（图122），菊科蛇鞭菊属。多年生草花，地下有球茎。叶片线形，丛生，花梗粗壮，直立，

图114 ‘路易斯安娜’鸢尾*I.* ‘Lousisiana’

图115 西伯利亚鸢尾 *I. siberica*

图116 火炬花 *Kniphofia uvaria*

图117 火炬花 *Kniphofia uvaria*

图118 花叶野芝麻 *Lamium galeobdolon*

图119 薰衣草 *Lavendula angustifolia*

图120 羽叶薰衣草 *L. multifida*

图121 法国薰衣草 *L. stoechas*

图122 蛇鞭菊 *Liatris spicata*

穗状花序，紫红，有白色品种。花境中营造竖向景观的好材料。

紫叶橐吾*Ligularia* 'Bbritt Marie Crawford'（图123），菊科橐吾属。宿根花卉，叶片宽心形，有锯齿，全叶紫红色，观叶，耐水湿，适用于水池边或花境前景。同属种：齿叶橐吾*L. dentata* 'Osiris Fantaisie'（图124），叶宽卵形，基部心形；花序长，花金黄。窄头橐吾*L. stenocephala*（图125），叶片粗大，三角状卵形，锯齿尖密，穗状花序较长，花金黄色。

兰花三七*Liriope cymbidiomorpha*（图126），百合科山麦冬属，常绿宿根，耐阴，常用做林下地被。叶片条状线形，常花叶，穗状花序高出叶丛，花蓝紫色，夏秋开花。

宿根半边莲*Lobelia speiosa*（图127），桔梗科半边莲属。本种茎秆直立，叶卵状披针形，有锯齿，花序长条形，小花花瓣5片，3片较大，呈半边的莲花，花红色居多，有鲑红色品种（图128）。

多叶羽扇豆*Lupinus polyphyllus*（图129），豆科羽扇豆属。宿根花卉，叶片掌状复叶，叶柄长；总状花序硕大，长达60cm以上，花色丰富，有蓝色、红色、粉红、黄色等，花期4～5月。园艺品种丰富（图130）。不耐湿热，长江以南地区只能作二年生栽培。花境应用，视觉效果特别

图123　紫叶橐吾 *Ligularia* 'Bbritt Marie Crawford'

图124　齿叶橐吾 *L. dentata* 'Osiris Fantaisie

图125　窄头橐吾 *L. stenocephala*

图126　兰花三七 *Liriope cymbidiomorpha*

图127　宿根半边莲 *Lobelia speiosa*

图128　宿根半边莲鲑红色品种

图129　多叶羽扇豆 *Lupinus polyphyllus*

图130　多叶羽扇豆园艺品种丰富

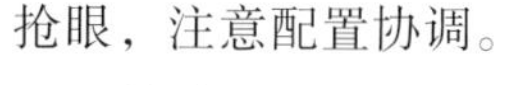

抢眼，注意配置协调。

剪秋罗*Lychnis chalcedonica*（图131），石竹科剪秋罗属。株高90～120cm，茎秆直立，叶对生，全株被毛；花序集生枝顶，橙红色，非常传统的花境植物。同属宿根花卉：毛叶剪秋罗*L. coronaria*（图132），整株密被白色绵毛，枝叶呈粉绿色，花色深玫红；有白色品种（图133）。洋剪秋罗*L. viscaria*（图134），茎秆直立，对生叶，线形，主脉明显；花紫红。杂交剪秋罗*L.* × *arkwrightii*（图135），花朵大，花瓣二裂状，橙黄色。

石蒜*Lycoris radiata*（图136），石蒜科石蒜属。耐阴地被，春季抽生叶丛，叶条形，深绿色，主脉白色；夏秋开花时叶丛枯萎，花叶永不相见，花丝细长，伞形花序，花形奇特，花瓣反卷，花红色。同属种：忽地笑*L. aurea*（图137），花黄色，又名黄花石蒜。鹿葱*L. squamigera*（图138），花粉红色。

千屈菜*Lythrum salicaria*（图139），千屈菜科千屈菜属。宜生长在水边的宿根花

图131 剪秋罗 *Lychnis chalcedonica*

图132 毛叶剪秋罗 *L. coronaria*

图133 毛叶剪秋罗白色品种 *L. coronaria* 'Alba'

图134 洋剪秋罗 *L. viscaria*

图135 杂交剪秋罗 *L.* × *arkwrightii*

图136 石蒜 *Lycoris radiata*

图137 忽地笑 *L. aurea*

图138 鹿葱 *L. squamigera*

图139 千屈菜 *Lythrum salicaria*

卉，株高120cm，穗状花序，小花密集，花色紫红、玫红，花期6～8月。

美国薄荷*Monarda didyma*（图140），唇形科美国薄荷属。丛生枝条直立，叶对生，圆卵形，叶面皱。头状花序顶生，小花唇形花冠，花色丰富（图141），红、粉红、紫色，花期6月。

粉纸扇*Mussaenda philippica*（图142），茜草科玉叶金花属。南方的花木，盆栽化的多年生花卉，不耐寒，仅限南方地区应用。花顶生，5裂，花冠筒细，苞片瓣化，形似一品红（图143）。

月见草*Oenothera fruticosa*，柳叶菜科月见草属。在国内已多年不见，宿根花卉，花瓣4片，因日开夜闭而得名，花黄色，花期6～8月。月见草的园艺品种较多，应用于花境的主要品种有'Fyrverkeri'（图144），花蕾红色，花黄色；'Glaber'（图145），株形紧凑，叶色铜红，花蕾红色，花黄色；'Yellow River'（图146），茎秆红色，花蕾绿色，花黄色。同属种：玫红月见

图140 美国薄荷 *Monarda didyma*

图141 美国薄荷花色丰富

图142 粉纸扇 *Mussaenda philippica*

图143 粉纸扇 *M. philippica*

图144 月见草'Fyrverkeri'

图145 月见草'Glaber'

图146 月见草'Yellow River'

图147 玫红月见草 *O. rosea*

图148 美丽月见草 *O. speciosa*

草*O. rosea*（图147），枝叶细小，丛生性强，花小，玫红色。美丽月见草*O. speciosa*（图148）花大似月见草，花色粉红，花期5~6月。

丝带草*Ophiopogon japonica*（图149），百合科沿阶草属。耐阴地被，常与宽叶麦冬混淆。叶略宽而长，前端尖，叶脉明显，花穗长，高出叶丛，花白色，花期6~8月。

南非万寿菊*Osteospermum hybridum*，菊科骨子菊属。稍耐寒，作二年生栽培应用，用作花境主要是其花色比较自然，有紫色、紫红、白带紫晕等。目前园艺品种较多（图150至图152）。

高砂芙蓉*Pavonia hastata*（图153），锦葵科粉葵属。亚灌木，宿根草本状，株高120~150cm，叶卵状披针形，具角状锯齿，花顶生枝顶，白色，基部红色。宜作花境背景

图149 丝带草 *Ophiopogon japonica*

图150 南非万寿菊 *Osteospermum hybridum* 园艺品种

图151 南非万寿菊 *O. hybridum* 园艺品种

图152 南非万寿菊 *O. hybridum* 园艺品种

图153 高砂芙蓉 *Pavonia hastata*

图154 芍药 *Peaonia lactiflora*

应用。

芍药*Peaonia lactiflora*（图154），毛茛科芍药属。与我国名花牡丹同属，其宿根性特别强，园艺品种更加丰富，更适合花境应用。

须苞钓钟柳*Penstemon barbatus*（图155），玄参科钓钟柳属。株高80cm左右，叶片长卵形，花冠唇形，花色深红，因苞片须状而得名。钓钟柳属拥有许多宿根种类，适合花境的有：钟花钓钟柳*P. campanulatus*（hartwegii）（图156），花冠筒大，观赏性最强的种，园艺品种多，如‘阿丽贝斯’花色丰富（图157，158，159）。毛地黄钓钟柳*P. digitalis*（图160），宿根性很强，冬季有绿色的莲座状叶丛，株高80～120cm，总状花序，唇形花冠，花近白色，有紫叶粉花（图161），和淡紫色花品种（图162），花期6～7月。松叶钓钟柳*P. pinifolius*（图163），叶片半肉质，针叶状而得名，花色橙黄。

图155 须苞钓钟柳 *Penstemon barbatus*

图156 钟花钓钟柳 *P. campanulatus*（hartwegii）

图157 钟花钓钟柳‘阿丽贝斯’

图158 钟花钓钟柳‘阿丽贝斯’

图159 钟花钓钟柳‘阿丽贝斯’

图160 毛地黄钓钟柳 *P. digitalis*

图161 毛地黄钓钟柳紫叶粉花品种

图162 毛地黄钓钟柳淡紫色花品种

图163 松叶钓钟柳 *P. pinifolius*

繁星花*Pentas lanceolata*（图164），茜草科五星花属。南方花木草本化，产生了大量的园艺品种，更加盆栽化了。本种不耐寒，长江以北地区不能越冬。其耐热性和偏自然的花色很适合花境应用，花瓣5裂，又称五星花，花色紫红、红色和白色，园艺品种花色亮丽（图165），夏季开花。

俄罗斯糙苏*Phlomis russeliana*（图166），唇形科糙苏属。本种宿根性强，株高80cm以上，整株被毛，枝叶粉绿色，轮伞花序长，花黄色，花期夏季，特殊的花形使其花后依然有形可赏，为独特的花境焦点植物。

锥花福禄考*Phlox paniculata*（图167），花荵科福禄考属。是福禄考属中最适合花境应用的种类，也称宿根福禄考，性不耐湿热，长江中下游及以南地区宿根比较困难。株高80cm左右，因圆锥花序硕大而得名。花紫色、红色、粉红、白色等，花期夏季。园艺品种丰富，值得开发利用，如双色品种（图168）、心斑品种（图169）和花叶品种（图170）。

图164 繁星花 *Pentas lanceolata*

图165 繁星花园艺品种花色亮丽

图166 俄罗斯糙苏 *Phlomis russeliana*

图167 锥花福禄考 *Phlox paniculata*

图168 锥花福禄考双色品种

图169 锥花福禄考心斑品种

图170 锥花福禄考花叶品种

新西兰麻*Phormium tenax*（图171），龙舌兰科麻兰属。常绿的剑形叶片，呈扇形排列，形成特别的株形，有丰富的花叶园艺品种，是花境中当仁不让的焦点植物，周年观赏（图172）。

随意草*Physostegia virgi-niana*（图173），唇形科随意草属。宿根性很强的种类，总状花序，小花唇形花冠，花淡紫、白色，夏秋开花。有花叶品种（图174）。

桔梗*Platycodon grandiflorus*（图175），桔梗科桔梗属。半蔓性，园艺品种茎直立，株形紧凑，花铃形，花蓝色、白色、淡粉红色，花期6～8月。

香茶菜*Plectranthus coleo-ides*（图176），唇形科香茶菜属。南方花木，草本化，不耐寒，是耐阴开花的品种，非常难得，适合偏阴处的花境应用（图177）。枝叶密集，丛生，对生叶，卵形，有锯齿；花紫色，花瓣具紫斑纹，夏季开花。

红花蓼*Polygonum orientale*（图178），蓼科蓼属。常见路边草花，野趣十足，麦穗状的花形，弯曲下垂，花色玫红，夏季观赏。同属的赤胫散*P. runcinatum*（图179），宿根性极

图171 新西兰麻 *Phormium tenax*

图172 新西兰麻 *P. tenax*

图173 随意草 *Physostegia virginiana*

图174 随意草 *P. virginiana*

图175 桔梗 *Platycodon grandiflorus*

图176 香茶菜 *Plectranthus coleoides*

图177 香茶菜 *P. coleoides*

图178 红花蓼 *Polygonum orientale*

图179 赤胫散 *P. runcinatum*

强，具根茎，早春萌芽时的嫩叶鲜红，为最佳观赏期。

日本报春*Primula japonica*（图180），报春花科报春花属。本种自然分布于我国的四川高海拔地区，宿根性很强，3年生以上才进入壮年期。基生叶长倒卵形，轮伞花序，多轮，花序长达60～80cm，花色有玫红、橙黄、黄色（图181），花期初夏。在国外是花境中最常用的报春花，国内有待开发利用。

花毛茛*Ranunculus asiaticus*（图182），毛茛科毛茛属。本种为花园应用中观赏性最强的毛茛属植物，花大，重瓣性强，花色丰富，早春开花。不耐热，以块茎越夏，可以多年生栽培，在实际应用中，以秋播、二年生栽培为主。

迷迭香*Rosmarinus officinalis*（图183），唇形科迷迭香属。为亚灌木状宿根草花。枝叶密集，叶片针叶状，主脉明显，全株灰绿色，具香味。

宿根黑心菊*Rudbeckia fulgida*

图180 日本报春 *Primula japonica*

图181 日本报春黄色花

图182 花毛茛 *Ranunculus asiaticus*

图183 迷迭香 *Rosmarinus officinalis*

（图184），菊科金光菊属。本种为该属中宿根性强的种类，花色金黄，因中间筒状花色深而得名。常用品种‘金色风暴’（图187）花期夏秋。同属可以用作花境的种类很多，主要有：黑心菊*R. hirta*（图185），枝叶被毛非常明显，花色金黄，基部有橙红色的环痕。播种繁殖容易，常为一年生栽培。杂交金光菊*R. hybrida*，花朵大，花量多，早花性，即当年开花能力强，园艺品种多，如‘草原阳光’（图186），花色亮黄；‘虎眼’株型紧凑，花橙黄。金光菊*R. laciniata*（图188），植株高达160cm，叶三裂状，花重瓣，黄色。金光菊‘秋阳’*R. laciniata* ‘Herbstsonne’（Autunm Sun）（图189），为金光菊的园艺品种，花单瓣，花瓣金黄，筒状花色深，株高达160cm以上，为花境良好的背景花材。蒲棒菊*R. maxima*（图190），株高达2m，叶片大，椭圆状卵形，全缘，粉绿色；花顶生，金黄色的花瓣下垂状，中心筒状花突起，深褐色。亮叶金光菊*R. nitida*（图191），同样高达2m，但叶形宽卵形，具明显锯齿，深绿色；花心筒状花淡褐色，上端绿色。这些高茎类的金光菊均适合作花境的中、后景应用。

翠芦莉*Ruellia brittoniana*（图192），爵床科单药花属。宿根花卉，株高120～150cm，茎秆紫色，叶对生，卵状披针形，叶脉明显隆起。花腋生，具长花柄，花色蓝紫、粉紫，花期夏秋。宜作花境的中、背景（图193）。

图184 宿根黑心菊 *Rudbeckia fulgida*

图185 黑心菊 *R. hirta*

图186 杂交金光菊园‘草原阳光’

图187 杂交金光菊‘金色风暴’

图188 金光菊 *R. laciniata*

图189 金光菊‘秋阳’*R. laciniata* ‘Herbstsonne’（Autunm Sun）

图190 蒲棒菊 *R. maxima*

图191 亮叶金光菊 *R. nitida*

图192 翠芦莉 *Ruellia brittoniana*

图193 翠芦莉作花境的中、背景

银香菊*Santolina chamaecyparissus*（图194），菊科银香菊属。常以其密集的枝叶，像绿篱般地围边应用，包括花境的边缘。枝叶细密，银白色，以观叶为主（图195）。

石碱花*Saponaria officinalis*（图196），石竹科石碱花属。本种株高80～100cm，叶对生，三出脉明显，聚伞花序顶生，花白色（图197），花期夏季。

轮蜂菊*Scabiosa atropurpurea*（图198），川续断科蓝盆花属。本种称菊，其实与菊科无关。头状花序，花梗细长，花形如针垫，又称针垫花。花色以蓝紫为主，如紫色、紫红、紫粉等，初夏开花。

地中海蓝钟花*Scilla peruviana*（图199），百合科锦枣儿属。本种为传统品种，稍耐寒，以前常温室栽培。带状的叶丛基生，伞形花序，球形，较大，花深蓝色，花期春季。

图194 银香菊 *Santolina chamaecyparissus*

图195 银香菊 *S. chamaecyparissus*

图196 石碱花 *Saponaria officinalis*

图197 石碱花 *S. officinalis*

图198 轮蜂菊 *Scabiosa atropurpurea*

图199 地中海蓝钟花 *Scilla peruviana*

景天类*Sedum*（图200），景天科景天属。该属有多个种可以用于花境。八宝景天*S. spectabile*（图201）是最常用的，宿根性，枝叶肉质，伞形花序顶生，常粉红色。园艺品种丰富，有白色（图202），亮玫红色（图203）。费菜*S. aizoon*（图204），叶倒卵形，前端锯齿明显，花黄色。

雪叶菊*Senecio maritimus*（图205），菊科千里光属。本种是常用的银色叶品种，为一、二年生栽培应用。同属的'天使翅'*S.* 'Angel Wings'（图206），叶片宽大，银白色，以其特别的株形应用于花境。

紫叶鸭跖草*Setcreasea purpurea*（图207），鸭跖草科紫竹梅属。半耐寒多年生草本，观其紫色的叶为主，可以作花境前景应用，覆盖性强，观赏期长。

庭菖蒲*Sisyrinchium rosulatum*（图208），鸢尾科庭菖蒲属。本种叶片细长，绿色，株高60cm，花序弯曲，小花黄色，春末初夏开花。非常

图200 景天类 *Sedum*

图201 八宝景天 *S. spectabile*

图202 八宝景天白色园艺品种

图203 八宝景天亮玫红色园艺品种

图204 费菜 *S. aizoon*

图205 雪叶菊 *Senecio maritimus*

图206 天使翅 *Senecio* 'Angel Wings'

图207 紫叶鸭跖草 *Setcreasea purpurea*

图208 庭菖蒲 *Sisyrinchium rosulatum*

适合营造自然的花卉景观。

绵毛水苏*Stachys lanata*（图209），唇形科水苏属。宿根花卉，枝条方形，叶对生，长卵形，全缘，枝叶密被绵毛，呈灰白色，以观叶为主，花小，紫色。花境应用，绵毛水苏可提供特殊的质感。

聚合草*Symphytum officinale*（图210），紫草科聚合草属。古老的药用植物，耐阴，宿根性强，常作地被应用。叶宽卵形，质感粗糙，花白色。同属植物：高加索聚合草*S. caucasicum*（图211），叶片先端略尖，花浅蓝色。

芳香万寿菊*Tagetes lemmonii*（图212），菊科万寿菊属。与该属的常见花卉万寿菊和孔雀草不同，本种株型大，株高150cm，叶片羽状细裂，花朵小，橙黄色，花期秋冬季节。花境应用是初冬季良好的背景花材。

圆叶肿柄菊*Tithonia rotundifolia*（图213），菊科肿柄菊属。常作一年生栽培，株高120cm，叶片宽卵形，有缺刻，头状花序顶生，因花柄肿大而得名。花橙黄色，花期夏秋。

无毛紫露草*Tradescantia virginiana*（图214），鸭跖草科紫露草属。常绿宿根，叶片线形，花小，紫色，花期夏季。耐阴，常作地被，花境应用可在阴处作前景。

紫娇花*Tulbaghia violacea*（图215），石蒜科紫娇花属。常绿宿根，叶线形直立，似韭菜叶，有气味，伞形花序，呈球形，花蓝色，花期春夏，秋季也少量开放。耐阴，花期长，宜作

图209 绵毛水苏 *Stachys lanata*

图210 聚合草 *Symphytum officinale*

图211 高加索聚合草 *S. caucasicum*

图212 芳香万寿菊 *Tagetes lemmonii*

图213 圆叶肿柄菊 *Tithonia rotundifolia*

图214 无毛紫露草 *Tradescantia virginiana*

图215 紫娇花 *Tulbaghia violacea*

地被和花境前景应用。

柳叶马鞭草*Verbena bonariensis*（图216），马鞭草科马鞭草属。株高80~120cm，枝条纤细，直立，节间长，叶披针形，对生，枝叶稀疏，形成特殊的幕透状，在花境中应用能丰富层次感。花蓝色，夏季初花，修剪后秋季能复花。生长势旺盛，有侵占性，需控制其范围。目前有矮生品种'桑托斯'（图217），株高40~60cm，花密集。同属常见种：美女樱*V. hybrida*（图218），枝条被毛，粗硬，对生叶，卵形，有锯齿，花色丰富，春季开花。花境应用更适合的种为细叶美女樱*V. tenera*（图219），叶片羽状裂，裂片细，花色丰富。尤其适合花境的前景。

婆婆纳*Veronica spicata*（图220），玄参科婆婆纳属。密集粗壮的穗状花序观赏性强，花色主要为蓝色，也有其他花色的品种，如白色（图221），和花叶品种（图222）。同属另一个特别的种类：龙胆婆婆纳*V. gentiaroides*（图223），叶基生，倒卵形，叶面光亮，深绿色，春天抽生花穗，花色为特别的冰蓝色，花瓣具深色脉纹（图224）。

图216 柳叶马鞭草 *Verbena bonariensis*

图217 柳叶马鞭草 '桑托斯'

图218 美女樱 *V. hybrida*

图219 细叶美女樱 *V. tenera*

图220 婆婆纳 *Veronica spicata*

图221 婆婆纳 *V. spicata*

图222 婆婆纳花叶品种

图223 龙胆婆婆纳 *V. gentiaroides*

图224 龙胆婆婆纳 *V. gentiaroides*

国外花境中常用的宿根花卉

乌头*Aconitum napellus*（图1），毛茛科乌头属。株高80～150cm，茎秆直立，叶片掌状全裂，裂片细，主脉明显，总状花序，小花密集，形似僧帽，以蓝色居多，有浅蓝（图2）和白色品种（图3）。本种是花园内主要应用的种类，稍耐阴，不耐湿热。同属种：牛扁*A. barbatum* var. *puberulum*（图4），花朵细小，浅黄色，花期6～8月。花境应用常为中景，或偏阴的部分。

单穗升麻*Actaea simplex*（图5），毛茛科类叶升麻属。株高120cm以上，叶片羽状深裂，裂片有锯齿，有紫红色叶的品种'Atropurpurea'；花序长，穗状花序，花朵细密，光影下的花穗有荧光感。

藿香*Agastache rugosa*（图6），唇形科藿香属。本种是该属应用最广的种，株高100cm，枝条直立，方茎，叶对生，长卵形，具粗锯齿；穗状花序粗壮，花有香味，可招蜂引蝶，花有蓝紫、紫红和白色。适合作花境中、前景应用。

白蛇根*Ageratina altissima*（图7），菊科紫茎泽兰属。株高150cm左右，从叶形到花序，

图1 乌头 *Aconitum napellus*

图2 乌头浅蓝色品种

图3 乌头白色品种

图4 牛扁 *A. barbatum* var. *puberulum*

图5 单穗升麻 *Actaea simplex*

图6 藿香 *Agastache rugosa*

图7 白蛇根 *Ageratina altissima*

很有大藿香蓟的感觉。可作花境中景。

羽衣草*Alchemilla mollis*（图8），蔷薇科羽衣草属。宿根花卉，株高40cm左右，叶片近圆形，掌状浅裂，被毛，粉绿色，雨后叶面积水为其特征，枝叶密集，包括灰黄色的小花，覆盖性极强（图9）。常用于花境的边饰，陪衬亮丽的开花植物（图10）。

六出花*Alstroemeria aurea*（图11），六出花科六出花属。株高80cm以上，是主要的切花种类，品种丰富，花似百合，也可用于花境。叶柄基部扭曲是识别特征。

柳叶水甘草*Amsonia tabernamontana*（图12），夹竹桃科水甘草属。宿根花卉，株高120cm以上，叶片狭长，因似柳叶而得名。花蓝色，晚春开花，秋叶黄色。用于花境适应性强，耐湿热气候。

图8 羽衣草 *Alchemilla mollis*

图9 羽衣草 *A. mollis*

图10 羽衣草作为花境的边饰

图11 六出花 *Alstroemeria aurea*

图12 柳叶水甘草 *Amsonia tabernamontana*

图13 珠光香青 *Anaphalis margaritacea* var. *yedonensis*

图14 牛舌草 *Anchusa azurea*

图15 牛舌草园艺品种‘Dropmore’

图16 南非牛舌草 *A. capensis*

图17 南非牛舌草 *A. capensis*

图18 南非牛舌草 *A. capensis*

珠光香青*Anaphalis margaritacea* var. *yedonensis*（图13），菊科香青属。宿根花卉，本种高100cm以上，叶片灰绿具白边，白色小花，似麦秆菊，易呈干花状，花期长。花境应用时注意其不耐水湿。

牛舌草*Anchusa azurea*（图14），紫草科牛舌草属。本种是该属花境应用最多的种类，株高达150cm，枝叶被毛，叶片无柄，抱茎，花蓝色。园艺品种丰富，如‘Dropmore’（图15）花深蓝色，花期长。同属种：南非牛舌草*A. capensis*（图16，17，18）为二年生草花，株高仅25cm，花色有蓝色、紫红和白色，花期春季。

秋牡丹*Anemone hupehensis*（图19），毛茛科银莲花属。本种株高80cm，适合花境应用。叶卵形，掌状裂，花梗长，花单瓣，粉红。其同属的杂交种秋牡丹*A.* × *hybrida*（图20）应用更广，花色玫红，有矮生品种（图21），可盆栽观赏。

图19 秋牡丹 *Anemone hupehensis*

图20 杂交种秋牡丹 *A.* × *hybrida*

图21 杂交种秋牡丹矮生品种

袋鼠花*Anigozanthos flavidus*（图22），苦苣苔科袋鼠爪属。多年生草本，根茎粗壮，叶剑形，扇形排列，花梗长，高出叶丛，因管状小花形似袋鼠爪而得名，花形奇特，花色丰富（图23），主要作切花应用，也可在花境中应用。

图22 袋鼠花 *Anigozanthos flavidus*

图23 袋鼠花 *A. flavidus*

春黄菊*Anthemis tinctoria*（图24），菊科春黄菊属。叶细裂，丛生性，茎秆直立，株高90cm，花色金黄，初夏开花。有白色园艺品种'非洲之眼' *A.* 'African Eyes'（图25）。

图24 春黄菊 *Anthemis tinctoria*

图25 春黄菊'非洲之眼' *A.* 'African Eyes'

夹叶马兜铃*Aristolochia clematitis*（图26），马兜铃科马兜铃属。耐阴地被，宿根花卉，叶卵形，基部心形，叶柄长；花小，黄色。

图26 夹叶马兜铃 *Aristolochia clematitis*

图27 中亚苦艾 *Artemisia absinthium*

中亚苦艾*Artemisia absinthium*（图27），菊科蒿属。宿根花卉，株高达120cm，叶片深裂，裂片细，银白色，花小，黄色，以观叶为主。花境应用可以提供独特的银色质感，陪衬竖向花序的植物。同属种：银叶艾草*A. ludoviciana*（图28），整株被毛，茎、叶银白色，叶片卵状披针形，上部叶先端3~5裂。

假升麻*Aruncus dioicus*（图29），蔷薇科假升麻属。宿根花卉，又名羊须草，株高达150cm，叶片细裂，复圆锥花序，花色白、乳白，花期夏季。花境应用宜在深色背景植

图28 银叶艾草 *A. ludoviciana*

图29 假升麻 *Aruncus dioicus*

图 30 欧细辛 *Asarum europaeum*

图 31 克美莲 *Camassia leichtlinii*

图 32 克美莲 *C. leichtlinii*

图 33 大星芹 *Astrantia major*

图 34 大星芹 'Canneman'

图 35 岩白菜 *Bergenia hybrida*

图 36 岩白菜 *B. hybrida*

图 37 琉璃苣 *Borago officinalis*

物前方作焦点植物。

欧细辛*Asarum europaeum*（图30），马兜铃科细辛属。耐阴地被，宿根花卉，叶片圆形，叶面光亮。覆盖性强，宜作花境的前景。

克美莲*Camassia leichtlinii*（图31），百合科糠米百合属。宿根花卉，禾草状丛生，花梗粗壮直立，高出叶丛，总状花序，花蓝色和白色（图32）。

大星芹*Astrantia major*（图33），伞形科星芹属。宿根花卉，株高120cm，叶片掌状深裂，苞片瓣化，色彩丰富，园艺品种'Canneman'（图34）花深红色。本种是花境常见的种类，容易与其他花卉搭配，花期长。

岩白菜*Bergenia hybrida*（图35），虎耳草科岩白菜属。原产中国的宿根花卉，却是英国著名花境专家杰基尔的最爱之一。因为其粗大的叶片，莲座状的叶丛，覆盖性强（图36），常用于花境的边缘，提供粗犷的质感。耐阴性强，故也作地被应用。人们抱怨其很少开花，需要选择优良的园艺品种，如'Bressingham Ruby'花色玫红。

琉璃苣*Borago officinalis*（图37），紫草科玻璃苣属。宿根花卉，整株被毛，花序顶生，花朵下垂，小花蓝色。

黄牛眼菊*Buphthalmum salicifolium*（图38），菊科牛眼菊属。株高70cm左右，枝叶纤细，节间长，叶窄披针形似柳叶，花黄色，花期7～8月。

山矢车菊*Centaurea montana*（图39），菊科矢车菊属。头状花序，舌状花漏斗状，花蓝色。常用于花境。

红缬草*Centranthus ruber*（图40），败酱科距缬草属。枝叶光滑，株高60cm以上，常用于花境中景，花期5～7月。常用的园艺品种'Coccineus'（图41）花红色；'Albus'（图42）花白色；'Rosenrot'（图43）花紫红色。

蝇毒草*Cephalaria gigantea*（图44），川续断科刺头草属。大型宿根花卉，常被误称为轮蜂菊（*Scabiosa*），其花形相似（图45）。本种株型高大，株高达180cm以上，但枝叶，尤其是花梗松散，花境应用可以提供高大而纤细的质感。

紫金莲*Ceratostigma plumbaginoides*（图46），蓝雪花科蓝雪花属。宿根花卉，花蓝色，似蓝雪花，但花期晚，在秋冬，当叶色变红时开花。

图38 黄牛眼菊 *Buphthalmum salicifolium*

图39 山矢车菊 *Centaurea montana*

图40 红缬草 *Centranthus ruber*

图41 红缬草园艺品种'Coccineus'

图42 红缬草园艺品种'Albus'

图43 红缬草园艺品种'Rosenrot'

图44 蝇毒草 *Cephalaria gigantea*

图45 蝇毒草 *C. gigantea*

图46 紫金莲 *Ceratostigma plumbaginoides*

图 47 蛇头花 *Chelone obliqua*

图 48 羽叶蓟 *Cirsium rivulare* 'Atropurpureum'

图 49 岩蔷薇 *Cistus* × *purpureus*

图 50 岩蔷薇 *C.* × *purpureus*

图 51 铁线莲 *Clematis hybrida*

图 52 铁线莲 *C. hybrida*

蛇头花*Chelone obliqua*（图47），玄参科鳌头花属。植株直立，花朵似蛇头，紫粉红，花期8～10月。

羽叶蓟*Cirsium rivulare* 'Atropurpureum'（图48），菊科蓟属。本种是该属中无刺的园艺品种，花梗长，头状花序缨状，红色，花期5～10月。花境应用能形成透幕效果，与其他花卉混合栽植。

岩蔷薇*Cistus* × *purpureus*（图49），半日花科岩蔷薇属。适宜夏季干燥的地中海气候的宿根花卉，叶背面被毛；花朵紫红或白色（图50），花瓣基部有红色斑纹，花期春夏。

铁线莲*Clematis hybrida*（图51），毛茛科铁线莲属。种类非常多，应用花境的主要是些杂交品种（图52）。花境种植需要支架扶枝。

澳洲鼓槌菊*Craspedia globosa*（图53），菊科金仗球属。金黄色的头状花序，非常别致，常用作切花，也可花境应用。

图 53 澳洲鼓槌菊 *Craspedia globosa*

刺苞菜蓟*Cynara cardunculus*（图54），菊科菜蓟属。植株高达2m，整株被毛，灰绿色，叶形大，羽状全裂，裂片有锯齿。头状花序，常用在花境的后部作背景。同属种：洋蓟*C. scolymus*（图55），叶片披针形，具锯齿，头状花序，无舌状花，花朵大，花色玫红。

金雀花*Cytisus scoparium*（图56），豆科金雀花属。方茎，3小叶复叶，花通常黄色，也有红色和双色的品种（图57，图58）。

大宝石南*Daboecia bicolor*（图59），杜鹃花科大宝石南属。茎直立，叶线形，深绿色，花朵似蛋形，紫红、白色，花期晚春初夏。同属种：爱尔兰石南*D. cantabrica*（图60）花白色。该科另2种著名的花卉：欧石南*Erica carnea*（图61，62），针形叶；帚石南*Calluna vulgaris*（图63），鳞形叶，同需酸性土壤。

图54 刺苞菜蓟 *Cynara cardunculus*

图55 洋蓟 *C. scolymus*

图56 金雀花 *Cytisus scoparium*

图57 金雀花红色品种

图58 金雀花双色品种

图59 大宝石南 *Daboecia bicolor*

图60 爱尔兰石南 *D.cantabrica*

图61 欧石南 *Erica carnea*

图62 欧石南 *Erica carnea*

图63 帚石南 *Calluna vulgaris*

图 64 双距花 *Diascia integerrima*

图 65 钓鱼草 *Dierama pulcherrimum*

图 66 钓鱼草 *D. pulcherrimum*

图 67 奥地利多榔菊 *Doronicum austriacum*

图 68 硬叶蓝刺头 *Echinops ritro*

图 69 野蓝蓟 *Echium wildpretii*

图 70 大花淫羊藿 *Epimedium garndiflorum*

图 71 羽裂淫羊藿 *E. pinnatum*

双距花*Diascia integerrima*（图64），玄参科双距花属。茎直立，叶细，对生，貌似金鱼草，因粉红的花冠具2个距而得名，晚春初夏开花，株高120cm，可以在花境中应用。

钓鱼草*Dierama pulcherrimum*（图65），鸢尾科漏斗鸢尾属。叶片带状剑形，丛生，花梗长，高出叶丛，达1.5m，花序下垂，形同钓鱼竿而得名，花色紫红，花期春夏。有白色品种（图66）。花境应用可提供独特的株形。

奥地利多榔菊*Doronicum austriacum*（图67），菊科多榔菊属。本种在北欧夏凉地区广泛应用于花境，株高达150cm，花黄色，夏季开花。

硬叶蓝刺头*Echinops ritro*（图68），菊科蓝刺头属。叶片羽状深裂，被毛；头状花序，圆球形，蓝色，宜干花装饰应用，花境应用能在夏秋提供独特的花形和粗犷的质感。

野蓝蓟*Echium wildpretii*（图69），紫草科蓝蓟属。为短暂宿根花卉，往往需要一整年的营养生长，第二年开花，花后植株死亡。本种是植株最高的1种，可达3m，花序粗壮，蓝紫色，晚春开花。花境应用可营造出奇特景观。

大花淫羊藿*Epimedium garndiflorum*（图70），小檗科淫羊藿属。蔓性生长的宿根花卉，以观叶为主，心形叶，春季嫩叶褐粉色，夏季绿色，秋叶又变黄褐色。同属种：羽裂淫羊藿*E. pinnatum*（图71），叶绿色，近常绿。花境应用主要是作为背景墙面的种植。

飞蓬*Erigeron hybrida*（图72），菊科飞蓬属。与紫菀非常相似，尤其花色均是紫色、紫红、蓝紫等，本属的舌状花更细，呈线条状辐射排列为特征，中间筒状花黄色。同属种：加勒比飞蓬*E. karvinskianus*（图73），是常见的小花型飞蓬种类，尤其是园艺品种'Profusion'（图74），花色白色和粉红。

高山刺芹*Eryngium alpinum*（图75），伞形科刺芹属。宿根花卉，蜜源植物，株高50cm左右，整株蓝色，头状花序，苞片宿存，围似花边，宜干花应用，花境应用花期长。同属种：刺芹*E. bourgatii*（图76），叶脉呈白色，花深蓝色，苞片瓣化，长而开裂。

糖芥*Erysimum pulchellum*（图77），十字花科糖芥属。宿根花

图72 飞蓬 *Erigeron hybrida*

图73 加勒比飞蓬 *E. karvinskianus*

图74 加勒比飞蓬'Profusion'

图75 高山刺芹 *Eryngium alpinum*

图76 刺芹 *E. bourgatii*

图77 糖芥 *Erysimum pulchellum*

卉，同属多为二年生花卉。本种叶色深，暗绿色，花深紫色。

岩大戟*Euphorbia griffithii*（图78），大戟科大戟属。本属的宿根花卉种类较多，少数为一年生花卉。本种叶缘、茎秆紫红，主脉明显，伞形花序，花色橙黄。常用于花境的同属种：千魂花*E. characisa*（图79），株高120cm，叶面灰白色，花序菠萝状顶生。细叶大戟*E. cyparissias*（图80），叶片细，条形，花黄色。沼生大戟*E. palustris*（图81），叶片嫩绿，伞形花序，黄色。

白菀*Eurybia divaricata*（图82），菊科北美紫菀属。宿根花卉，株高90～120cm，叶片椭圆状卵形，锯齿明显，头状花序，白色，筒状花褐色。

红花蚊子草*Filipendula rubra*（图83），蔷薇科蚊子草属。宿根花卉，叶片粗，掌状深裂，复穗状花序，顶生。花色玫红，夏季开花。喜湿，宜花境或水边应用。

茴香*Foeniculum vulgare*（图84），伞形科茴香属。宿根花卉，枝叶纤细，伞房花序，花梗细长，花黄色，花期

图78 岩大戟 *Euphorbia griffithii*

图79 千魂花 *E. characisa*

图80 细叶大戟 *E. cyparissias*

图81 沼生大戟 *E. palustris*

图82 白菀 *Eurybia divaricata*

图83 红花蚊子草 *Filipendula rubra*

图84 茴香 *Foeniculum vulgare*

夏季。花境中应用，可提供透幕效果，丰富层次。

山羊豆*Galega* × *hartlandii*（图85），豆科山羊豆属。宿根花卉，具有典型的豆科植物特征，奇数羽状复叶，总状花序，蝶形花冠，花紫色、白色。花境应用的为杂交种，主要亲本 *G. officinalis* 和 *G. bicolor*，株高120cm，花色艳（图86），夏季开花。

黄花龙胆*Gentiana lutea*（图87），龙胆科龙胆属。宿根花卉，提到“龙胆”自然联想到低矮的高山植物和独特的蓝色。本种却是该属中少有的、适合花境应用的高茎类龙胆，株高达150cm，叶片宽卵形，主脉明显，花黄色，替代了蓝色，轮伞花序长（图88）。

智利水杨梅*Geum* 'Flames of Passion'（图89），蔷薇科路边青属。宿根花卉，基生叶大，深裂，中裂片大，锯齿明显，全株被毛。花梗长，花红色和橘黄色（图90），春夏开花。

三叶美吐根*Gillenia trifoliata*（图91），蔷薇科星草梅属。株高120cm，灌木状，但冬季枝叶枯萎，呈宿根花卉。花白色，花瓣细，花萼红色。

大叶蚁塔*Gunnera manicata*（图92），大叶草科大叶草属。植株巨大的宿根草本花卉，全株被毛，枝、叶背具刺；叶片硕大，掌状叶，锯齿明显，粗糙感十足的花境花卉。耐阴、喜湿。

图85 山羊豆 *Galega* × *hartlandii*

图86 *G. officinalis* 和 *G. bicolor*

图87 黄花龙胆 *Gentiana lutea*

图88 黄花龙胆 *G. lutea*

图89 智利水杨梅 *Geum* 'Flames of Passion'

图90 智利水杨梅橘黄色

图91 三叶美吐根 *Gillenia trifoliata*

图92 大叶蚁塔 *Gunnera manicata*

图93 锥花满天星 *Gypsophila paniculata*

图94 箱根草 *Hakonechloa macra*

图95 毛花海蔷薇 *Halimium lasianthum* 'Concolor'

图96 伞花海蔷薇 *H. umbellatum*

图97 木本婆婆纳 *Hebe*

图98 木本婆婆纳 *Hebe*

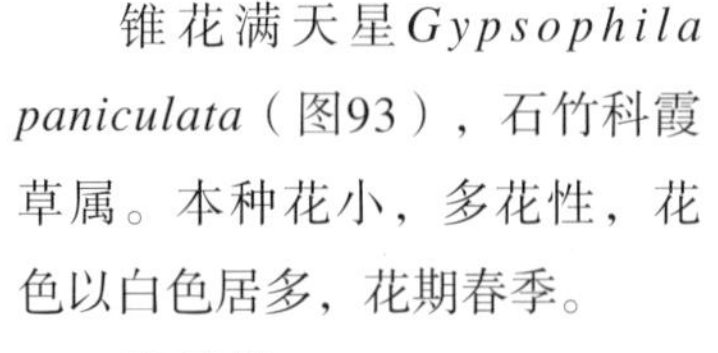

锥花满天星*Gypsophila paniculata*（图93），石竹科霞草属。本种花小，多花性，花色以白色居多，花期春季。

箱根草*Hakonechloa macra*（图94），禾本科箱根草属。叶片丛生，线状披针形，花叶品种丰富。花境应用宜前景使用。

毛花海蔷薇*Halimium lasianthum* 'Concolor'（图95），半日花科海蔷薇属。灌木状宿根花卉，叶片内卷，花瓣5，倒三角形，先端波状扭曲，花黄色。同属相近种：伞花海蔷薇*H. umbellatum*（图96），枝叶分枝性强，花白色。

木本婆婆纳*Hebe*（图97），玄参科长阶花属。叶对生，叶革质状，条状披针形；穗状花序，使人联想到婆婆纳，花蓝色、紫色（图98），花期夏季。

半日花*Helianthemum canum*（图99），半日花科半日花属。枝叶密集，多分枝，叶条形，主脉明显，花蕾下垂，多花性，单瓣，花色丰富（图100，图101），有红色、黄色、白色等。适合作花境前景植物。

图99 半日花 *Helianthemum canum*

图100 半日花 *H. canum*

图101 半日花 *H. canum*

宿根向日葵*Helianthus decapetalus*（图102），菊科向日葵属。向日葵是非常重要的植物，首先是重要的油料作物，种子可食用。作为观赏植物，更多的是一年生种类为大家熟悉，生长极快，备受儿童喜爱。本种是宿根花卉，适合花境应用，花朵小，但多花，金黄色，是夏秋花境的重要花材，也有重瓣品种（图103）。宿根类向日葵的另一种类——柳叶向日葵*H. salicifolius*（图104），株高达1.8m，多花性，常单瓣，花瓣狭长，淡黄色，有著名园艺品种‘Lemon Queen’（图105）。当今的育种，一年生向日葵的品种也有很大突破，如种子繁殖的‘无限阳光’（图106），播种后只有60天，便开花不断。无性系的‘光辉岁月’（图107），更是号称一株千朵的繁花似锦，都是花境的良好花材。

赛菊芋*Heliopsis helianthoides*（图108），菊科赛菊芋属。株高1.5m以上，直立性强，花境应用不需扶枝。黄色的菊花，也许太普通而常被遗忘。其实赛菊芋是个抗性很强的夏秋季花境花材。

图102 宿根向日葵 *Helianthus decapetalus*

图103 宿根向日葵重瓣品种

图104 柳叶向日葵 *H. salicifolius*

图105 柳叶向日葵‘Lemon Queen’

图106 ‘无限阳光’

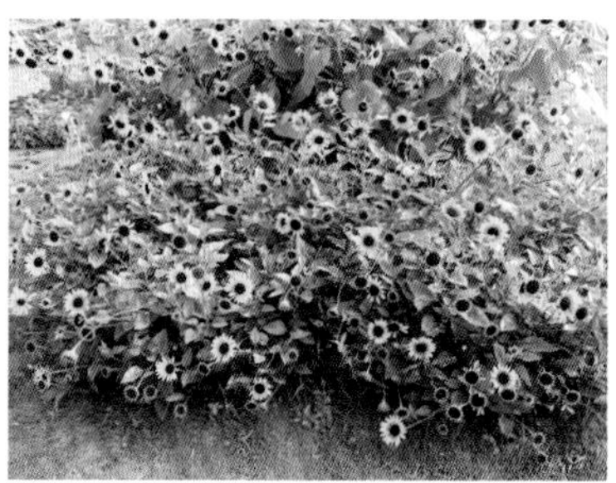

图107 ‘光辉岁月’

图108 赛菊芋 *Heliopsis helianthoides*

图 109 欧亚香花芥 *Hesperis matronalis* var. *albiflora*

图 110 龙嘴花 *Horminum pyrenaicum*

图 111 心叶鱼腥草 *Houttuynia cordata*

图 112 西班牙蓝铃花 *Hyacinthoides hispanica*

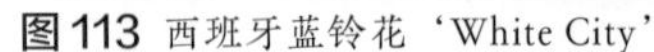

图 113 西班牙蓝铃花 ‘White City’

图 114 英国蓝铃花 *H. non-scripta*

图 115 锈毛旋覆花 *Inula hookeri*

欧亚香花芥*Hesperis matronalis* var. *albiflora*（图109），十字花科香花芥属。多年生草本，株高40～100cm，茎直立，少分枝，叶三角状卵形，粗锯齿明显，粉绿色，总状花序，花白色，春季开花。

龙嘴花*Horminum pyrenaicum*（图110），玄参科龙口花属。多年生花卉，叶丛基生，总状花序，小花密集，唇形花冠，蓝色，春季开花。

心叶鱼腥草*Houttuynia cordata*（图111），三白草科蕺菜属。多年生草花，藤本，叶心形，常用其花叶品种‘Chameleon’，叶中央绿色，边缘黄色和红色。花境应用可以利用其覆盖性作前景。

西班牙蓝铃花*Hyacinthoides hispanica*（图112），百合科蓝铃花属。具地下茎的宿根性花卉，好似风信子般的株形，但要大上一号。叶带形，丛生，花序长，达60cm，花色蓝，有白色品种‘White City’（图113），春季开花。同属种：英国蓝铃花*H. non-scripta*（图114），整体小些，叶窄细，花序短小。

锈毛旋覆花*Inula hookeri*（图115），菊科旋覆花属。宿根花卉，株高60～80cm，叶片粗糙，头状花序，筒状花显著，舌状花细长，排列不整齐，橙黄色，适合作夏秋季节花境的中、后景植物。

细叶月桂*Kalmia angustifolia*（图116），杜鹃花科山月桂属。月桂为灌木，全株具毒，勿让儿童碰触。本种为草本化，株高仅1.5m，叶片窄，披针形，革质，光亮。应用最多的品种'Rubra'，花色深粉红，其他花色有白色、白色红边（图118，119）。

马其顿川续断*Knautia macedonica*（图120），川续断科孀草属。与该科的其他花卉一样，看似菊花。缨状的头状花序，红色，具有细长的花梗。花境应用能营造层次感。

来氏菊*Layia elegans*（图121），菊科雪顶菊属。头状花序，黄色，花瓣先端白色，形成白边，春夏开花。

裂瓣兰*Libertia formosa*（图122），鸢尾科丽白花属。又称智利鸢尾，带状叶片，成丛生长，花白色。半耐寒，喜酸性土壤。

黄花亚麻*Linum flavum*（图123），亚麻科亚麻属。本种花黄色，宿根花卉，可花境应用。

匍卧木紫草*Lithodora diffusa*（图124），紫草科木紫草属。多年生花卉，株高90cm，叶片线形，枝叶被毛；花蓝色，花期春季至夏末。

图116 细叶月桂 *Kalmia angustifolia*

图118 细叶月桂'Rubra'

图119 细叶月桂'Rubra'

图120 马其顿川续断 *Knautia macedonica*

图121 来氏菊 *Layia elegans*

图122 裂瓣兰 *Libertia formosa*

图123 黄花亚麻 *Linum flavum*

图124 匍卧木紫草 *Lithodora diffusa*

图 125 黄排草 *Lysimachia punctata*

图 126 黄排草‘Alexander’

图 127 抱茎舞鹤草 *Maianthemum racemosum*

图 128 绿绒蒿 *Meconopsis betonicifolia*

图 129 绿绒蒿 *M. betonicifolia*

图 130 报春滨紫草 *Mertensia primuloides*

图 131 树紫菀 *Olearia phlogopappa*

图 132 树紫菀 *O. phlogopappa*

黄排草*Lysimachia punctata*（图125），报春花科珍珠菜属。株高70～90cm，叶片窄，轮生，花也轮生于花枝上，金黄色，花期夏季。园艺品种‘Alexander’（图126），叶片边缘乳白色。耐水湿，适合花境前景或水边应用。

抱茎舞鹤草*Maianthemum racemosum*（图127），百合科舞鹤草属。多年生花卉，根茎发达，椭圆状卵形，全缘，弧形叶脉，圆锥花序，白色。耐阴，喜酸性土壤。

绿绒蒿*Meconopsis betonicifolia*（图128），罂粟科绿绒蒿属。多年生草花，株高80～90cm，叶基生，莲座状，长倒卵形，花似虞美人，但花色独特，蓝色，春季开花。耐阴，可以在偏阴处种植应用（图129）。

报春滨紫草*Mertensia primuloides*（图130），紫草科滨紫草属。就是大号的“勿忘我”，叶片主脉明显，花蓝色，春季开花。

树紫菀*Olearia phlogopappa*（图131），菊科榄叶菊属。灌木状多年生草本，株高150cm，头状花序，小花似紫菀，紫色和白色（图132）。夏季开花，是花境夏秋的主景花材。

西亚脐果草*Omphalodes cappadocica*（图133），紫草科脐果草属。使人联想到勿忘我，叶宽卵形，叶缘波状，花朵略大，花蓝色，有白心，春季开花。

大翅蓟*Onopordum acanthium*（图134），菊科大翅蓟属。大型草本，整株被白色棉毛，故又称“棉蓟”。株高达2m以上，枝条自然直立生长，具翅，叶片大，粗锯齿，头状花序。花境应用主要用其形，观赏其独特的株形，形成景观的最高点和线条的勾勒，带给景观粗犷的质感。

变色滇紫草*Onosma alborosea*（图135），紫草科滇紫草属。多年生草花，多分枝，枝叶被毛，叶倒披针形，主脉明显；花朵下垂，花冠筒端紫红，萼筒具紫红色棱线。同属种：金花滇紫草*O. frutescens*（图136），叶细小，条形，主脉明显，花冠黄色。

分药花*Perovskia atriplicifolia*（图137），唇形科分药花属。宿根花卉，茎直立，灰白色，叶片对生，条形，锯齿明显，穗状花序，粉蓝色，夏季开花。宜用于夏凉地区的花境中作焦点植物（图138）。

图133 西亚脐果草 *Omphalodes cappadocica*

图134 大翅蓟 *Onopordum acanthium*

图135 变色滇紫草 *Onosma alborosea*

图136 金花滇紫草 *O. frutescens*

图137 分药花 *Perovskia atriplicifolia*

图138 分药花 *P. atriplicifolia*

图139 抱茎蓼 *Persicaria amplexicaulis*

图140 密穗蓼 *P. affinis*

图141 拳参 *P. bistorta*

图142 小头蓼 *P. microcephala*

图143 酸浆 *Physalis alkekengi*

图144 匍匐花荵 *Polemonium reptans*

图145 多花玉竹 *Polygonatum multiflorum*

图146 头花蓼 *Polygonum capitatum*

抱茎蓼*Persicaria amplexicaulis*（图139），蓼科萹蓄属。多年生草本，该属常被视为杂草而忽视。其实有许多观赏种可以在花境中应用。抱茎蓼株高120～150cm，叶片宽卵形，紫红色的花穗细长，花期夏秋。同属观赏种：密穗蓼*P. affinis*（图140），植株低矮，覆盖性强，花穗密集，紫红，春夏开花，适合花境前景。拳参*P. bistorta*（图141），株高80cm，叶片披针形，主脉明显，花序粗壮，淡粉红，春夏开花。小头蓼*P. microcephala*（图142），是该属唯一观叶的种类，叶三角形，叶面有褐色“V”字纹。

酸浆*Physalis alkekengi*（图143），茄科酸浆属。宿根花卉，非观其花，而是下垂的花萼呈纸质的灯笼状，橙红色。夏秋观赏。

匍匐花荵*Polemonium reptans*（图144），花荵科花荵属。奇数羽状复叶，无锯齿；花铃形，多花性，主要园艺品种‘Blue Pearl’，花淡蓝色，春夏开花。

多花玉竹*Polygonatum multiflorum*（图145），百合科黄精属。枝条拱形弯曲，椭圆形的叶片，全缘，弧形叶脉，腋生小花，2朵一组，下垂。有花叶品种‘Variegatum’，叶缘银白色。

头花蓼*Polygonum capitatum*（图146），蓼科蓼属。该属为头状花序，粉红色，叶三角状卵形，叶脉明显。

夏枯草*Prunella grandiflora*（图147），唇形科夏枯草属。株高25cm，低矮丛生，覆盖性强，花穗密集，唇形花冠紫红，花期6～8月。适用花境前景和岩石花园。

肺草*Pulmonaria longifolia*（图148），紫草科肺草属。多年生草本，覆盖性强，叶片宽，叶色墨绿，园艺品种丰富，'Rasberry Splash'，杂交品种，叶面有白色斑纹。耐阴地被植物（图149），适合林下偏阴处应用。

白头翁*Pulsatilla vulgaris*（图150），毛茛科白头翁属。宿根花卉，叶丛基生，羽状深裂，裂片细，整株被毛，花冠铃形，蓝紫色，早春开花。

乌头叶毛茛*Ranunculus aconitiflorius*（图151），毛茛科毛茛属。株高90cm，适合花境应用，叶片似乌头之叶，掌状深裂叶，花梗细长，小花重瓣，白色，有黄色品种（图152），花期5～7月。

高地黄*Rehmannia elata*（图153），玄参科地黄属。南方地区为常绿多年生草本，其花使人联想到毛地黄。这个原产中国的种类至今在我国少见应用。株高90cm，是花境植物理想的高度。枝叶有粗犷的质感，花朵大，唇形花冠，紫红，喉部黄色。

图147 夏枯草 *Prunella grandiflora*

图148 肺草 *Pulmonaria longifolia*

图149 肺草园艺品种'Rasberry Splash'

图150 白头翁 *Pulsatilla vulgaris*

图151 乌头叶毛茛 *Ranunculus aconitiflorius*

图152 乌头叶毛茛 *R. aconitiflorius*

图153 高地黄 *Rehmannia elata*

鬼灯檠*Rodgersia podophylla*（图154），虎耳草科鬼灯擎属。株高80cm，掌状叶片，秋色变红；伞房花序，花梗细长，形态独特。同属种：七叶鬼灯檠*R. aesculifolia*（图155），株高100cm，总花柄细长，红色。羽叶鬼灯檠*R. pinnata*（图156），株高90cm，叶脉下陷，叶面皱。

大罂粟*Romneya coulteri*（图157），罂粟科裂叶罂粟属。大型多年生草本，株高达2m以上，整株粉绿色；花似虞美人，白色。

小天使地榆*Sanguisorba* 'Little Angel'（图158），蔷薇科地榆属。地榆的园艺品种，株形矮小，花叶，花穗深红。花境应用的同属种类：加拿大地榆*S. canadensis*（图159），花序拱形下垂，花穗柔软，白色。夏季开花。细叶地榆*S. tenuifolia*（图160），株高120cm，花穗粉红色。梦氏地榆*S. menziesii*（图161），株高60cm，花穗深红。

匙叶虎耳草*Saxifraga spathularis*（图162），虎耳草科虎耳草属。基生叶，莲座状排列，叶片锯齿明显；花梗细长，多花性，小花粉红。

图154 鬼灯檠 *Rodgersia podophylla*

图155 七叶鬼灯檠 *R. aesculifolia*

图156 羽叶鬼灯檠 *R. pinnata*

图157 大罂粟 *Romneya coulteri*

图158 小天使地榆 *Sanguisorba* ' Little Angel'

图159 加拿大地榆 *S. canadensis*

图160 细叶地榆 *S. tenuifolia*

图161 梦氏地榆 *S. menziesii*

图162 匙叶虎耳草 *Saxifraga spathularis*

西达葵*Sidalcea candida*（图163），锦葵科西达葵属。株高120cm，茎直立，叶片掌状深裂，花白色，夏季观花。花境中应用的多半是杂交品种，最著名的品种：'Elsie Heugh'（图164），花色粉红；'Wine Red'（图165），花色深红。非常适合花境中景应用。

高雪轮*Silene armeria*（图166），石竹科蝇子草属。小花粉红色，春季开花。同属种：流苏蝇子草*S. fimbriata*（图167），株高80cm，整株被白粉，呈粉绿色，聚伞花序顶生，叶片粗，对生，花梗长，花朵下垂，萼筒膨大，花瓣先端细裂，花白色；秋蝇子草*S. schafta*（图168），多花性，花深粉红。

智利豚鼻花*Sisyrinchium stritatum*（图169），鸢尾科庭菖蒲属。鸢尾状叶丛，花梗挺拔，常用的园艺品种'Californian Skies'，花浅黄色，花期6～7月。花境应用中作骨架。

星花茄*Solanum crispum*（图170），茄科茄属。该属有多种观赏花卉，本种为常绿藤本，花五星状排列，蓝色，花心亮黄色，花期5月。

图163 西达葵 *Sidalcea candida*

图164 西达葵 'Elsie Heugh'

图165 西达葵 'Wine Red'

图166 高雪轮 *Silene armeria*

图167 流苏蝇子草 *S. fimbriata*

图168 秋蝇子草 *S. schafta*

图169 智利豚鼻花 *Sisyrinchium stritatum*

图170 星花茄 *Solanum crispum*

图171 加拿大一枝黄花 *Solidago canadensis*

图172 加拿大一枝黄花‘Golden Show’

图173 加拿大一枝黄花‘Golden Fleece’

图174 加拿大一枝黄花‘Cloth of Gold’

图175 加拿大一枝黄花‘Queenie’

图176 ‘Firework’

加拿大一枝黄花*Solidago canadensis*（图171），菊科一枝黄花属。本种在我国的名声很糟糕，被视为侵占性的危害植物，几乎到了被禁状态。其实有许多园艺品种，花色橙黄，但株型和花型变化丰富，是秋季花境的常用花卉。常用的有：‘Golden Show’（图172）株高120cm，花色浅黄，‘Golden Fleece’（图173）株高150cm，花色橙黄，需要扶枝，‘Cloth of Gold’（图174）花穗绒球状，株高60cm；‘Queenie’（图175）花色浅黄，株高60cm；‘Firework’（图176）花穗细，似绽放的烟花，株高80～120cm。

白穗花*Speirantha gardeni*（图177），百合科白穗花属。叶丛生，宽带形，花序网球形，白色。耐阴，宜地被应用，偏阴处花境作前景应用。

红花水苏*Stachys macrantha*（图178），唇形科水苏属。叶片基部心形，叶面粗糙；唇形花冠，集生枝顶，园艺品种‘Robusta’，花大，紫红色。

紫叶马蓝*Strobilanthes anisophyllus* ‘Brunetthy’（图179），爵床科马兰属。株高120cm，叶对

图177 白穗花 *Speirantha gardeni*

图178 红花水苏 *Stachys macrantha*

图179 紫叶马蓝 *Strobilanthes anisophyllus* ‘Brunetthy’

生，披针形，叶色深紫；唇形花冠，淡紫色。

东方聚合草*Symphytum orientale*（图180），紫草科聚合草属。宿根花卉，耐阴。叶长卵形，叶缘有不规则锯齿，粗糙，花序顶生枝端，花冠筒白色。

红花除虫菊*Tanacetum coccineum*（图181），菊科菊蒿属。多年生草花，叶片羽状细裂，高度园艺化的品种：'Red King'头状花序，舌状花玫红，筒状花亮黄色。花境应用非常引人注目。

伊朗婆婆纳*Teucrium hyrcanicum*（图182），唇形科青科科属，茎直立，方茎，紫红色，叶对生，长卵形，有锯齿，被毛；穗状花序长，紫红色，7～9月开花。非常适合作花境焦点植物配置。

唐松草*Thalictrum aquilegifolium*（图183），毛茛科唐松草属。宿根花卉，枝叶纤细，叶形似耧斗菜叶；具长花梗，花绒缨状，花色乳白。

披针叶黄华*Thermopsis lanceolata*（图184），豆科野决明属。株高70cm，枝条直立，三小复叶，小叶全缘；花穗长，花黄色，花期5～7月。本种又称"羽扇豆决明"，形象地道出了其观赏特性，是花境难得的花材。

惠利氏黄水枝*Tiarella wherryi*（图185），虎耳草科黄水枝属。耐阴，多年生花卉，花与叶并貌的花境植物。其类似矾根的叶丛，覆盖性强，适合作花境的前景，穗状花序，清新自然（图186）。

夕雾草*Trachelium caeruleum*（图187），桔梗科疗

图180 东方聚合草 *Symphytum orientale*

图181 红花除虫菊 *Tanacetum coccineum*

图182 伊朗婆婆纳 *Teucrium hyrcanicum*

图183 唐松草 *Thalictrum aquilegifolium*

图184 披针叶黄华 *Thermopsis lanceolata*

图185 惠利氏黄水枝 *Tiarella wherryi*

图186 惠利氏黄水枝 *T. wherryi*

图187 夕雾草 *Trachelium caeruleum*

喉草属。本种主要用于切花，直立的茎秆，独特的花序，丰富的花色，也适合花境应用。

狐尾车轴草*Trifolium rubens*（图188），豆科车轴草属。俗称的“三叶草”是不起眼的杂草，而本种却是非常有特色的观赏花卉，株高40cm，具有长长的花穗，紫粉红色，6~8月开花，可以作花境前景应用。

大花延龄草*Trillium grandiflorum*（图189），石蒜科延龄草属。该属拥有多种观赏花卉，本种株高40cm，耐阴，因此适合偏阴处的花境配置。三叶轮生枝顶，花瓣3枚。

金莲花*Trollius chinensis*（图190），毛茛科金莲花属。株高80cm，叶片掌状深裂，裂片缺刻状锯齿，园艺品种‘Golden Queen’花色金黄；应用更多的是杂交园艺种：北美金莲花*Trollius* × *cultorum*（图191），株高90cm，叶片细裂，早花，

图188 狐尾车轴草 *Trifolium rubens*

图189 大花延龄草 *Trillium grandiflorum*

图190 金莲花 *Trollius chinensis*

图191 北美金莲花 *T.* × *cultorum*

图192 北美金莲花 *T.* × *cultorum*

花朵大，橙黄色，花期春夏（图192）。

旱金莲*Tropaeolum majus*（图193），旱金莲科旱金莲属。不耐寒，我国大部地区只能作一、二年生栽培，南部地区可以多年生栽培。叶片盾形，枝条柔软，半肉质状，花通常为有距花冠，花色黄色、橙黄、橙红，花期春季。是比较常见的种类。同属另有几种观赏花卉，多为蔓性藤本植物，主要有：银叶旱金莲*T. polyphyllum*（图194），枝条倒伏状，叶片羽状全裂，银灰色，花黄色；六裂旱金莲*T. speciosum*（图195），草质藤本，叶掌状5裂，花蕾似鸟，花色深红；三色旱金莲*T. tricolor*（图196），草质藤本，花橙红，先端蓝紫。

垂管花*Vestia foetida*（图197），茄科南枸杞属。枝叶细，管状花冠，下垂，花亮黄色，花丝长，多花性。

图193 旱金莲 *Tropaeolum majus*

图194 银叶旱金莲 *T. polyphyllum*

图195 六裂旱金莲 *T. speciosum*

图196 三色旱金莲 *T. tricolor*

图197 垂管花 *Vestia foetida*

花境常用的其他花卉

常用的一、二年生花卉类

花境的主要植物是宿根花卉类，那么一、二年生花卉是否可以用于花境景观的营造呢？所谓一、二年生花卉是一种栽培方式，并不是植物的类型，也就是说人们按自己的意愿，按花卉的习性，使花卉能更好地展现其观赏特性，将部分花卉，包括许多宿根草本植物，栽培成一、二年生花卉的。因此，一、二年生花卉用于花境需要注意两点：选择与花境景观特质一致的种类和品种；栽培方式与宿根花卉有本质区别。这样一、二年生花卉在花境景观营建中可以起到两大作用：增强花境景观即时的盛花效果；丰富花境景观的花卉种类和品种。常见的种类介绍如下：

藿香蓟*Ageratum houstonanum*（图1），菊科藿香蓟属。以蓝色、绒缨状的花序为特色的常见花卉，花境应用的关键是选择高茎类的品种，目前市场上能提供的品种如'蓝色视野'（图2），株高60～70cm，适合花境应用。

蜀葵*Althaea rosea*（*Alcea rosea*）（图3），锦葵科蜀葵属。蜀葵是非常传统的英式村舍花园的特征花卉，自然也是最早被应用的花境植物。其150cm以上的株高，很强的自播习性，都是花境自然景观的所需。近年来的品种也在不断

图1 藿香蓟 *Ageratum houstonanum*

图2 藿香蓟'蓝色视野'

图3 蜀葵 *Althaea rosea*

图4 蜀葵'春庆'

图5 蜀葵'春庆'

涌现，如重瓣的‘春庆’（图4，5）。

金鱼草*Antirrhinum majus*（图6），玄参科金鱼草属。金鱼草作为一、二年生花卉，尽管育种家育出许多矮生品种，但难以发挥其长处。其长长的总状花序，株高80～120cm，就是为花境的竖向景观而准备的花材。其高茎类的品种也不断涌现，如‘早春诗韵’（图7至图12）花色非常丰富。同科的种类：柳穿鱼*Linaria vulgaris*（图13），有小金鱼草之称，枝叶纤细，叶线状披针形，花略小于金鱼草，花色丰富。

醉蝶花*Cleome spinosa*（图14），白花菜科洋白菜花属。醉蝶花是夏秋季节难得的高茎类花卉材料，尤其是花形和花色具有浓郁的自然风情，近年来的F_1品种‘宝石’的应市，具有丰富的花色，生长迅速，即时效果明显等优势，被广泛应用在花境的焦点位置。

飞燕草*Consolida ajusus*（图15），毛茛科飞燕草属。越来越多的专家将其归入翠雀属（*Delphinium*），与大花翠雀成了同门兄弟，有着许多相似之处。飞燕草的个体略小，但

图6 金鱼草 *Antirrhinum majus*

图7 金鱼草‘早春诗韵’

图8 金鱼草‘早春诗韵’

图9 金鱼草‘早春诗韵’

图10 金鱼草‘早春诗韵’

图11 金鱼草‘早春诗韵’

图12 金鱼草‘早春诗韵’

图13 柳穿鱼 *Linaria vulgaris*

图14 醉蝶花 *Cleome spinosa*

图15 飞燕草 *Consolida ajusus*

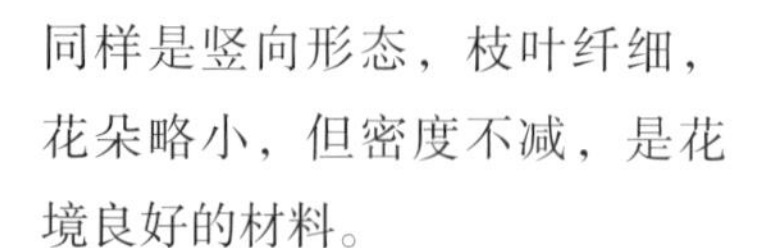

同样是竖向形态，枝叶纤细，花朵略小，但密度不减，是花境良好的材料。

桂竹香*Erysimum cheiri*（图16），十字花科糖芥属。常见二年生花卉，叶互生，披针形，平展，近无锯齿；花黄色，有浅黄（图17）、玫红（图18）品种。同属种：七里黄*E.* × *allionii*（图19），叶片窄些，条状披针形，叶片皱，具锯齿；花略小，橙黄色。园艺品种（图20），花量多，早花性。

天人菊*Gaillardia pulchella*（图21），菊科天人菊属。天人菊是常见的一、二年生草花，全株被毛，花黄色，花瓣基部有红色环痕，自然气息浓郁，自播性强，适合花境应用。

千日红*Gomphrena globosa*（图22），苋科千日红属。千日红虽为一年生花卉，但枝叶，尤其是花朵、花色非常自然，其苞片着色，花期长，适合花境应用，但要注意选择高茎类的品种。最新的园艺品种有：'Firework'（图23），花色紫红，株高80cm。另一个重要的品种'乒乓'（图24），主要的

图16 桂竹香 *Erysimum cheiri*

图17 桂竹香浅黄色品种

图18 桂竹香玫红色品种

图19 七里黄 *E.* × *allionii*

图20 七里黄园艺品种

图21 天人菊 *Gaillardia pulchella*

图22 千日红 *Gomphrena globosa*

图23 千日红'Firework'

图24 千日红'乒乓'

图25 细叶千日红 *G. haageana*

高茎类型，花色有白色、粉红、紫红。同属种：细叶千日红*G. haageana*（图25），叶片细，窄披针形，花色鲜红、橘黄。

冰岛虞美人*Papaver nudicaule*（图26），罂粟科罂粟属。全株被毛，枝叶内有白色乳汁，花蕾下垂。本种是应用最广的，叶基生，长卵形，羽状锯齿状浅裂；园艺品种丰富，花色有黄色、橙黄和鲜红、粉红、白色；花期早，3～4月开花。同属种：东方虞美人*P. orientale*（图27），叶片三角状卵形，羽状深裂，花朵大，红色见多，花瓣基部有黑斑。虞美人*P. rhoeas*（图28），最古老的种类，叶片具不规则的锯齿，花红色、粉红和白色，花期较晚，4～5月。同科的另一观赏种：花菱草*Eschscholzia californica*（图29），整株被白粉，呈灰绿色，花蕾直立，花黄色为主，有白色和玫红品种。

图26 冰岛虞美人 *Papaver nudicaule*

图27 东方虞美人 *P. orientale*

图28 虞美人 *P. rhoeas*

图29 花菱草 *Eschscholzia californica*

其他适合花境应用的一、二年生花卉

麦仙翁（石竹科）*Agrostemma githago*（图1）；香彩雀（玄参科）*Angelonia angustifolia*（图2）；雁河菊，又称姬小菊（菊科）*Brachycome multifida*（图3）；矢车菊（菊科）*Centaurea cyanus*（图4）；白晶菊（菊科）*Chrysanthemum paludosum*（图5）；黄晶菊（菊科）*Chrysanthemum multicaule*（图6）；古代稀（柳叶菜科）*Clarkia amoena*（图7）；蛇目菊（菊科）*Coreopsis tinctoria*（图8）；波斯菊（菊科）*Cosmos bipinnatus*（图9）；硫磺菊（菊科）*Cosmos sulphureus*（图10）；倒提壶（紫草科）*Cynoglossum amabile*（图11）；满天星（石竹科）*Gypsophila elegans*（图12）；香豌豆（豆科）*Lathyrus odoratus*（图13）；紫罗兰（十字花科）*Matthiola incana*（图14）；美兰菊（菊科）*Melampodium paludosum*（图15）；紫茉莉（紫茉莉科）*Mirabilis jalapa*（图16）；红花烟草（茄科）*Nicotiana alata*（图17）；黑种草（毛茛科）*Nigella damascena*（图18）；观赏谷子（禾本科）*Pennisetum glaucum*（图19）；红花菜豆（豆科）*Phaseolus coccineus*（图20）；红蓖麻（大戟科）*Ricinus communis*（图21）；朱唇（唇形科）*Salvia coccinea*（图22）；彩苞鼠尾草（唇形科）*Salvia viridis*（图23）；矮雪轮（石竹科）*Silene pendula*（图24）；百日草（菊科）*Zinnia elegans*（图25）。

图1 麦仙翁 *Agrostemma githago*

图2 香彩雀 *Angelonia angustifolia*

图3 雁河菊 *Brachycome multifida*

图4 矢车菊 *Centaurea cyanus*

图5 白晶菊 *Chrysanthemum paludosum*

图6 黄晶菊 *Chrysanthemum multicaule*

图7 古代稀 *Clarkia amoena*

图8 蛇目菊 *Coreopsis tinctoria*

图9 波斯菊 *Cosmos bipinnatus*

图10 硫磺菊 *Cosmos sulphureus*

图11 倒提壶 *Cynoglossum amabile*

图12 满天星 *Gypsophila elegans*

图13 香豌豆 *Lathyrus odoratus*

图14 紫罗兰 *Matthiola incana*

图15 美兰菊 *Melampodium paludosum*

图16 紫茉莉 *Mirabilis jalapa*

图17 红花烟草 *Nicotiana alata*

图18 黑种草 *Nigella damascena*

图19 观赏谷子 *Pennisetum glaucum*

图20 红花菜豆 *Phaseolus coccineus*

图21 红蓖麻 *Ricinus communis*

图22 朱唇 *Salvia coccinea*

图23 彩苞鼠尾草 *Salvia viridis*

图24 矮雪轮 *Silene pendula*

图25 百日草 *Zinnia elegans*

球根花卉类

大花葱*Allium gigantia*（图1），石蒜科葱属。秋季种植，春季开花，花梗挺直，花朵大如网球，通常紫色。花境春季的主要花卉材料。

大丽花*Dahlia × hybrida*（图2），菊科大丽花属。又名大丽菊。是传统的花境花卉，尽管不是宿根花卉，并需要每年翻种，在英国的许多传统花境中依然保留着作为焦点植物的应用。大丽花拥有许多园艺品种（图3，图4，图5）。大丽花在花境应用中常需要扶枝，尤其是同属种树大丽花*D. merckii*（图6），植株高达2 m，花单瓣，淡粉红。

铁炮百合*Lilium longiflrorum*（图7），百合科百合属。百合种类繁多，本种茎秆直立，高达120cm，花朵白色，侧向开放，初夏盛放，适合花境的焦点植物应用（图8）。同属另一种：卷丹百合*L. lancifolium*（图9），在我国栽培普遍，直立的茎秆，花朵下垂，橙黄色，是夏季极好的花境材料。

花境中的球根花卉，是早春

图1 大花葱 *Allium gigantia*

图2 大丽花 *Dahlia × hybrida*

图3 大丽花园艺品种

图4 大丽花园艺品种

图5 大丽花园艺品种

图6 大丽花 *D. merckii*

图7 铁炮百合 *Lilium longiflrorum*

图8 铁炮百合 *Lilium longiflrorum*

图9 卷丹百合 *L. lancifolium*

花境景观的主力，也是冬春季节宿根花卉空隙的填充花卉，可以均衡和调节花境的景观。其他常用的球根花卉种类有：

圆头葱（石蒜科）*Allium sphaerocephalon*（图10）；韭（石蒜科）*Allium tubersum*（图11）；狐尾百合（百合科）*Eremurus isabellinus*（图12）；花贝母（百合科）*Fritillaria imperialis*（图13）；唐菖蒲（鸢尾科）*Gladiolus* × *hybridus*（图14）；喇叭水仙（石蒜科）*Narcissus pseudonarcissus*（图15）；晚香玉（百合科）*Polianthes tuberosa*（图16，17）；郁金香（百合科）*Tulipa hybrida*（图18，19）。

图10 圆头葱 *Allium sphaerocephalon*

图11 韭 *Allium tubersum*

图12 狐尾百合 *Eremurus isabellinus*

图13 花贝母 *Fritillaria imperialis*

图14 唐菖蒲 *Gladiolus* × *hybridus*

图15 喇叭水仙 *Narcissus pseudonarcissus*

图16 晚香玉 *Polianthes tuberosa*

图17 晚香玉 *Polianthes tuberosa*

图18 郁金香 *Tulipa hybrida*

图19 郁金香 *Tulipa hybrida*

观赏草类

观赏草，主要是指禾本科的观叶类草本植物，大多数为宿根花卉（图1），在花境中的主要作用：填充植物，起到花叶平衡的作用；为花境景观增添禾草状的独特质感；营造浓浓秋意的花境景观（图2）。常用的种类如下：

薹草*Carex comans*（图3）；凌风草*Chasmanthuium latifolium*（图4）；细叶蒲苇*Cortaderia selloana*（图5）；血草*Imperata cylindrical* 'Rubra'（图6）；丽色画眉草*Eragrostis spectabilis*（图7）；蜜糖草*Melinis nerviglumis*（图8）；细叶芒*Miscanthus sinensis*（图

图1 观赏草

图2 观赏草营造的花境景观

图3 薹草 *Carex comans*

图4 凌风草 *Chasmanthuium latifolium*

图5 细叶蒲苇 *Cortaderia selloana*

图6 血草 *Imperata cylindrical* 'Rubra'

图7 丽色画眉草 *Eragrostis spectabilis*

图8 蜜糖草 *Melinis nerviglumis*

图9 细叶芒 *Miscanthus sinensis*

图10 斑叶芒 *Miscanthus sinensis* 'Zebrinus'

图11 粉黛乱子草 *Muhlenbergia capillaris*

图12 稷 *Panicum* 'Hansehermes'

图13 柳枝稷 *Panicum virgatum*

9）；斑叶芒*Miscanthus sinensis* 'Zebrinus'（图10）；粉黛乱子草*Muhlenbergia capillaris*（图11）；稷*Panicum* 'Hansehermes'（图12）；柳枝稷*Panicum virgatum*（图13）;小兔子狼尾草*Pennisetum alopecuroides* 'Little Bunny'（图14）；非洲狼尾草*Pennisetum macrourum*（图15）；紫叶狼尾草*Pennisetum orientale* 'Purple'（图16）；玫红狼尾草*Pennisetum orientale* 'Rosea'（图17）；草原鼠尾粟*Sporobolus heterolepis*（图18）；巨花针茅*Stipa gigantea*（图19）；细茎针茅*Stipa tenuissima*（图20，21）；'卡尔'拂子茅*Calama grostis* × *acutiflora* 'Karl Foerster'（图22）。

图14 小兔子狼尾草
Pennisetum alopecuroides 'Little Bunny'

图15 非洲狼尾草
Pennisetum macrourum

图16 紫叶狼尾草
Pennisetum orientale 'Purple'

图17 玫红狼尾草
Pennisetum orientale 'Rosea'

图18 草原鼠尾粟
Sporobolus heterolepis

图19 巨花针茅 *Stipa gigantea*

图20 细茎针茅
Stipa tenuissima

图21 细茎针茅
Stipa tenuissima

图22 '卡尔'拂子茅
Calama grostis × *acutiflora*
'Karl Foerster'

花灌木类

草本化的南方花木类

三角花*Bougainvillea spectabilis*（图1），紫茉莉科叶子花属。木质藤本，枝条具刺，苞片着色，为主要的观赏部分，花色有紫色、玫红、粉红、橙黄和白色，四季均有花，花期长。但不耐寒，主要用于南方地区。当前的品种已经草本化（图2，图3，图4），可以按宿根花卉应用于花境，也有盆栽品种。

萼距花*Cuphea hookeriana*（图5），千屈菜科萼距花属。整株完全草本化了，枝叶细密，多分枝，花小，紫色，密集，花期夏秋，有金叶品种（图6）。非常适用于花境的前景。

假连翘*Duranta repens*（图7），马鞭草科假连翘属。灌木，先端蔓性生长，方茎，对生叶，具锯齿；花序顶生，下垂状，花紫色，有白色（图8），花期夏秋，秋季挂果，橘黄色（图9）。花境中常用其花叶品种，俗称‘金露’（图10）。

图1 三角花 *Bougainvillea spectabilis*

图2 三角花 *Bougainvillea spectabilis*

图3 三角花 *Bougainvillea spectabilis*

图4 三角花 *Bougainvillea spectabilis*

图5 萼距花 *Cuphea hookeriana*

图6 萼距花金叶品种

图7 假连翘 *Duranta repens*

图8 假连翘（白色花）

图9 假连翘的橘黄色果实

图10 假连翘‘金露’

五色梅*Lantana camara*（图11），马鞭草科马缨丹属。南方地区常见的花灌木，原种因花色变色而得名。园艺品种多（图12，图13，图14），性状完全草本化，花色以单色为主，有黄色、玫红、白色等，多花性，花期夏秋。株型可大可小，应用于花境可作前景，也可成为焦点植物。

蓝雪花*Plumbago capensis*（图15），白花丹科白花丹属。原本的亚灌木，园艺品种却成了播种繁殖、当年开花的草本花卉，不耐寒，只能在南方地区按宿根花卉栽培。花色蓝色，有白色品种（图16），多花性，夏季开花，非常适合花境应用。

图11 五色梅 *Lantana camara*

图12 五色梅园艺品种

图13 五色梅园艺品种

图14 五色梅园艺品种

图15 蓝雪花 *Plumbago capensis*

图16 蓝雪花 *Plumbago capensis*

这是一类作宿根花卉栽培的南方花灌木。我国南方地区有许多花灌木，经过人为的选育，使本来的木本植物，按草本花卉来培育，这些品种的外形和生长习性已草本化，就可以视为多年生草本，即宿根花卉应用于花境。由于传统的宿根花卉非常不适应终年无霜、夏季高温高湿的南方地区。因此，这类花卉的选育，对营造南方地区的特色花境非常重要。推荐种类如下：

红萼苘麻（锦葵科）*Abutilon megapotamicum*（图17）；金铃花（锦葵科）*Abutilon striatum*（图18）；狗尾红（大戟科）*Acalypha hispida*（图19）；软枝黄蝉（夹竹桃科）*Allamanda cathartica*（图20）；玲珑扶桑（锦葵科）*Anisodontea capensis*（图21）；虾衣花（爵床科）*Beloperone guttata*（图22）；金苞花（爵床科）*Pachystachys lutea*（图23）；

图17 红萼苘麻 *Abutilon megapotamicum*

图18 金铃花 *Abutilon striatum*

图19 狗尾红 *Acalypha hispida*

图20 软枝黄蝉 *Allamanda cathartica*

图21 玲珑扶桑 *Anisodontea capensis*

图22 虾衣花 *Beloperone guttata*

图23 金苞花 *Pachystachys lutea*

图24 二色茉莉 *Brunfelsia pauciflora*

二色茉莉（茄科）*Brunfelsia pauciflora*（图24）；红千层（桃金娘科）*Callistemon rigidus*（图25）；墨西哥橘（芸香科）*Choisya dewitteana*（图26）；耀花豆（豆科）*Clianthus puniceus* var. *maximus*（图27）；黄钟花（桔梗科）*Cyananthus flavus*（图28）；倒挂金钟（柳叶菜科）*Fuchsia hybrida*（图29）；龙船花（茜草科）*Ixora chinensis*（图30）；使君子（使君子科）*Quisqualis indica*（图31）；吊钟茶藨子（虎耳草科）*Ribes speciosum*（图32）；硬骨凌霄（紫葳科）*Tecomaria capensis*（图33）。

图 25 红千层 *Callistemon rigidus*

图 26 墨西哥橘 *Choisya dewitteana*

图 27 耀花豆 *Clianthus puniceus* var. *maximus*

图 28 黄钟花 *Cyananthus flavus*

图 29 倒挂金钟 *Fuchsia hybrida*

图 30 龙船花 *Ixora chinensis*

图 31 使君子 *Quisqualis indica*

图 32 吊钟茶藨子 *Ribes speciosum*

图 33 硬骨凌霄 *Tecomaria capensis*

花灌木与花境植物

花境中加入花灌木，自然联想到混合花境，其实这只是混合花境的一种。由于花灌木一般株型较大，且花期过后的大部分时间只是绿叶。因此，特别是宽度在3m以内的花境，不建议在花境内混入花灌木。花灌木更多地是在花境的背景中起作用，包括墙面背景的装饰、提供季节性的花期。当花境足够宽时，也有用作花境的骨架、花境的焦点植物等。总之，花灌木在花境中的作用是弥补宿根花卉的不足，增加花境的观赏期或观赏点。增加花境的观赏性，是选择花境中应用的花灌木种类和品种的原则。常见的种类如下：

冬春季节观花的花灌木，弥补宿根花卉枯叶期的萧条景象

紫荆（豆科）*Cercis chinensis*（图1）；贴梗海棠（蔷薇科）*Chaenomeles japonica*（图2）；垂丝海棠（蔷薇科）*Malus halliana*（图3）；梅花（蔷薇科）*Prunus mume*（图4，图5）；樱花（蔷薇科）*Prunus serrulata*（图6）；喷雪花（蔷薇科）*Spiraea prunifolia*（图7）；棣棠（蔷薇科）*Kerria japonica*（图8）；

图1 紫荆 *Cercis chinensis*

图2 贴梗海棠 *Chaenomeles japonica*

图3 垂丝海棠 *Malus halliana*

图4 梅花 *Prunus mume*

图5 梅花 *Prunus mume*

图6 樱花 *Prunus serrulata*

檵木（金缕梅科）*Loropetalum chinensis*（图9，图10，图11）；蜡梅（蜡梅科）*Chimonanthus praecox*（图12）。

图 7 喷雪花 *Spiraea prunifolia*

图 8 棣棠 *Kerria japonica*

图 9 檵木 *Loropetalum chinensis*

图 10 檵木 *Loropetalum chinensis*

图 11 檵木 *Loropetalum chinensis*

图 12 蜡梅 *Chimonanthus praecox*

花境背景植物，延长宿根花卉的花期，丰富花境的观赏性

醉鱼草（马钱科）*Buddleja lindleyana*（图1至图4）；韦氏杂交醉鱼草（马钱科）*Buddleja* × *weyeriana* 'Honeycomb'（图5）；山茶（山茶科）*Camellia japonica*（图6）；茶梅（山茶科）*Camellia sasanque*（图7）；锦绣杜鹃（杜鹃花科）*Rhododendron pulchrum*（图8）；西洋杜鹃（杜鹃花科）*Rhododendron hybridum*（图9）；高山杜鹃（杜鹃花科）*Rhododendron protistum* var. *giganteum*（图10，11，12）；映山红（杜鹃花科）*Rhododendron simsii*（图13）。

图1 醉鱼草 *Buddleja lindleyana*

图2 醉鱼草 *B. lindleyana*

图3 醉鱼草 *B. lindleyana*

图4 醉鱼草 *B. lindleyana*

图5 韦氏杂交醉鱼草 *B.* × *weyeriana* 'Honeycomb'

图6 山茶 *Camellia japonica*

图7 茶梅 *C. sasanque*

图8 锦绣杜鹃 *Rhododendron pulchrum*

图9 西洋杜鹃 *R. hybridum*

图10 高山杜鹃 *R. protistum* var. *giganteum*

图11 高山杜鹃 *R. protistum* var. *giganteum*

图12 高山杜鹃 *R. protistum* var. *giganteum*

图13 映山红 *R. simsii*

花境的焦点植物，类似宿根花卉应用的花灌木

月季（蔷薇科）*Rosa hybrida*（图1，图2）；穗花牡荆（马鞭草科）*Vitex agnus-castus*（图3，图4）；锦带（忍冬科）*Weigela florida* 'Nana Variegata'（图5，6）；溲疏（虎耳草科）*Deutzia scabra*（图7）；染料木（豆科）*Genista tinctoria*（图8）；海滨木槿（锦葵科）*Hibiscus hamabo*（图9）；荷兰鼠刺（鼠刺科）*Itea virginica* 'Henry 's Garnet'（图10）；澳洲茶（桃金娘科）*Leptospermum scoparium*（图11，图12）；山梅花（虎耳草科）*Philadelphus incanus*（图13）；水果蓝（唇形科）*Teucrium fruitcans*（图14）；木绣球（忍冬科）*Viburnum macrocephalum*（图15）。

图1 月季 *Rosa hybrida*

图2 月季 *R. hybrida*

图3 穗花牡荆 *Vitex agnus-castus*

图4 穗花牡荆 *V. agnus-castus*

图5 锦带 *Weigela florida* 'Nana Variegata'

图6 锦带 *W. florida* 'Nana Variegata'

图7 溲疏 *Deutzia scabra*

图8 染料木 *Genista tinctoria*

图9 海滨木槿 *Hibiscus hamabo*

图10 荷兰鼠刺 *Itea virginica* 'Henry 's Garnet'

图11 澳洲茶 *Leptospermum scoparium*

图12 澳洲茶 *L. scoparium*

图13 山梅花 *Philadelphus incanus*

图14 水果蓝 *Teucrium fruitcans*

图15 木绣球 *Viburnum macrocephalum*

花境的骨架，比起宿根花卉更有形

金叶莸（马鞭草科）*Canyopteris* × *clandonensis* 'Worester Gold'（图1）；金叶风箱果（蔷薇科）*Physocarpus opulifolius* var. *luteus*（图2，3，4）；金焰绣线菊（蔷薇科）*Spiraea japonica* 'Gold Flame'（图5）。

图1 金叶莸 *Canyopteris* × *clandonensis* 'Worester Gold'

图2 金叶风箱果 *Physocarpus opulifolius* var. *luteus*

图3 金叶风箱果 *P. opulifolius* var. *luteus*

图4 金叶风箱果 *P. opulifolius* var. *luteus*

图5 金焰绣线菊 *Spiraea japonica* 'Gold Flame'

花境背景墙面的装饰，增加花境的层次

美洲茶（鼠李科）*Ceannothus americanus*（图1，图2）；狗枣猕猴桃（猕猴桃科）*Actinidia kolomikta*（图3）；贯月忍冬（忍冬科）*Lonicera sempervirens*（图4，图5）；多花紫藤（豆科）*Wisteria floribunda*（图6，图7）。

图1 美洲茶 *Ceannothus americanus*

图2 美洲茶 *C. americanus*

图3 狗枣猕猴桃 *Actinidia kolomikta*

图4 香忍冬 *Lonicera sempervirens*

图5 香忍冬 *L. sempervirens*

图6 多花紫藤 *Wisteria floribunda*

图7 多花紫藤 *W. floribunda*

第四章

花境的施工与要领

01 花境施工的准备

花境设计后的交底

花境的施工是指将花境设计落地的过程。花境设计完成后，设计人员须会同甲方和施工队伍进行交底。如需要的话，现场交底是必要的。交底的目的是让甲方再次确认其对花境设计意图已认可；施工队伍对设计的内容包括设计意图、技术关键等已理解。交底的结果应是保证施工方确认可以按设计要求进行施工并能编制施工进程计划表。

花境设计后的交底，其实是设计与施工人员的沟通，是对花境设计的理解过程。在这个过程中，需要设计人员现场落地的功夫，根据现场情况做最后的调整和优化。同时需要施工人员凭借经验和技能，在充分理解花境设计意图的基础上，完成花境的落地，使花境尽可能地完美呈现。花境在我国的实践时间较短，花境的施工存在着诸多问题。主要有对完成花境的时间认识不足；设计师对花境的认识不足；施工队伍中对花境的实践经验不足。这些不足导致实际操作中花境设计图纸的作用非常有限，花境难以做到真正的按设计图纸施工。花境设计图纸决定花境的类型、花境的主题、花境的色彩和花期等花境的总体风格。因此，成熟的花境离不开严谨的花境设计图。设计与施工的高度一致性是这个阶段的目标。

营建花境需要的时间比我们通常认为的要长得多，至少3～5年。期间花境会经过几个生长期，可以对初建花境的各个组团进行评估，保留那些效果满意的组团，对那些表现不理想的花卉种类和品种、不理想的团块进行调整优化，逐步达到期望的花境效果。这也告诉我们，花境的营建难以做到完全按图施工，即刻完成花境的营建。英国阿里庄园内著名的花境，记载始建于1846年，直到1856年才完成了这个世界上现存最早的花境，历时十年整。直至今日，在英国的邱园，有个世界上最长的对称式花境，项目于2013年立项，2015年初开工，于2016年夏季完成，历时3年。花境设计师需要对花境有深刻的理解，有过花境施工经验的设计师，比较容易做出操作性强的花境施工设计图，即设计图纸的落地性强。同时对施工人员的技能要求也很高，施工人员的花境营建经验和技能可以更好地帮助到花境设计意图的完善和落地。

花境花卉材料的准备

主要是宿根花卉的准备，包括宿根花卉的种类和品种、适合施工种植的苗龄和宿根花卉的效果把握以及预算的控制。

园艺品种的选择

原则上需要按花境设计图纸所列的花卉种类进行准备。需要注意的是，要准确地体现花卉的观赏效果，如花色、花期、株高等，往往需要按园艺品种来准备。因此，仅仅了解宿根花卉的种类是不够的，掌握种类的园艺品种非常重要。

花卉材料的规格与苗龄

花境的花卉材料种类多，主要是宿根花卉，有不同的产品类型，其产品规格也是不同的。最常见的还是盆栽容器苗，是以盆直径来定规格的，如10cm、12cm、14cm、16cm。有些大规格的盆栽苗，受国外的影响，采用盆的体积计量规格。如加仑盆，1加仑的盆约同于16cm的盆。需要注意的是，要根据不同的种类、品种和要达到的效果、使用时间选择不同规格的产品。宿根花卉的裸根苗也可以直接应用于花境施工。由于便于运输，价格相对也低，是花境施工中不错的选择。裸根苗的选用需要注意三点：其一，裸根苗是有种类和品种限制的，一般冬季枯叶的典型的宿根花卉种类才适合提供裸根苗；其二，裸根苗的规格常用芽数和苗龄来表示，如一年生或二年生的苗；其三，裸根的种植是有时间限制的，一般在宿根花卉的休眠期提供较为恰当。裸根苗的种植主要在秋冬，早霜前2～3周，种植那些耐寒性强，春季开花的种类，如芍药；或者在早春萌芽前，土壤解冻即可，种植那些耐寒性较弱的种类，如宿根鼠尾草等。

目前市场上主要的宿根花卉产品规格

各种宿根花卉的裸根苗和球根花卉的种球

大花飞燕草的穴盘苗

宿根花卉的苗龄，粗略地分成小苗，即现在的穴盘苗，规格以穴盘的孔穴定为200穴、128穴、72穴、32穴等。半成品苗，即没有开花的宿根苗，又称绿叶期销售，是传统宿根花卉的主要产品类型，也是花境营造时最常用的宿根花卉产品类型。成品花，即开花植株的宿根花卉苗，是现在国外发展起来的新型宿根花卉产品，更偏向盆栽观赏。其中半成品和成品花还有当年生苗和二年生，甚至三年生苗。花境施工对种植时间有一定的限制，往往在秋冬或早春，是最适合的宿根花卉种植期。采用合适苗龄的宿根花卉产品非常关键。原则上苗龄越小，种植后的恢复能力越强。半成品是使用最多的产品类型，具体采用当年生的苗还是二年生的苗视花境期望达到的效果而定；其次是穴盘苗，32穴、72穴的大规格苗，如那些当年效果就很好，但宿根性并不强的种类——大花翠雀等；开花的成品苗在花境施工中并不推荐。

毛地黄的半成品苗，适合花境种植

种植后盛花的毛地黄

成品花，尤其是宿根花卉的成品花已不适合花境种植了

花卉材料的来源与处理

大家比较喜欢去苗木市场选购花园植物，但宿根花卉往往不易找到，有时我们需要从苗圃直接采购。苗圃的类型很多，其实各有特色，花境设计师和专业花境工作者需要经常走访一些苗圃，掌握各苗圃能提供的宿根花卉及其品种、价格。现在许多苗圃都有网站，便于我们选择他们提供的花卉种类和品种。不过在下订单前，最好还是走访一下该苗圃，现场确认一下花卉的质量，尤其是第一次订购。当我们有了满意的苗圃，了解他们提供的种类、品种、质量以及价格，就可以用他们的产品目录做参考来设计花境。苗木的送货需要和花境施工吻合，随到随种当然是最好的，但有时做不到，则需要做好假植措施，以免损失。花卉苗木送达现场，要有人到现场验货，发现不符合要求的植株，应该退回更换。花卉材料质量的验收内容包括：

所有运到现场的植物都有清晰标签；

所送达的植物种类、品种、规格和数量正确；

苗木所带的土壤介质干净，无杂草、病菌；

苗木健康生长，无损伤，无病虫危害；

容器完好无损；

检查土壤状况，若干燥应及时补水；

宿根花卉的裸根苗，需要及时修剪整理，供种植。

花境场地的土壤准备

保证花卉的正常生长是花境场地准备的目的，我们知道影响花卉生长的环境因素很多，包括气候条件、光照情况、温度高低、肥料营养和水分干湿五大方面。其中植物的养分和水分是通过土壤提供给植物生长的。因此，花境施工中只要提供良好的土壤，就是人们力所能及地控制和保证了植物的正常生长。其他因素是难以控制的，土壤条件的改善是花境施工唯一可以控制的场地因素。花境施工前的土壤准备主要包括两个方面：土壤改良和地形处理。

土壤改良

土壤改良的原理：土壤对花境植物的生长作用再言重也不为过，而这一点在我国的花园建设中是最容易被忽视的。绝大多数的花园场地，土壤条件不能满足花境植物的基本生长要求。因此，土壤改良不仅在花境的设计方案时需要特别指出，在花境施工时更需要再次强调。土壤对植物生长的作用是土壤改良的依据。土壤的作用是提供植物生长所需的水分、氧气和营养元素。至于花卉对土壤的要求，随意翻开一本传统的花卉栽培书籍，经常能看到几乎千篇一律的说法：“轻质、疏松、透气、排水良好、富含有机质的肥沃土壤”。因为这样的土壤对绝大多数的花卉都适合，问题是如何提供这样的土壤呢？

首先，通过解读“轻质、疏松、透气、排水良好”是指土壤的物理性状，即土壤的结构，土壤颗粒的大小，容重小质地轻，土壤的孔隙度，土壤的水气比例。参考指标为有机质含量越高越好，栽培介质的有机质含量高达90%以上；土壤的容重为100～125kg/m^3；通气孔隙度16%～25%。水分和氧气是植物根系生长的基础。良好的土壤结构应该由大小颗粒的材料混合而成，颗粒越大，土壤孔隙越大，空气越多，排水性越强，颗粒越小则反之；两者的比例直接影响着土壤的持水与排水，水与气的比例。根据植物对土壤水气的要求，形成合适的团粒结构。

其次，再进一步解读“富含有机质的肥沃土壤”是指土壤的化学性状，即土壤应该含有植物生长、发育所需的营养元素（氮、磷、钾、钙、镁、硫、硼、铁、锰、锌、铜、钼）。判断土壤的化学性状必须借助仪器并由专业的实验室进行测试，获得一份土壤的测试报告。在土壤改良时，我们并不先去关注测试报告中的这些营养元素，而是土壤的pH和EC。pH是指土壤的酸碱度，大多数植物要求的土壤pH为5.5～6.5。当土壤高于或低于这个范围时，土壤中的营养元素就会发生混乱，即便土壤中含有这些元素，植物也不能正常吸收。上

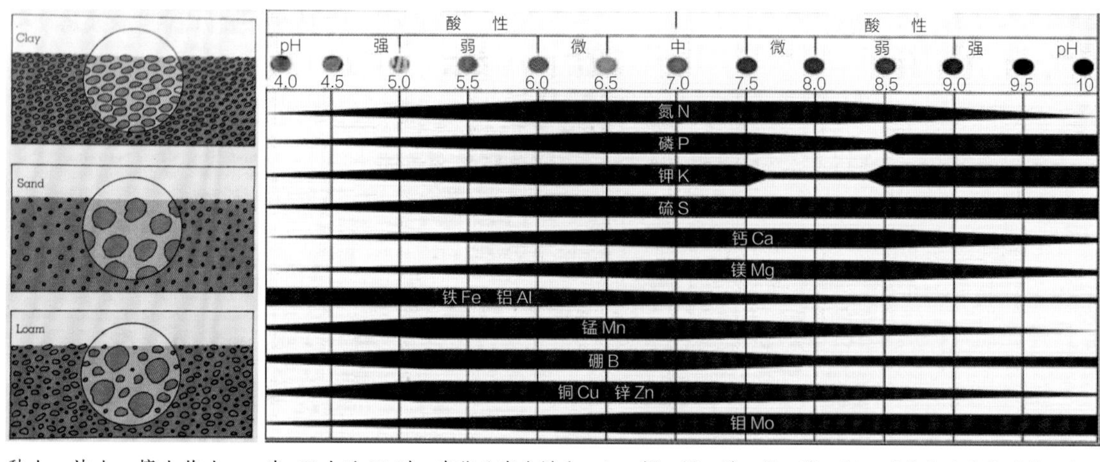

黏土、沙土、壤土的土壤颗粒粗细的结构示意图。粗细混合的壤土结构是理想的、合适的土壤团粒结构

当 pH 小于 5.5 时，有些元素会缺失，如：钙、镁、磷、钾、硫、钼；而有些元素会过量，如：锰、铁、硼、铜、锌、钠、氨。同样的，当 pH 大于 6.5 时，有些元素会缺失，如：锰、铁、硼、铜、锌、镁、磷；有些元素会过量，如：钙和氨

图显示各种元素过剩或缺乏与pH不当的关系。EC值则是反映了土壤含盐量的总和，即土壤各种元素的总量，包括对植物有益的元素和有害的元素。植物的耐盐能力是有限的，与植物种类、生长阶段有关，详见表4-1。通常在1.0～1.8。需要注意的是EC值只反映元素的总量，不反映具体元素，有益的元素越多，越有利于植物生长；反之，有害的、无效的元素过多，同样会提升EC值，导致需要补充的植物营养元素难以加入。从这个角度看，土壤改良时，宁可EC值低些，也不要含有过多的无效或有害的元素。

表4-1 土壤介质的EC值参照

饱和介质	1 介质：1.5 水	1 介质：5 水	说明
0 ~ 0.74	0 ~ 0.25	0 ~ 0.12	表示养分很低
0.75 ~ 1.99	0.25 ~ 0.75	0.12 ~ 0.35	适合小苗，对盐敏感植物
2 ~ 3.49	0.75 ~ 1.25	0.35 ~ 0.65	适合大多数花卉
3.5 ~ 5	1.25 ~ 1.75	0.65 ~ 0.90	适合喜肥性花卉
5 ~ 6	1.75 ~ 2.25	0.9 ~ 1.10	含盐量偏高，易烧苗
6+	2.25+	1.10+	含盐量过高

土壤改良的材料：常用的有泥炭、椰糠等，材料的质量是关键，要从可靠的材料供应商那里取得。无论是泥炭还是椰糠已经成为标准化的介质产品了，具体标准的产品信息，主要包括产品的颗粒粗细等级。泥炭按纤维粗细分成：细的，如3～8mm；中的，如10～30mm；粗的，如20～40mm，泥炭产品的加工会将pH值调到5.5～6.5，有加肥料的，用EC值表示（这里的EC值均指有效元素）。椰糠也分细的和粗的，也称椰粒。椰糠加工过程的关键是洗盐，也就是EC值越低越好。无论泥炭还是椰糠，用于栽培花卉植物必须做到园艺无毒，即不含杂草种子，无病虫害残留等有害物质。国际上有专门的第三方认证，如荷兰的RHP认证，或欧洲的ECAS认证，即授予对园艺植物的安全认证。可靠的供应商除了能提供带有认证标志的产品，保持稳定的质量也非常重要。长期以来，泥炭一直是最受欢迎和最常用的栽培介质材料，近年来由于涉及生态和环境的

细的泥炭产品

粗的泥炭产品

细的椰糠

粗的椰糠

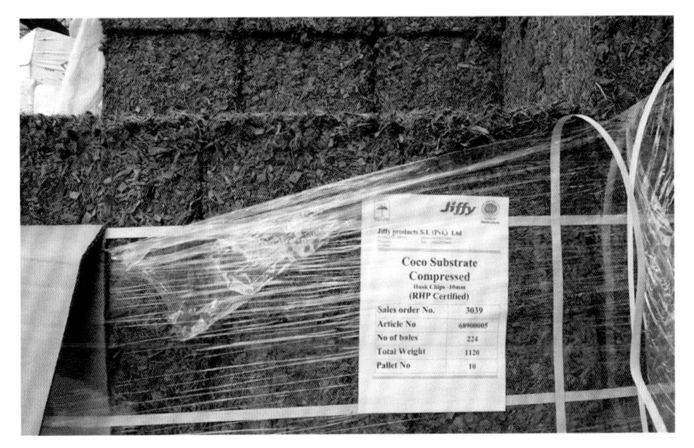

国际知名的栽培基质公司 Jiffy 的椰糠产品有显著的 RHP 认证标注，显示产品的质量保证

问题，人们开始找泥炭的替代品，除椰糠外，还有树皮、稻壳、沙、浮石、蛭石、珍珠岩等，无论什么材料，做到标准化、产品的稳定性和大批量的提供能力是关键。

土壤改良的方法：花境施工前的土壤改良就是将不符合花卉生长发育的劣质土壤，常表现为黏重而含有过多杂草种子或病虫害残留的土壤。经过人工加入泥炭、椰糠等有机物质，混合配制成满足花卉生长发育所需的物理和化学性状的改良土壤，并特别强调改良的土壤必须园艺无毒，即土壤必须经过消毒，严禁含有病菌或对植物、人、动物有害的有毒物质。目前国内的花园绿地中的土壤绝大多数不能满足花卉植物的生长，因此，花境施工前必须对土壤进行改良。要从三个方面着手，即将土壤的结构变得疏松，保证土壤的干净卫生，土壤的养分是最次要的。因为前者在栽培过程中难以改善，而土壤的营养元素在后期的养护中可以通过施肥加以补充完善。下面通过一个实际案例叙述一下改良的方法和步骤。

图解案例为上海某公园内的花卉种植床，同大多数其他绿地一样，土壤板结，颗粒黏重，杂草密集，病虫害残留不详。花卉种植土壤的改良步骤如下：

第一步：将原种植土壤表层内的杂质除去，除去量为原土壤的10cm厚度。

第二步：深翻去除杂质的原土壤，深度至少30cm，如有机械，则越深越好，可达100cm。

第三步：将泡发好的椰糠，其中细椰糠和粗椰糠（椰粒）按一定比例混合，也可以加中粗泥炭（如10～30mm），比例需要结合原土壤的情况进行配备。本案是50%的细椰糠、30%中粗泥炭、20%粗椰糠混合而成。

第四步：将混合好的介质材料均匀地铺在经过去杂、深翻的原土表面，铺设量为20cm厚。未经测试的土壤，混合有机介质能降低土壤的pH。加入5-10-5的复合肥料，每千克匀拌在15m^2的种植土壤，深度20～30cm，增加土壤中的基肥。如经过测试，园土的pH偏差过大，可用石灰粉或硫黄粉调整，具体方法见表4-2、表4-3。

改良前

第一步

第二步

第三步

第四步

第五步

改良后

第五步：铺好配制的介质后，再深翻一下，深翻深度约30cm。这样基本能使改良后的土壤表面，约30cm的种植层内，介质的比例足够高。其结构疏松，既有排水性，又有一定的持水保肥性。只要介质材料的来源质量能保证，改良后的土壤种植层应该是园艺无毒的。

第六步：最后将种植层整平，做好地形，即可种植花卉。

表4-2　每立方米园土pH降至6.0需要加入石灰粉的量（kg）

园土 pH	砂土	壤土	黏土
5.0	1.2	1.5	2.25
5.5	0.9	1.2	1.5
6.0	0.45	0.6	0.9

表4-3　每立方米园土pH降至6.0需要加入硫黄粉的量（kg）

园土 pH	砂土	壤土	黏土
7.5	0.27	0.38	0.59
7.0	0.23	0.30	0.47
6.5	0.12	0.18	0.29

地形处理

花境施工，对土壤改良比较容易理解，但种植土壤的地形处理常常会被忽略，或常被包含在土壤改良中。这里特别将其分述是因为地形处理是花境施工的一个必要环节和技术要领。地形处理的技术要点是将经过土壤改良后的种植床或种植场地进行整平，并形成微地形。其目的是有利于种植的植物良好地生长，同时突显其观赏效果。

整平

种植场地在种植前的耕翻，尤其是土壤改良的混合，土壤间的孔隙是不均匀的，即便表面看似平整，如不做整平，种植花卉后，经过浇水或雨水的冲淋，土层会下沉，土壤表面会变得凹凸不平，坑坑洼洼，造成积水而影响植物的生长。因此，改良或耕翻后的土壤，需要做一些整平工作，特别是新改良的土壤，适当的压实是必要的，尽量使种植层内的孔隙度均匀，降低种植后的沉降影响。

地形

指在种植土壤整平的基础上做微地形，即使整体的花卉种植床微微高于周边的草坪或道路，俗称“甲鱼背”式的地形。其目的也是有利于排水，进而有利于种植的生长；微微隆起的地形可以突显花境景观效果。

改良的土壤需要整平

花境种植土壤的地形宜略高于周边的草坪或地面，略隆起

土壤改良前的花坛

土壤改良后的花坛

花境施工人员的准备

施工人员对花境施工的质量起着至关重要的作用，特别是在我国园林行业快速发展的当下，常常被忽视。这个现象其实也是对花境施工的认识不足，要知道花境的营建施工期长、技术要求高，是一项需要施工人员投入热情的工作。因此，花境施工必须做好施工队伍的建设和施工人员的训练。

花境施工人员的准备可以分两个层面：一方面，按花境施工项目的大小配备人员，包括人力和技术能力。合理的配备应该由施工领队和施工人员组成。其中，对施工领队应该设置一定的业务知识和业务能力的要求，至少能领会花境的设计意图，才能带领施工人员完成花境的施工。某种程度上，施工领队的业务素质可以决定花境施工的成败，以及花境景观的优劣。另一方面，就是花境施工队伍的建设，即平时加强施工人员的训练，特别是施工领队的培训。平时的培训和学习也应该分层次地进行，逐步建设好花境的施工队伍。培训和学习有三个途径，缺一不可。首先是花境专业知识的学习，包括集中培训和平时书本资料的学习；其次是师傅带徒弟的以老带新的传帮带的经验传授；最后，也是最主要的，就是花境从业人员平时工作中的体验学习。平时的工作中不断地总结，特别是工作中的纠错，优化的体会；施工人员的技术交流，如技术比武等活动；以及经常性的观摩行业内的优秀花境项目。一位好的施工人员，在平时的生活中时时处处都在积累有助于花境建设的点点滴滴，不断提高业务知识和技术能力。

02 花境施工的要领

花境施工包括了施工前的准备和施工要领，本节将分别叙述花境的施工技术和花境的种植技术要领。

施工进程表

花境的施工进程表就是一份完成花境项目的具体工作计划书，可以帮助执行者清楚地了解有多少具体的工作以及需要消耗的人力、物力和时间。施工进程表要尽量完整地列出整个花境项目的每一个细节的每一项工作，包括准备工作和施工工作。这样可以方便团队协同工作而不会遗漏任何细节，哪怕一些容易被忽视的细节，如安全施工方面的衔接工作。施工进程表的清晰、简单、易懂、操作性强是最关键的。以下几点是制定花境施工进程表要点，供参考使用。

首先，列出整个花境项目的所有工作事项，包括每项工作的具体完成要求和所需的人力、物力及完成时间。项目大的可以分列支项进行，内容可以从场地清理的项目开始到施工完成的所有工作，所花的时间，安全健康的注意事项和所有有助于高质量完成项目的事项，诸如开工日期、完工日期、原场地清理、植物材料的准备、土壤准备与地形处理（前面已叙述）、花卉种植、保持施工场地整洁，等等。容易忽略的工作有需要的工具和材料清单、原场地的清理事项。齐全的施工工具和材料装备可以提高施工效率和质量，但这一点在我国常常被忽略，花境施工的主要工具和材料包括搬运物品的小推车，翻地、整地用的铁锹和铁耙（六齿耙），种植用的铲子，修剪用的剪刀，浇水用的皮管和花洒，保护草坪用的塑料布和防滑用的木板等。这些工具的使用和工地摆放的安全提示也非常必要。原场地的清理工作有时候也比较复杂，特别是在我国，很多的花境是在已建成的花园绿地中营建的。那么，如何去除原来的植物或草坪，背景的乔木、灌木是否有调整，哪些乔木、灌木需要保留，保留的植物是否要做适当的处理，如修剪，甚至改变植物的方向等，都是原场地清理的工作范畴。

花境种植的放样

花境施工时原场地的保护

1	2
3	4
5	6

花境花卉的种植技术

图1 花境种植场地清理、土壤改良、地形处理，以待种植

图2 按花境的设计图纸放样，确定各种花卉品种的种植位置

图3 将要种植的花卉按设计要求，摆放到相应的位置

图4 这样种植容易做到符合设计要求，避免多种漏种，做到疏密有致

图5 种植后的浇水非常重要，俗称“沾根水”

图6 花境植物生长，初花的效果，本案例的设计施工图见 p118

花境植物的种植技术

放样：同其他植物景观一样，花境植物种植前也要按设计图纸要求在花境种植场地上放样，确定每一个花卉组团的种植位置和面积大小。由于花境种植的花卉种类与品种较多，种植苗的规格不一，在每个种植位置上插上标签，标明该地块需要种植的花卉名称等信息，这样可以大大降低出错率。

种植的时间：虽然目前大多采用容器苗只要防护措施到位，种植时间没有那么严格了。但严寒的冬季和酷热的夏季还是不宜种植。比较推荐的种植时间，特别是宿根花卉的裸根苗，通常还是以宿根花卉进入休眠的秋冬季节、早霜来临前的2～3周，如长江中下游地区，在10月下旬到11月上旬。3月上中旬适合种植那些夏秋开花和耐寒能力较弱的种类和品种。

种植方法：花境花卉的种植技术要点包括花苗的质量控制、花卉苗木的苗龄、种植的密度和种植处理。

花卉苗木的质量控制：花苗运抵施工现场时，需要对花苗按设计要求的清单全面核对，包括花卉名称和品种、苗的规格和生长状态，容器苗的介质土壤是否湿润，是否有苗木的损伤或病虫害等质量问题。将验收合格的花卉苗木摆放至邻近种植的场地。

花卉苗木的苗龄或苗态：宿根花卉适合种植的往往不是开花的成品苗，尤其不能用盛花的成品花。一般采用刚刚萌芽的苗态或抽叶不久或仅仅带花蕾的植株才是适合的植株苗龄。这样的苗也可能是二年生或三年生的大规格苗。这一点非常重要，苗龄越“小”种植后的恢复能力越强，也便于运输。在我国尤其需要注意，长期受一、二年生草花的影响，常常为了即时的效果，错误地认为将开花的成品苗，很多是盛花的成品花直接种植，以求得立竿见影的效果，殊不知这样的做法适得其反。因为，这样盛花的成品花经过运输、整理种植后花期已过，当年都无法展现其观赏效果。

花境种植的花苗以半成品苗为主

开花的成品花不建议用作花境的种植

花境种植后的合适株行距

根据花卉的株幅决定不同品种的株行距

一年生的松果菊株幅小，分枝少，株形小

二年生的松果菊株幅大，分枝多，株形大

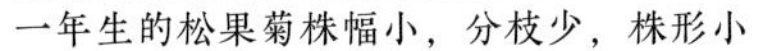

种植前在现场实地摆放 1 ~ 2m² 的花苗，这是单品种种植，感觉一下大致的株行距

几个品种混合种植的，同样也摆放 1 ~ 2m²，找到感觉了再开始种植

种植密度：是指宿根花卉的种植株行距，不仅是花境设计时的难点，也是种植施工时的难点，可以体现花境施工技术的水平。理想的种植密度是当植物充分生长、开花时，植株之间正好触及，互不拥挤，花境中的每一株花卉能各显其美。

常见花卉植物株行距的参考数据，表2-1，这是按植株充分生长后的株幅建议的每平方米的种植数量设定的株行距。其难点在于，种植时的“小苗”与生长的植株高度和株幅没有对应关系，如种植时柳叶马鞭草的小苗，生长后会远远高于苗期比它大的细叶美女樱；同样的，种植时细叶美女樱的小苗，生长后的株幅远远大于苗期比它大的德国鸢尾。许多宿根花卉，如紫松果菊，其株幅要二年生以上的苗才能充分展现。种植时，可以按照设计的要求，对于缺乏经验的新花卉品种可以先在种植场地摆放1 ~ 2m²，调节到位后再种植。因此，设计师需要对所选用的花卉品种特性有很深的了解，平时对周边的花卉植物的观察，多多收集数据信息是最有效的方法，不能依赖书本上的信息。因为，各种花卉的株幅会因地区、栽培条件，甚至品种的差异而变化。对于花境设计和营建的初期，往往采用的花卉苗龄偏“小”，并要追求即时效果，或在冬春季节害怕土壤裸露，容易过密种植，形成堆砌的景观效果。宿根花卉的美因没有合适的生长空间而无法展现。冬春季节，花境内的各种花卉植物，不同的是株形大小，相同的是生气勃勃，即便是小苗也是蓄势待发，充满生机，植株间所留的空隙是完全必要的。

种植处理：种植时需要对花苗作些必要的处理。首先，盆栽苗脱盆后须将老化的根系修整一下，保证根系种植后能融

花境种植初期，松果菊的小苗种植过密，没有留出生长空间

早春，布查特花园的花境内，花苗开始复苏，植物间疏密有致，没有杂草、枯枝、残花，每株花苗都生气勃勃

某公园内花境里的花卉，不论品种和苗龄大小采用了同样的株行距，未留生长空间

根系太少，土球易散落而不适合种植

根系正好能形成土球，适合种植

根系太老，不易舒展，种植偏晚了

种植整齐的花境植物

植株过老化，已不适合种植

花苗处理不当的种植，如倒苗等

入土壤并迅速生长。其次，摘除损伤的枝叶，徒长的枝叶和影响株形的枝叶。注意花苗的种植要求，如合适的方向感，有的需要扶枝措施，有的秋冬季节种植需要覆盖等等。花苗种植后需要浇足水分，俗称沾根水，促使花苗迅速生长。

边饰：花境虽然讲究自然野趣，但忌杂乱无章。花境的边缘处理是最能体现精致园艺的部分。花境种植床的边缘，直线要直，曲线须流畅，如与草坪衔接的，草坪的切边也是一项特别的技能，不仅要修剪整齐，而且所有切除的草屑都需要人工清除，留出的沟要做到匀称，似有似无，体现出很强的精致性。这样的切边除了美观，还可阻止草坪无序延伸，以及花境植物的凌乱蔓生。

花境的边缘，在植物配置时要避免明显的缺口，或过大的土壤裸露，在花境的建造初期，由于景观的需要，植物尚待生长，可以用些覆盖物覆盖，以示精心处理，增强花境的整体感。

安全防护：花境施工，特别是花卉种植对施工场地要有明确的要求。一是安全防护，另一个是工完场地清，即当天清理的垃圾杂物，用完的空盆，修剪下的枝叶都要集中收除，保持场地的干净整洁。

某公园的花境边缘，与草坪的衔接处没有处理，景观显得粗糙

上海清涧公园的花境与草坪的边饰显得非常流畅，景观更为精致

花境施工中的边饰技术

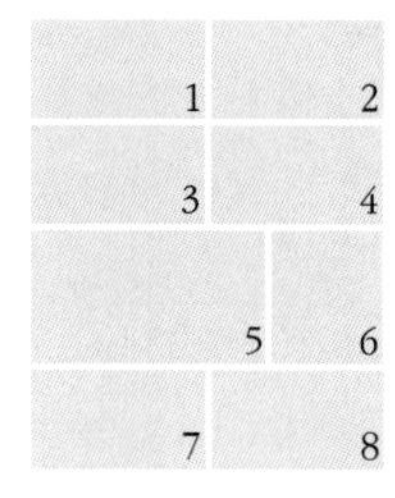

图 1 2017 年清涧花境，精细处理花境与草坪或道路之间的关系。精致的切边可以大大提升花境整体质量

图 2 2011 年清涧花境初建时，粗糙的切边，会有损于花境的整体效果

图 3 没有切边的花境，整个花境景观会显粗糙

图 4 花境与草坪没有做切边处理，即使做了覆盖，边缘的败笔影响了整体花境的质量

图 5 花境与草坪边缘的精细处理，即使没有覆盖，只要整齐，整体花境亦显精致

图 6 “边饰”要求：切口整齐（上海地区通常要求有 45° 斜面），切边直线要直；弧线要流畅。“切边”是一项专门的技能，需要训练

图 7 流畅的切边，整齐的切口，高质量的草坪为花境增色不少，呈现了精致园艺

图 8 优质的草坪两边精细的切边，这样花园内花境的景致，无须等到盛花时也美丽

图 9 上海海粟公园的花境与草坪没有看到切边

图 10 花境的边饰是采用金属隔板处理的，所谓技不如人材料补。采用新的工艺来弥补技能的缺失，也许是个方法

图 11 金属隔板越来越多地被应用，但要求材料质量好，尤其如硬度和平整度

图 12 金属板边饰比较适合花境与道路的分隔

图 13 草坪与道路的分隔边饰，金属隔板的效果明显

第五章

花境的养护与技术

01 花境养护成功的基础

“虽由人作，宛自天开”是花境之美的最好写照，强调了花境之美就好像自然造化生成一般。但是，花境景观毕竟还是人为的，要维持其周年、长期的繁荣就需要精心的园艺养护。花境植物的多样共生、景观的季相变幻、整体的持续不断使得花境的养护并非易事，常常令人生畏。花境养护的目的主要是保持花境内所有花卉植物的健康生长，控制各花卉品种间的协调共生，调节各组团花卉品种的花期，提升花境整体的精美程度，完美呈现花境的景观效果。花境养护的主要内容和方法分述如下：

花境设计的合理性

花境成功的五大要点：①植物品种选择符合花境场地的环境条件，包括光照、气候以及土壤等环境条件；②充分发挥每一植物的观赏特点，创建具有吸引力的植物组合，配置协调；③建立清晰的种植设计方案，准备详细的植物品种清单；④合适的时间，选用苗龄适时的优质花卉材料，种植在恰当的位置；⑤种植方案与日后的养护能力和操作技能相匹配。仔细琢磨一下这些要点，每一个都需要设计的合理。即花境设计的成功与否是花境养护成败的前提。因此，花境养护应该从花境设计开始。我国的花境营建与花境技术成熟的英国花园内花境最大的区别在于设计。我们看到的英国花园内的花境，绝大多数是花境与花园同时设计的，花境一开始就是花园的组成部分。而我国的花园绿地在建造之初，绝大多数是没有花境的。我们需要在建成的花园内设计营建花境，这样就会遇到许多限制，难以产生优秀的花境，相反，很容易出现设计不合理的花境，如树荫、场地的局限等。这样的花境设计会给以后的养护带来许多麻烦，有些问题是无法通过养护来解决的。这就要求花境设计做好以下4个方面：①花境需要考虑与花园绿地总体设计同步，确定花境在花园中的地位，如主要景观，花境与花园环境的协调；②花境植物配置的自然群落化，防止植物的堆砌感和碎片化；③花境中的花与绿叶的自然平衡与协调；④宿根花卉的花期此起彼伏，自然的四季交替，体现花卉生长的自然美。

花境施工的高质量

施工除了满足花境设计的景观要求，同时也要建立一个花境植物良好生长的环境条件。包括良好的土壤、有效的水肥提供方式、合理的种植株行距等，因为，花境中的花卉首先要能生长良好，而不是完全靠养护。养护只是帮助植物在人工的场地上更好地生长，并不能解决植物生长所需的所有问题。我们大力地发展适生花卉品种，就是为了最大程度地减少人为的养护工作。这不仅是为了降低成本，也有利植物更好地生长。

02 宿根花卉的常规养护

花境的养护很大程度上是宿根花卉的养护，那就要了解与掌握宿根花卉的习性。由于种类和品种丰富，季节性又比较强，需结合花境全年的景观要求。宿根花卉的日常养护可以制定一个养护日程，分别列出全年的花境养护工作，标出每项工作的名称、工作量、完成要求、完成时间和责任人。宿根花卉的主要日常养护工作包括：

光照充足

宿根花卉的种类丰富，但是用于花境的宿根花卉以观花的品种为主，这些品种绝大多数是喜光的，也就是要求阳光充足的环境。花境场地的光照是否充足，这主要取决于花境的设计。

光周期控制

即光照时间的长短会影响宿根花卉的开花数量和质量，特别是那些短日照花卉，如菊科的紫菀类品种，许多早春开花的花灌木，在日照长、温度高、雨水充沛的夏季，容易徒长，影响夏秋开花。因此，夏季需要控水、控肥，促进花芽分化。

温度调节

花境作为花园的植物景观，养护时不宜提供过度的御寒保暖的措施。因此

树荫下的金鱼草生长细弱，因不能正常开花而失去观赏性

阳光充足的场地，花境内的金鱼草生长健壮，花开艳丽

需要选择耐寒的宿根花卉品种，这些品种能在花境所在的地区安全越冬。有时为了丰富花境的种类和品种，会选用一些半耐寒的品种。这样，越冬防寒就显得十分重要，冬季覆盖是半耐寒宿根花卉特有的养护工作。

宿根花卉的许多种类和品种不是因为寒冷而受害，而是不适应夏季的炎热和高湿，比起冬季寒冷，夏季的高温高湿更加致命。适度的修剪，疏枝，增强植株间的通风透气；提供良好的土壤，保持排水良好是提高植物抗热性的有效措施。

宿根花卉，许多种类是有低温春化要求的，低温不仅有助花芽分化，提高春季的开花率，如羽扇豆。低温也有助于形成良好的株形，尤其是挺拔的茎秆，如大花飞燕草、毛地黄等。我国的花卉栽培，习惯性地在冬季采取保暖措施，特别在长江中下游及其以南地区，经常性地犯这些错误。

浇水管理

植物生长发育中的浇水，即提供水分是最基本的养护工作。浇水量、多久浇水、浇水时间、浇水方法和浇水的水质，这些问题的答案取决于植物和环境因素。

首先，每次浇水必须要浇透，浇到足够深至植物根系的底部，使根系能充分吸水。浇水渗得越深，根系生长也越深。发达的根系可减轻因土壤表面剧烈的干湿变化对植物稳定生长的影响。

浇水的时间以清晨为好，这是因为植物的生理活动往往是从早晨开始，包括蒸腾作用，整个白天是植物需水量最大的。除非特别酷热，植物严重缺水，不建议傍晚浇水。晚上植物生理活动弱，光照、温度均低，植物的需水量低，不易缺水。晚上过多浇水，第二天早晨会误认为土壤湿润而漏浇水，导致白天缺水。避免酷热的午后浇水，灼伤植物。

天然的雨水永远是植物生长最好的、最安全的水质，人工浇水必须确保水质安全，即不含对植物生长有害的物质，不用碱性过高的水。

植物由根系吸收水分，通过茎秆将水分传送到叶面，完成其生理活动，最后由叶面散发水分，这个过程称为蒸腾作用。植物需水量的大小取决于植物蒸腾率的大小。因此，养护时，应该多久浇水，浇水的多少由3个因素决定：土壤类型、气候条件和植物的生长阶段。

土壤类型：黏土的颗粒细，水分吸收性强，排水性差，土壤容易常湿不干；砂土的颗粒大，空隙大，水分流失快，土壤容易干燥。壤土是由大小颗粒组成的，水分干湿协调，有利于浇水管理。只要浇足水分，土壤能保持一定的水分，多余的水会排掉。这一点在土壤改良时就应该完成。

气候条件：如风大、干燥、高温，需要浇水量大，浇水频率高。这是因为这样的气候植物的蒸腾作用加快，叶面的水分蒸发加快，当植物根系从土壤获得水分的量和速度跟不上叶面水分蒸发的速度时植物就会萎蔫，就需要人工浇水来补充。

植物的生长阶段：尤其是宿根花卉，从生长开始就对水分的需求逐渐增大，直到植株开花。宿根花卉在花后还要继续生长或是产生下一波花或是为下一个生长积累营养体。因此，整个生长期对水分的要求都很高，需要提供足够的水分。宿根花卉进入休眠期，对水分的需求明显降低，通常是在冬季，几乎不需要浇水。

施肥供给

宿根花卉生长所需的营养元素，有许多不能直接从土壤中直接获取，需要通过人工补充，这就是施肥。特别是新种植的一、二年生花卉，或是宿根花卉，要施用由专业公司提供的肥料，主要元素有氮肥、磷肥和钾肥以及6种左右的微量元素。

肥料的选择：人们都喜欢那些使用方便的肥料来进行花境的养护。常见的肥料有颗粒肥料和液体肥料之分。颗粒肥料，绝大多数是复合肥料，一般会含有所有的大量元素，呈丸粒化的，袋装或盒装。这些肥料主要是缓释肥料，会随水慢慢溶解，让植物根系慢慢吸收，使用的时候非常方便，只要按肥料的说明，大约每平方米的土壤加入50～100g的复合肥。按比例混合在土壤种植层或直接在养护时撒在土壤表面即可，作为基肥。液体肥料，瓶装。一般是速效性的肥料，特别是微量元素的补充，可以随浇水一起施入土壤的根系附近，作为追肥以免流失。

施肥的频率和施肥量取决于植物种类和花卉的生长季节。花境中的宿根花卉，比起一、二年生花卉，需要更多的基肥，供宿根花卉连年不断的生长需要，宿根花卉能在根系和茎秆内储存养分。宿根花卉除了需要更多的基肥，现代栽培技术比较提倡每次的浇水中都含有肥料，其浓度或施肥量随着生长量的增加而提高。但是对于宿根花卉还有两个重要的追肥阶段需要特别关注。一是每年刚开始萌芽生长的季节，即早春的追肥。早春追肥对氮肥的需求较高，建议使用含氮较高的复合肥料，氮—磷—钾如5-10-5，或10-10-10。另外，在宿根花卉开花后，宿根花卉需要继续生长，形成分枝，并为下一年储存养分，再一次的追肥非常必要。

覆盖

花境，特别是初建的花境，种植床会有空隙，尤其是冬季。可以用覆盖物覆盖裸露的土壤表面，通常是一层有机物质，就像毯子一样保护着土壤表面，保持土壤的湿润，土表的疏松，覆盖物有助于抑制杂草的生长，有机覆盖还能逐渐分解进入土壤，起到改良土壤的作用，铺设整齐的覆盖物能使花境景观更加精致。在炎热的夏季，覆盖物能保持土壤温度冷凉。但春季过早地进行覆盖，会延迟土壤的变暖，减缓植物的生长。

覆盖物不宜是过紧密的物质，影响水分渗透，也不能太轻或太松而易被风吹走，有观赏性则更好，但必须控制成本。各种腐叶土是最好的覆盖材料，湿润的泥炭也是不错的覆盖材料，树皮制品也有应用。覆盖物的厚度宜在3～5cm，覆盖到植株根系周围即可。

更新复壮

宿根花卉生长旺盛期的周期长短因种而异。尽管少数宿根花卉的寿命很长，如芍药。但大多数宿根花卉需要每隔几年重新翻种一下，以保持宿根花卉的繁花似锦。当出现下列现象时，说明植株的生长势衰弱：植株的枝叶生长过密，茎秆纤细，花朵瘦弱，植株中心的枝叶变小，开花量减少或不开花。对于那些进入衰弱期的宿根花卉需要进行及时的更新复壮，才能使花境内的宿根花卉保持或重新发挥其观赏的作用。宿根花卉的更新复壮包括两

花境中生长健壮的黄金菊，分枝多而均匀，开花量多而密集

花境中的黄金菊生长衰老，分枝能力降低，花量明显稀少，植株需要更新复壮

个方面：

一是植株的更新：有些宿根性强的，即寿命较长的种类，如萱草、鸢尾等，可以将生长过密的衰老植株挖出来后，将过大的植株分成若干个小丛，将所有过衰老的枝叶，特别是带病的老根修去，然后重新种植到花境的对应位置。植株的更新复壮，可以结合分株繁殖。有些宿根性弱的，寿命较短的种类，如金光菊、林下鼠尾草等，通常每隔几年（通常3~5年，与当地的气候与栽培管理有关）就直接更换新的植株。有些宿根花卉是属于需要调整的，尤其是花境营建的初期，对那些生长不适应的宿根花卉，或株形、花色、花期等观赏性不协调的宿根花卉可以直接更换新的种类进行调整和优化。植株更新的合适时间与宿根花卉的种植时间相同。

二是土壤的更新：宿根花卉生长衰弱的原因不仅是植株生长过密，其实经过几年的生长，土壤也需要更新。在挖掘衰老植株的地方，其土壤经历数年的生长，土壤的结构在变化，一般会变细，通气排水能力差，土壤肥力下降。可以加一些介质土壤，改善土壤的结构，适当加入些复合肥

花境中的宿根福禄考，生长衰老，枝叶暗淡无光泽，需要更新

花境中的宿根福禄考，生长健康，分枝匀称，叶面富有光泽，生机勃勃

更新好的老鹳草

不耐寒的宿根花卉，清理更新往往在生长季节开始时进行，如美人蕉和大丽花

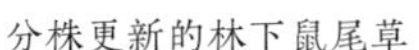

分株更新的林下鼠尾草

花境植物更新的同时进行土壤更新

料，在耕翻土壤层内提高土壤肥力，必要时可以更换土壤。

越冬防护

特别寒冷的北方地区，厚厚的积雪就像毯子保护着宿根花卉越冬。大多数耐寒的宿根花卉是不需要做特别的越冬保护，只要在秋冬季节，霜冻来临前将地上部分的枝叶修剪干净，特别是秋暖时发出的嫩枝要及时修除，减少施肥、浇水控制其生长，使植物准备好越冬就可以了。

对那些半耐寒的宿根花卉，除了以上的必要处理，需要做一些覆盖的越冬防护措施，也称“壅土”。秋冬季节，可以用一些如稻草、腐叶土之类的材料，覆盖在修剪后的植株上，也可以起到御寒的作用。第二年春去掉这些覆盖物的时间要特别小心，避免嫩芽受晚霜的冻害。

病虫害防治

花境中的宿根花卉只要预防措施得当，即有良好的栽培习惯，病虫害的危害非常少，这些栽培措施包括：

（1）保持花境植株周边的环境整洁，良好的土壤，均衡的施肥、浇水，保持植物生长健壮，避免徒长枝的产生，提高植株的抗病性。

（2）选择抗病虫的品种，现代的花卉育种在这方面的进展明显。

（3）利用好生物防治，保持一定量的有益昆虫、鸟类，甚至小动物，可以降低一定量的害虫。

（4）经常检查植株，一旦发现病虫危害及时处理，及时清除患病植株，以免传染。

（5）保持植株间的空隙，增强通风，保持合适的土壤湿度，可以降低霉腐病的发生。

（6）一旦发现病害，主要是细菌或真菌性病害，可以用杀菌剂防治。但病毒危害则无药可施，必要时立刻将病株拔除并销毁。

（7）秋冬季节清理杂草、枯枝、残花等，减少病虫害的越冬场所，降低下一年的病源。

03 维持良好花境景观的养护

花境的养护，如果说80%的作用是为了保持花境植物的正常生长，那么，还有20%除了维持植物良好的生长，则是为了提高花境的景观效果。这方面的养护措施如下细述：

除草

花境养护中除草是最经常性的工作之一，我们知道只要有植物生长就会有杂草。施工时土壤准备工作做得越好，就可以减轻日后除草养护的工作量，也有助于防止杂草蔓延，以免日后的杂草丛生。花境内的杂草不仅对植物有害，会带来病虫害，或和植物竞争生长空间和土壤中的养分。同时，杂草过多，会大大影响花境的景观效果。尤其在秋冬季节，大多数宿根花卉经过修剪等措施，以相对较小的植株准备进入休眠期。主要花境种植床的土壤表面会有许多空隙，这些空隙容易被杂草占据，使得花境景观凌乱不堪。

除草是花境养护的经常性工作，包括春、夏季节的植物生长期和秋冬季节植物进入休眠期。除了良好的栽培措施，人工及时的除草也是必不可少的工作，除去的杂草必须集中收集处理，可以降低病虫害传播的风险。需要安排专人负责花境的除草养护。

长期以来人们最不接受宿根花卉的

宿根花卉如松果菊到了秋冬季节，将进入休眠期，枝叶枯萎，如不及时清理易产生危害

邱园内养护技术人员在精心剔除所有的杂草

枯萎的松果菊会产生空隙，杂草丛生

清理后的松果菊，场地整洁有序

在花境养护中，除去杂草是一项技术性工作

除去的杂草需要集中收集处理（英国的花园内）

除去的杂草需要集中收集处理（上海辰山植物园）

除去的杂草需要集中收集处理（加拿大的布查特花园）

枯叶期的这种景象。其实人们是不接受杂乱无趣的杂草和未经整理的枯枝、残花，以至于影响了宿根花卉在花园中的应用。这一点在我国的花境营建中需要为之加倍努力，对花境的空隙和宿根花卉的休眠期，我们首先要认知，然后能接受，最后达到能欣赏。经过精心的除草养护，花境内欣赏花境不必等到盛花时，萌动的嫩芽，含苞的花蕾，时花时叶，别样的景致，同样的精彩，时时处处彰显花境特有的自然美。

扶枝

扶枝是花境养护的主要工作，其目的主要是为了防止植株较高的花卉倒伏，既影响植物生长又不雅观。有些花卉如大花翠雀，由于高耸的花序盛放时，常常容易倒伏，所以必须有扶枝措施。几乎所有株高在150cm以上的宿根花卉，当有风雨横行时，都需要有扶枝措施。早春在宿根花卉刚萌芽期是扶枝的最佳时期。

扶枝是为了保持植株的直立生长，维持植株茎秆的挺拔，扶枝更是为了提升花境的景观效果。既然这样，花卉种类多种多样，扶枝的方法和材料也有所不同，所有的扶枝措施都会考虑扶枝效果和美观性，往往采用各种隐蔽的措施。

国内某花境到了冬春季节，宿根花卉的枯枝残花依存，种植床内杂草丛生，周边的草坪枯黄，没有观赏性

同样冬春季节的布查特花园内，宿根花卉的残花、枯叶被清理掉了，周边的草坪浓绿而整洁，背景中的花灌木已开放。整体呈现出早春的景象

花境内的每株宿根花卉处于整洁的场地中蓄势待发，生机勃勃

花境后面部位的金光菊成片倒伏

金属网架进行扶枝措施的大花翠雀

修剪下的树枝常被用作扶枝的材料

1	2	3	
4	5	6	
7		8	9

扶枝方法

图1 金属网支撑法，适合大多数种类，如宿根福禄考

图2 金属网固定后，宿根福禄考能正常生长

图3 当宿根福禄考开花时，金属网隐藏于枝叶、花丛中

图4 简易的金属架支撑的大花翠雀

图5 金属网支撑的大花耧斗菜

图6 金属网的外形可以变化，根据组团配制金属网

图7 金属棒加麻绳围捆的支撑方法，操作方便

图8 花卉生长后，麻绳会被隐没，几根金属棒也不太碍事

图9 金属架也是藤本植物在花境内应用的支撑物

10	11	12	13	14	15
16	17	18	19	20	21
22	23	24	25	26	27

图 10 金属架支撑的铁线莲，花繁叶茂
图 11 竹竿牵引是最简易的支撑方法，后期如何隐藏竹竿是关键
图 12 竹竿牵引的大花翠雀正在生长
图 13 高耸挺拔的大花翠雀都有竹竿的支撑
图 14 用修剪下的树枝编织成网状支撑，看起来更环保
图 15 树枝网支撑物内的珠光香青正在生长
图 16 被支撑的珠光香青盛花时，树枝网被完全隐藏
图 17 花被树枝网支撑的凤尾蓍，直立挺拔，花朵盛开
图 18 凤尾蓍的下半部是由树枝网扶持的

图19 树枝编织成各种形态，操作简单，适用性广
图20 树枝网也可以按组团的形状编织支撑架
图21 用树枝直接插入花丛中的土壤，初期形似落叶的灌木，宿根堆心菊的枝叶在树枝中生长
图22 堆心菊充分生长，开花时，树枝便成了隐秘在中间的骨架，起着支撑作用
图23 树枝做支撑，方法简单，但需要选择和处理好树枝
图24 技术人员强调，宿根花卉的扶枝，所有的宿根花卉开始萌芽的早春是最佳时期
图25 树枝支撑适合丛生性强的花卉，支撑用的树枝需要深深地插入土壤，借助铁棒工具是非常必要的
图26 树枝支撑的宿根堆心菊
图27 生长开花的蓼，花繁叶茂

摘心

花境内的宿根花卉，经过长期的生长，其生长势不均衡，有的生长细弱，有的生长过旺，茎秆徒长。有的枝条留有开败的残花，影响着后续开花，有的枝叶会变得杂乱无章，枝条上端沉重，并出现病虫危害的枝叶等，这些现象不仅影响植物的正常生长，也不利于植株续花能力，影响花境的景观效果。摘心养护就是对以上现象进行人工干预，起到三个方面的作用：摘除枯枝烂叶、残花，保持植株枝叶健康；或摘除生长不利的枝叶，促进分枝，平衡生长势，保持植株良好的株形；或摘除残花，促使重新分枝，形成二次或三次开花，保持植株开花不断。这里讲的摘心更类似于修剪，操作时主要有两种手法。将枝条一部分摘除，称为“短截”；从基部将整个枝条除去的称为“疏枝”。

花境养护中这两种手法都会用到。有些宿根花卉，如松果菊开花后，将残花剪除，35天左右能再次开花，每个生长季可以开2 ~ 3次花，所以花卉修剪可以大大增加花卉的观赏期。对那些枯枝、病枝以及为促进分枝的，需要进行短截。而对那些生长过于旺盛的枝叶，过老化或木质化的枝叶，则要进行疏枝。通过摘心，可以调节植物生长均匀，各种植物在花境中能够充分发挥作用，展现各自的美。

花境内的宿根花卉生长过旺，拥挤不堪，植株基部的枝叶开始枯黄

疏枝修剪

图1 墨西哥鼠尾草，生长非常茂盛，基部老化快

图2 老化的枝条基部会萌发出新枝

图3 将老枝从基部开始修剪清除的方法，即为疏枝。新抽生的枝条会迅速生长

1 2 3

松果菊短截

1	2
3	4
5	6

图1 松果菊的盛花期在6月中下旬

图2 2014年7月7日松果菊已进入末花期，修剪可以促进二次开花。将左边一半的松果菊采用短截修剪，与右边形成对比

图3 7月7日修剪采用短截，即枝条留3～4节芽，将以上的枝条剪除

图4 8月12日被修剪的松果菊，修剪后的第35天，第二次开花

图5 二次开花的枝条，常由近短截处的叶芽抽生

图6 短截后，所留的叶芽会抽生新枝，植株丛生性增强

6 月 20 日，花境内的花卉种类丰富，但生长极不均衡

到了 10 月 10 日，该花境内原来不起眼的墨西哥鼠尾草，生长过猛，如不及时干预，会进一步侵占其他花卉的位置

清除残花

自然界花卉植物一旦开花就会结果产籽，当年也就不会继续开花，残留的花朵很快失去美感。花境养护中，把那些开花后没有观赏价值的残花，在结种子前摘除，一方面清理了残花，提高了花境的观赏性；另一方面摘除残花后，许多宿根花卉能再次开花。如松果菊，等第一批花开尽后，进行修剪，一般35天左右，可以再次开花。

修剪整理

花境景象的活力始于春季，依次进入春夏的繁花似锦，以及夏秋的鲜花盛放，到了秋冬季节，花境中的宿根花卉都会结实产籽，枝叶逐渐变黄、变枯，慢慢凋零进入休眠期。这也是花境中宿根花卉景观最受质疑的部分，本来应该是植物的自然季相，但在花园的有限空间内，人们无法接受这种枯枝、残花的零乱景象。这时花境养护的重要工作是通过修剪整理，一方面保持花境的整洁；另一方面，除去枯枝、残花和各种不良的枝条，可以有效清除许多病虫害源头。

穗花婆婆纳开花后，左边的残花留在植株上，既不利生长又影响美观；右边的将残花清除，效果就改观了

经过修剪整理后的大花翠雀

将所有枯枝、残花全部清理，只留基部的嫩枝、嫩芽

修剪整理是花境养护最重要的工作之一，可以保证花境的观赏效果不因残花而减弱，同时也是保证新的花朵能不断开放。除了平时花后随时的修剪打理，每年的秋冬季节霜降来临时需要进行较大的修剪整枝工作。在平时的养护过程中就要做好，花境植物的整理、控制和调整计划。决定哪些花卉需要分株，哪些需要控制株形的大小，哪些品种需要更换，等等。对于一些常绿或半常绿的宿根花卉种类，花后修剪仅需除去残花和枯黄的枝叶。但多数宿根花卉进入完全休眠时，植株的地上部分完全枯死，枯枝烂叶，既不雅观，影响花境景观的观赏性，又会影响生长，易引起病虫害，因此必须清除。结合除草，使整个冬季花境内的植物休眠而不荒凉，每株苗均处在蓄势待发，等待着又一个春天的到来。花境的养护工作十分烦琐，但当花境中的花卉，因养护得当，植株健康生长而展现美丽时，真正的园艺师会乐在其中的。园艺师的辛勤工作就是这个花卉景观乐章的指挥者。花境众多的植物品种应该各司其职，不会有某种植物喧宾夺主，当植物的花期结束了，但还有很多其他的花朵正在盛开或者含苞待放。没有良好的养护工作，如274页下图的墨西哥鼠尾草那样带有侵占性的生长，花境会很快失控，如大型植物成为优势种，会摧毁或扼杀一些小型植物，有时一些精美纤弱的植物，往往是你想拥有的珍贵品种，所以必须提供必要的生长空间。没有一种植物会是永远的主角，随着季节的交替，不同植物会展现其美，直至霜降。花境的美妙在于可以将植物之间的差异和组合运用到花境景观中，并随着花卉整个生长季节而变化的。所以花境景观不仅仅是一瞬间的视觉效果，单一的花朵再美也会随着开放而消亡，之后别的植物取代它的位置，同时也可以对植物的位置进行改变，如果你不喜欢这种组合，可以重新来过。花境的这一修剪整理，常常是3～5年小调整，10年一次大调整。每次的调整是一个优化的过程，而不是简单地恢复原状。这是因为经过常年的养护，即便同样的种类，其品种也在更新；还有种植设计的理念将会更新。所以可以与花园一直保持互动下去，永无止境。花境工作不会出现说“好了，完成了！”花境的养护工作是一个不断改善和趋于完美的过程。

上海辰山植物园内花境的宿根花卉进行了修剪清理

花境内秋冬季节修剪整理后的荆芥

早春季节，修剪整理后的穗花婆婆纳

花境植物的补充种植

每年冬春季节是植物生长最弱的休眠期，却是花境养护最忙的时期。除了修剪整理、植株的更新复壮、植株的翻种、花床的除草等工作外，还有一项重要的养护措施，即花境植物的补充，如球根花卉的混栽。秋冬季节的修剪整理，宿根花卉进入休眠，杂草被除净，花境的植床会出现较大的空隙，这些空隙会一直延续到第二年的春季。这些空隙内可以在秋冬种植一些球根花卉，最常见的有大花葱，当然也可以是郁金香、水仙等。这个季节的补充种植，也可以种植些早春开花的、不耐高温的宿根花卉，如大花翠雀、耧斗菜、毛地黄等的小苗或半成品苗。

这些球根花卉在早春就会萌芽，并迅速开花，使花境在宿根花卉尚未萌芽、生长前就增加了一次绚丽的花期。花境的观赏期提前了一个季节。秋冬种植球根花卉是花境植物补充和优化的重要养护措施，混合种植其实是花境植物配置的丰富和优化调整，由此发展了混合花境。

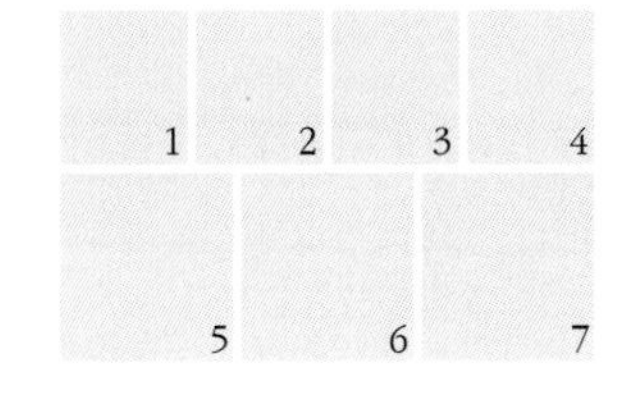

宿根花卉混合种植

图1 前一年秋冬种植的郁金香，第二年3月20日左右开花。郁金香的下面松果菊正在萌芽，抽叶

图2 郁金香在4月10日进入盛花，其下面的松果菊枝叶也见长

图3 松果菊春季生长迅速，到5月中旬，生长茂盛的松果菊早已将早春的空隙和郁金香残株覆盖了

图4 松果菊到了6月中旬进入了盛花期，景观效果非常壮观

图5 冬春季节用球根花卉补充种植宿根花卉的空隙是花境常态的养护工作。国外也为之，图为英国花园内的郁金香

图6 当球根花卉花期过后，如宿根花卉生长仍未覆盖空隙，可以将球根花卉，如郁金香的残花剪除，保留叶片。这个阶段本来就比较空旷，精心的养护都能加分，如整齐的剪口

图7 整齐一致的郁金香枝叶，覆盖了相对大的空隙，显得异常珍贵

04 混合花境，花境景观的延伸与拓展

混合花境，花境中除了宿根花卉再加入其他类型的植物形成的花境，即非纯粹的宿根花卉花境。这类花境好像是花境低维护、持久性和生态性的良方，特别是花灌木的混合花境，常被说成是养护方便，更加长效的花境等，这样的认识和理解混合花境是片面的，并没有抓住混合花境的本质。大迪克斯特（Great Dixter）被认为是最早出现混合花境的花园之一。混合花境的真正目的是增加花境景观的观赏性，是宿根花卉景观的延伸与拓展。花境里混栽其他特别形状的植物、常绿的质感、持久的色叶、不同的花期，甚至可观的果实等，混合那些宿根花卉缺失的部分，起到丰富花境景观的作用。因此，学习和营建混合花境应该了解，混合花境不仅是混入花灌木，应该包括了各种花卉类型，每混合一种花卉都有其独特的作用。用于混合花境的花卉种类与作用分述如下：

花灌木在混合花境中的作用

花境中要混入花灌木，需要特别谨慎，花灌木的花期短，体形大，会占掉相当部分的花境空间，使得花灌木混合花境的色彩艳丽程度难以与纯粹的宿根花卉花境媲美。花灌木混合花境适合有一定宽度的花境，宽达4m以上，较

花境内的黄花牡丹、灌丛月季等花灌木是花境的骨架

大迪克斯特花园内著名的长花境是个典型的混合花境，各种花灌木、甚至针叶灌木与草本花卉混合的花境

宽大的花境，花灌木可以起到构建花境的骨架，宜采用常绿的，或质地细腻的花灌木，如柏树、杉树、紫叶小檗、红栌、荚蒾等，需要考虑这些花灌木的形状、质地、叶色，包括花朵和花期。当然花灌木也是组成花境背景的主要植物材料，选择的花灌木与起骨架作用的宿根花卉类似，作为花境的背景，其实已经不是花境的主体了，但从景观上看仍是花境的一部分。在以建筑墙面为背景的花境，种植贴墙的花灌木，如果树类和木质藤本花卉铁线莲等，可以大大丰富花境的背景，并增加花境的层次感。花灌木的花期与宿根花卉的花期差异，可以大大延展花境的观赏期，尤其是早春，如桃花、樱花、海棠类等先花后叶的花灌木，以及喷雪花、荚蒾等种类能延长花境的观赏期。除了早春，也有初夏的紫花茉莉，夏秋季节的醉鱼草。有些花灌木，要么形态特异，如柏树、枫树等，为了使花境保持较好的观赏性，特别是冬季，常绿的花灌木造型会有助于冬季的景观。要么花朵艳丽，混入花境极易形成花境的焦点植物，如专类花卉的月季花花境。

建筑墙面的花境背景，那些贴墙栽培的花灌木，如欧洲茶在早春已开花，可以增加花境背景的效果

花境中配置的花灌木，宜采用与宿根花卉花期不同的品种，特别是在少花的冬春季节

上海岭南公园的花境，花灌木起着花境背景的作用

花灌木的株形比草本花卉更容易成形，如球形的紫叶绣线菊

以月季为主题花卉的特色花境

球根花卉混合花境

花境中混入球根花卉已成为花境养护的一项基本工作。主要的作用有两个：首先是花境中早春观花的主要花卉；其次是每当秋冬季节，宿根花卉地上部分枯死，球根花卉的补充种植可以填补宿根花卉的季节性空秃。大花葱是花境中应用最多的球根花卉，其他的秋植球根花卉如郁金香、水仙等均有种植。

观赏草混合花境

观赏草是近年来兴起的花卉类型，其实也是多年生草本花卉，只不过是以观叶为主的特殊类型的花卉。花境中混栽观赏草有着特别的效果，主要有：协调花朵与叶丛的平衡，所谓红花也得绿叶扶，说得就是再好的花朵也离不开绿叶的相衬，花境景观上再大的花量也需要叶丛的陪衬，观赏草的陪衬可以起到稳定的平衡效果。观赏草无论是叶丛还是花序，所特有的质感能给花境的景观增添独特的效果和景象。秋冬时节，花境中的宿根花卉大多进入凋零，而观赏草的叶色或橙黄，或橙红，随风摇曳，在阳光的映衬下闪烁，展现出浓浓的秋意。

春季郁金香等球根花卉可以很好地填补宿根花卉的空隙，又增加花境春季的景色

威斯利花园的混合花境：观赏草起着宿根花卉的陪衬作用，形成花叶并茂的和谐效果

巨花针茅独特的株形与前后的俄罗斯糙苏和超级鼠尾草形成了强烈的质感反差

花境的观赏草交替出现，可以在宿根花卉生长衰弱时形成别样的秋色

一、二年生花卉混合花境

花境的营建强调了宿根花卉，是基于花境景观的稳定性和持久性，而景观的营建并没有排斥一、二年生花卉。混合一、二年生花卉，可以在花境中补充不耐寒的一年生草花，如波斯菊、醉蝶花等营造特别的花境。一、二年生花卉作为花卉类型中园艺化程度最高，即拥有大量的园艺品种，可以在花色、花期、株型和局部的空秃方面丰富花境的景观。如在我国的大部分地区，大花飞燕草、毛地黄、羽扇豆等都是一、二年生栽培的，种植在花境中，竖向的变化和亮丽的花色是一般宿根花卉无法比拟的。一、二年生花卉比较容易营造盛花效果的花境景观，只要在配置时尊重花境追求的自然景观的原则，与其他的宿根花卉协调一致就好，英国尼曼斯花园（Nymans）内的对称式花境就是一个典型的盛花花境的案例。

花境的生长季节，补充一年生小苗，如波斯菊

竖线形的花卉，如醉蝶花虽不是宿根花卉，但也可以补充种植，丰富花境花卉的品种

秋季局部籽播些二年生花卉，如虞美人，可以增加春季花境的景观

竖向花卉品种飞燕草、毛地黄和金鱼草是三大花境植物，是否是宿根花卉并不被关注

前排的草花造就了如此艳丽的尼曼斯花园的花境，是宿根花卉和一、二年生花卉混合的典范

第六章

花境的案例与解析

01 国内花境案例

杨浦公园花境

杨浦公园位于上海市杨浦区中部，面积22.36万m^2。公园始建于1957年初，1958年1月24日建成开放。公园整体布局模拟杭州西湖景观，以水面为中心，用桥、亭、廊、花架等园林建筑与植物组成各个景区，公园内有树木180余种，乔木高大挺拔，灌木郁郁葱葱，地被植物种类近30种，遍布公园的各个角落，使公园呈现“春有绿，夏有荫，秋有果，冬有态”的景象。杨浦公园的花境是最早参与上海市公园系统评比的花境之一。

2009年春季，花境最初创意是想打造一个“观赏草”主题花境。当初花境没有取得较好成绩的原因是，花境的场地选择不适合，光线明显不足，花境的主体与花境的背景不清晰，难以体现花境的景观效果（图1）。如花境的层次感，花境的色彩感，花境的季相变化等。

公园方面，每年试图努力提高花境的质量，到了2012年，也只能临时添加些时令草花，增加些花色，树荫下的开花植物难以持久，花境的整体效果难有起色（图2）。

2013年早春，公园方面开始按花境的要求重新选择花境的位置。图3是上海公园中最常见的绿地类型，即树丛，林下麦冬地被和大草坪组成的绿地。这样的绿地，缺乏色彩和景观的季相变化。其实这是花境的理想位置，并能大大改善和提高整体绿地的景观效果。确定了良好的位置已经是花境成功的一半。将树丛边缘的麦冬和部分草坪除去，保证花境的种植床有一定的宽度，一般至少3m以上，结合土壤改良和地形处理（图4）。同时适当调整树丛，使其成为花境的背景，包括草坪的重新养护。

重新营建的花境景观开始呈现，图5是2013年春季的

图1 2009年5月最初的花境

图2 2012年，花境临时补充草花来增加色彩

图 3 上海公园中最常见的绿地类型

图 4 场地经土壤改良，并划定花境区域

图 5 2013 年春季的景观

图 6 2013 年夏秋的花境景观

图 7 春季花境内较多的草花，景观异常艳丽

景观，图6是同年夏秋的花境景观。无论何时，花境景观使该区域的整体植物景观有了明显的提升。当然，花境的整体有着明显的临摹阶段的特征，花境的色彩亮丽，花卉植株的种植密度很高，季节性的草花应用比例较高（图7、图8）。

到了最近的2020年，花境的养护维持得较好，包括草坪，花境内的色彩没有那么亮丽了，但宿根花卉的比例明

图8 夏秋的花境也补充了不少草花，实现了季相变化

图9 2020年的花境内宿根花卉比例在提高

显提高了，种植密度略有下降，植物的组团更显自然，花境在朝着成形阶段的花境发展（图9）。接下来需要提高的是如何选用宿根花卉的优良品种，以及如何优化植物配置，减少花卉的更换，做到花境景观的季相变化。

（本花境设计、施工、养护的主要管理人员：吴青汶、沈小妹、史仁雄）

和平公园花境

和平公园，位于上海市虹口区中部偏东，公园占地17.6万m^2，其中水面面积为3.3万m^2。1958年8月兴建，原名提篮公园。1959年在园内塑造象征和平的大型石雕和平鸽，更名为和平公园。公园为一座以传统园林风格为特色，游客集中度较高的公益性、服务性，免费对外开放的综合性公园，平均每天游客都在万人次以上。建园初大多种植速生树，树种比较单调，以后逐年调整和增设花坛。

公园的花境营建较晚，始建于2013年，花境在公园的路边，花卉的种植床更似岩石花园的基础，床内花灌木有些杂乱，不利于花境植物的配置（图1）。到了2018年经过5年的生长，花灌木的占比增大，花卉不仅需要年年更换，占比也在缩小，花境效果无法提升（图2）。

其实，公园内有大草坪（图3），就草坪而言，没有树丛之类可以作为花

图1 公园路边的花境

图2 公园路边的花境

图3 公园的草坪树丛前，沿着道路边缘是设置花境的场地

图4 花境内的球根花卉形成了第一波花期

图5 被保留的园路

图8 花境内植物配置优化后的效果

图6 花境初夏景观

图7 花境夏秋景观

境的背景，但隔路相望便是人工山丘，有较厚实的树丛，这种绿地在城市公园内还是比较常见的。公园巧妙地在草坪贴路边种植花灌木，作为花境的背景骨架，如图4，一方面很好地将路对面的树丛借景成良好的花境背景，园路不受任何影响；另一方面，选择早春开花的花灌木，

图9 花境内花卉形成的丰富层次

结合花境内的球根花卉，形成了花境春季的第一波盛花景观。

花境的植物配置，在努力地营造花境的季相变化，图6、图7是2019年晚春初夏和夏秋的花境景观，花境的背景和前面的草坪效果良好，花境主体的层次也已形成，但花色的变化还是欠佳。2020年的春夏，花境经过一年多的调整，花境的植物配置明显有所提升，宿根花卉的优良品种增加使用，更加注重配置的技巧，焦点花卉组团的重复，如松果菊、矾根、宿根福禄考等，增强了花境的整体感和韵律变化。花境的层次也丰富了，宿根福禄考、美人蕉、穗花牡荆正在盛开，但结合了观赏草的花与叶的协调、平衡，更加地自然，中间的墨西哥鼠尾草和旁边的松果菊会在夏季和秋季交替绽放。

（本花境设计单位：上海长远园林发展有限公司、上海恒艺园林绿化有限公司。主要施工、养护人员：王璇、陶立旻、张伯伦等）

闸北公园花境

公园地处上海市静安区（原闸北区），1913年3月20日，中国伟大的民主革命先行者宋教仁在上海火车站被刺客刺死。为纪念宋教仁，1924年6月在上海老闸北辟地百余亩建成宋公园。1950年5月28日易名闸北公园。

公园的花坛，特别是花境起步非常晚，最初的花境，始于2010年，由负责公园建设和养护的上海绿金绿化养护工程有限公司设计与施工。可以看出当时的花境非常简单，问题诸多，成绩平平，几乎没有什么技术可言。第二年，公司按照花境的基本要求，结合公园的绿地条件，重新选址于古戏台后三岔路口的大草坪上，有着良好的水杉林背景，并且游客视觉也容易触及，具有良好的观赏视角。更关键的是公司还决定指派专门技术人员负责花境技术攻关。花境在当时，对于公司来讲是全新的技术。

花境长78m，顺着树丛呈圆弧形，在前方的气象观测点周围，形成了一个周长40m的岛状花境，两组花境合二为一，既增加了花境的观赏层次和景观的变化，又将观测装置的不利因素有机地融合。花境取名“气象万千”，巧妙地诠释了花境设计的意图。如何实现花境的景观，体现花境设计的意图，技术是关键。花境的建设初期，无论是花卉的配置，景观的层次，周边绿化的养护，特别是花境的色彩体现等等，都有待提高，经过2年的调整与优化，2013年的花境景观有了提升，特别

图1 2010年最初的花境

图2 重新选址的花境

图3 花境营造之初，各项技术有待提高

图 4 2013 年，2 年后花境的面貌改善明显

图 5 2017 年的花境，组团和花色又有了提升

图 6a 花境的春季效果

图 6b 花境的秋季效果，花境实现了季相变化

图 7 呈现冷色调的花境景观

图 8 呈现暖色调的花境景观

是花境的色彩有了明显的改善，当然，时令草花起了作用，即时效果比较容易达到。由于由专人负责，公司开始对花境质量有了进一步的要求。花境的整体养护质量，包括草坪的精细化养护，花境内花卉的自然组团与配置技术等。2017年前后的花境，已经比较完善了。

花境不仅追求即时的花色艳丽，更讲究整年的景观效果，特别是季相的变化。分别展示了春季和秋季的景色，并提出了全年观花期不少于280天的技术指标。花境景观的花色配置也更加细化，如图7是藿香蓟、细叶美女樱、柳叶马鞭草、穗花婆婆纳组成的蓝色系列的冷色调景观；图8是由红色的千日红、红花鼠尾草组成的红色系列的暖色调景观。

宿根花卉品种的应用比例是花境质量提高的关键指标，2013年依靠时令草花完成花境雏形后，技术人员在不断寻觅适合的宿根花卉品种，以后的4～5年间一直在为之努力。见图9a，花境中

图 9a 宿根花卉在花境配置中的比例明显提高

图 9b 花境中的宿根花卉实现了季相交替

的矾根，良好的覆盖性和观叶及不张扬的细花穗是一种非常合适的花境前景植物；花境中的金鸡菊、穗花婆婆纳、糙苏、八仙花、鸢尾、天人菊、紫菀、茛力花等多种宿根花卉配置成可以季相交替的开花景观（图9b）。

花境的日常养护是花境质量维持的保障，为了追求效果，种植过密和不合理的搭配，又疏于对生长的控制是常见的问题。如图10a，中间的落新妇由于本身比较弱，加上周边的美人蕉、金鸡菊和墨西哥鼠尾草生长强势，如不加控制，落新妇就容易被挤掉。同样的，图10b由于墨西哥鼠尾草生长势非常强，有相当的侵占性，其边上的天蓝鼠尾草，也容易被侵占。种植过密是初期花境营建的通病，如图10c，会导致植株互相挤压，生长细弱，特别是植株较高的品种，如天蓝鼠尾草，基部落叶，脱脚而容易倒伏。适当稀植，采取扶枝措施是防止倒伏的必要养护工作。

花境营建的初期，往往会追求花卉品种丰富度，而忽略了花卉个体表现与整体协调。如图11a花境内的花卉互相

图10a 中间的落新妇被周边的美人蕉、金鸡菊、墨西哥鼠尾草等挤掉

图10b 墨西哥鼠尾草侵占了其他边上的天蓝鼠尾草

图10c 种植过密导致植株相互挤压，生长细弱

拥挤，堆砌成一团，缺乏层次和景观的错落变化。萼距花、波斯菊、醉蝶花、千日红、墨西哥鼠尾草、美人蕉和蒲尾观赏草，每个组团清晰可见（图11b），各显其美，互相配置，既有个体的各自的美，如花色、花期，又有整体的协调美，花叶的互衬，花期的交替演绎。2020年的“气象万千”花境（图12a），与7年前（图4）相比，花境景观有了全面的提升，原来呆板的斑块弱化了，取而代之的是错落有致的自然组团（图12b）。不仅是组团的手法做到了以群（drifts）替换斑块（blocks），而且在花卉的质感，枝叶的粗细、形态，尤其植株的高低，竖向线条的营造等方面明显加强了；丰富的色彩；变化的花期，有的盛开，有的待放，以及金叶女贞的有机重复使得花境整体更加协调一致，成了可期待的花境景观。本花境在近年的花境评比中连续取得佳绩，并在2017年首届中国花境大赛上荣获唯一的最高奖“铂金奖”也属实至名归。闸北公园的花境案例告诉我们，正确的选址、创意的设计、专人负责、不断学习与完善是营建花境成功的关键要素。

（施工、养护单位：上海绿金绿化养护工程有限公司；本花境的主要设计人员：戴荣强、全丰仪、孙学怀）

图 11a 花境内花卉相互拥挤，缺乏层次

图 11b 花卉组团清晰可见，互相协调

图 12a 2020 年“气象万千”花境

图 12b 错落有致的自然组团

清涧公园花境

清涧公园位于上海普陀区万镇路，为清涧大型景观林带，原址为垃圾堆场和苗圃。公园于2004年3月建成开放，公园面积很小，不到2万m^2，是金鼎路景观道路上大型绿地系统链的重要组成部分。

清涧公园在上海的公园中属于较新的，但其花境却是比较早的，始建于2006年，应该是上海地区最早的花境之一，这个时期的花境至今仍然保持良好的景观已屈指可数了，究其原因：花境的建设与花园的建设同步，花境的选址非常合适是重要原因之一。花境位于公园的大门入口，前景为开阔的大草坪，背景是浓郁的树丛，以常绿的广玉兰，落叶的银杏和三角枫等组成了天际线变化明显的花境背景（图1）。花境的景观非常容易突显，特别是养护细致的草坪，给花境增色不少，这样的先天优势，在上海地区公园系统的花境评比中屡战先机，数拔头筹。

2009年花境建设之初，无论是花境部分还是背景部分并不出挑。即便是花色也是靠普通的孔雀草来提升，补充的斑块也比较机械、呆板。花境的色彩仰仗于时令草花的补充。失去草花的夏秋，色彩也随着褪去。

花境设计的主导思想是以花灌木为主的混合花境，旨在建立花境结构稳定的长效花境。特别是在2009年之后，在原来的花境中逐步加入木本植物作为骨架。分别有树形圆直、色彩粉蓝的蓝冰柏；宝塔形的柏树，各种

图1 清涧公园花境的位置、花境背景、陪衬的草坪与绿地协调一致

图 2a 2009 年花境建设之初

图 2b 用草花补充色彩

图 3a 时令草花的盛放，绚丽灿烂

图 3b 褪去色彩的花境，暗然失色

球类的花灌木，紫红叶的檵木，金黄色的女贞球等穿插在花境之中；包括观赏草，以取得稳定的花境骨架。花境植物的配置也注重色彩的变化，大体量的墨西哥鼠尾草和美女樱，形成蓝色的冷色调；金叶绣线菊、石竹、黄金菊和粉红美女樱组成暖色调。

这个早期的花境，加上后期调整的重点在背景或是添入花灌木，导致花境的主体与背景不清晰，花境的主体宽度有限，偏窄，这对于以花灌木为特点的混合花境是不利的。一方面，通过草本花卉提升花境景观的空间变得非常有限，狭小。一、二年生花卉，即使色彩亮丽，也只能起到类似镶边的作用，花境中的花灌木更像是背景树丛的增厚。由于空间变窄，时令草花的组团难以做到变化自如，显得机械、呆板。宿根草本花卉应该是花境的主体，天蓝鼠尾草、美人蕉、紫菀等宿根花卉占据了主体，花境的景观就自然，富有变化。适生的宿根花卉生长会非常旺盛；狭小的花境空间，很快难以容纳而变得拥挤不堪。

图 4a 花境中的蓝冰柏

图 4b 花境中的柏树

图 4c 花境中的灌木球类

图 4d 花境中的观赏草

图 5a 花境冷色调景观

图 5b 花境暖色调景观

图 6a 亮丽的草花，更像是树丛的围边花带，缺乏层次

图 6b 草花组团斑块痕迹明显，不够自然

图 7 宿根花卉占据相对主体时的花境，层次丰富，景观自然

图 8 宿根花卉生长旺盛，需要一定的宽度和空间

图9 空间狭小，花卉生长拥挤

图10 花境的主体被添加的花灌木占据，成了树丛或灌木丛

混合花境中如加入花灌木，其基本要求是花境的主体比较宽，通常在4m以上。清涧花境的意图是花灌木混合花境，稳定的花灌木会占据较大的空间，这样留给草本花卉，或宿根花卉的空间就更小了，这就是混合花境需要特别注意的技术要点。

（本花境的施工、养护单位：上海普陀区园林建设综合开发有限公司；主要技术人员：陈祎波、严清、须磊）

上海植物园花境

上海植物园位于徐汇区西南部，前身为龙华苗圃，是一个以植物引种驯化和展示、园艺研究及科普教育为主的综合性植物园。1974年筹建，1980年1月1日正式建园，占地81.86万m^2。展览区设植物进化区、盆景园、草药园、展览温室、兰室和绿化示范区等15个专类园。上海植物园作为专业公园，在全市公园系统的花境评比中并没有优势，包括整个植物园内适合设置花境的场地并不容易找到，以至于起初的几年里，花境的效果并不理想。

直到2013年，花境的位置被调整到展览温室的路旁，花境开始有了模样，但是在花卉品种的配置与种植组团方式方面显得并不理想。花境的植物层次，色彩的表达，特别是留白的作用等，存在诸多有待提升的地方。2015年夏秋开始利用时令草花来提升花境的色彩感。2016年的春夏，色彩的主体依旧是亮丽的草花，特别是大花飞燕草、毛地黄等，包括花境的平面曲线和边缘的覆盖物装饰等等，具有了明显的模仿痕迹。

植物园花境走过了几年的模仿期，经过技术人员的

图1 2010年上海植物园早期的花境

图2 2013年重新选择场地后的花境

图3 花境内不当的植物组团、留白

图4 花境中草花的色彩补充

图5 有着模仿痕迹的花境

图 6a 花境的宽度可以调整至红线

图 6b 花境宽度调整后，丰富了花境的层次

琢磨，觉得花境的设计太过于教条，好不容易找到了花境的位置，但场地面积受限制，特别是花境的宽度。本来就不宽的场地，还是使用曲线的花境边缘，使得花境的宽度进一步变窄，极大地影响了花境的层次变化。其实完全可以与道路协调，采用直线的花境外边，这样红线以内的空间可以大大增加花境深度，展现出花境的层次变化。2019年，调整后的花境，宽度增加，也增加了宿根花卉的应用，花境景观得到了提升。2020年初夏的花境，许多优良宿根花卉被应用于花境，松果菊的园艺品种，色彩浓烈，花量大。糙苏、八宝景天、蛇鞭菊、柳叶马鞭草、大麻叶泽兰等，使得花境丰满而富有变化。

（本花境施工、单位养护：上海植物园，主要负责人员：胡真、吴伟、任懿璐；花境最初设计单位：上海恒艺园林绿化有限公司）

图6c 花境中宿根花卉比例的提升，景观显得自然

图7 宿根花卉优良园艺品种的应用，使花境景观大为提升

上海辰山植物园花境

上海辰山植物园位于上海市松江区，于2011年1月23日对外开放，由上海市政府与中国科学院以及国家林业局（现国家林业和草原局）、中国林业科学研究院合作共建，是一座集科研、科普和观赏游览于一体的综合性植物园。占地面积达208万m^2，为华东地区规模最大的植物园，花园内各种花卉应用形式俱全。辰山植物园的花境是随着花园的发展不断地尝试与完善的，是上海地区花境的探索之地。因此，自开园先后营建了许多花境形式。

辰山植物园开园之初，2012年就以“琴键花境”参与上海市公园系统的花境评比活动（图1a）。这个“花境”由日本花园专家设计，是由一个又一个类似琴键单元组成的花卉品种收集群，与植物园的功能非常吻合。碰巧的是花境起源的两大要素之一，即是收集和展示宿根花卉的品种。花境起源的另一要素——花境的景观特征，季相变化的自然景观，这个琴键“花境”没有很好地体现（图1b）。“琴键花境”大部分季节的观赏性弱，在花境的评比中成绩不理想。据技术人员回忆，设计之初，也有“花甸”的意图。因此，没有按照典型的花境去完善。

辰山植物园分别在园内的矿坑花园、草坪的边缘营造花境。为了展现观赏的效果，使用了较多的时令草花，花

图1a 盛花时的“琴键花境”

图1b 花期过后的“琴键花境”，大部分季节的观赏性弱

图2 矿坑花园内的花境

图 3 道路树木之间的花境，整体性弱

图 4a 花境的土壤改良

图 4b 2018 年的花境效果

图 5 背景植物金光菊倒伏严重

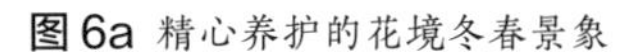

图 6a 精心养护的花境冬春景象

图 6b 花境内的宿根花卉组团，错落有致

图 6c 花境的植物此起彼伏的盛放，呈现出季相的演绎

境的景观效果有了明显的提升（图2），但是频繁的更换，在所难免。另一个花境尝试，在园内的主要游览线的两旁，设置了花境（图3）。由于花园的游览道路上已经种植了许多乔木，树荫会影响花境植物的生长、开花。由于树木的干扰，花境的整体性被打破。

2016年，尝试的一个传统的宿根花卉花境。花境以围墙作背景，前面整修一新的大草坪，花境长达60多米，宽度在4～6m，满足了花境营造的基本条件。花境营建从土壤改良开始，花境的植物聚焦宿根花卉，呈现出了花境的景观特征（图4）。此花境正处于尝试和摸索阶段，花境植物种植过密，导致植物组团间拥挤不堪，失去了自然的组团效果。对于一些较高的背景植物，没有任何扶枝措施，倒伏现象严重，影响了花境景观效果（图5）。

经过几年的摸索，营建花境的技能明显提高，特别是2021年新建的对称式花境，技术人员意识到，花境养护重点在冬春季节，花卉处于休眠和萌芽期，花境需要精心的养护，包括去除所有的杂草、枯枝、烂叶和残花，降低种植密度，为宿根花卉留出足够的生长空间（图6a，图6b，图6c）。

【辰山植物园的花境营建经历多年探索，主要技术人员：（琴键花环）稻田纯一、蔡云鹏；（矿坑花园）杨婉韵；（主流线花境）陈夕雨；（宿根花境）周翔宇、尤黎明】

上海动物园花境

上海动物园园址原为高尔夫球场。据该场几个老工人的回忆，约在清光绪二十六年（1900），英国侨民在此开设老裕泰马房，占地20余亩（1.33hm^2），民国三年（1914），太古洋行、怡和洋行、汇丰银行等8家英商购买了这块土地，民国五年成立高尔夫球场俱乐部（又名虹桥高尔夫球俱乐部球场）。1954年5月25日，为纪念上海解放五周年，定名“西郊公园”，作为文化休闲公园正式对外开放。在相当长的一段时间内，西郊公园成了几乎每个上海人儿时的记忆，也是外省游客在上海的必游景点。1980年1月1日，上海西郊公园正式改名为上海动物园。属于国家级大型动物园，占地面积74.3万m^2，饲养展出动物400余种，饲养展出动物的馆舍面积有47237m^2。园内种植树木近600种、10万余株，特别有10万m^{2}清新开阔的草坪，基本保持着50年前高尔夫球场的地形。

上海动物园的前生今世，其实为花境的营建提供了良好的绿化环境，尽管花境设置始于2009年，很快便形成了富有特色的花境，享誉上海花园系统。动物园的花境经历了10余年的发展，也是上海地区花境的缩影。

上海动物园的花境是首批参加上海市公园系统花境评比活动的花境之一。2009年4月，首次亮相的花境，完全是人们想象中的花卉布置，景点化的装饰，几乎全是时令草花堆砌而成。2010年，经过总结与学习，花境移位到了树丛的端头，形成了“D”式花境的雏形，花卉配置有了高低错落，宿根花卉也尝试应用。

2011年，经过3年的花境实践，技术人员似乎找到了感觉，动物园有利的树丛、大草坪才被利用。花境又一次移位到了比较理想的位置，花境景观特征被充分展示。花境中花卉的竖相变化，浓烈的色彩和自然的组景形式，与之前盛行的花坛相比，给业界耳目一新的感觉，备受赞誉。同时，这个花境也代表着初期花境的明显特征。花境追求即时的效果，特别是亮丽的色彩，因此不仅采用了过多的时令草花，而且花卉配置也过于集中花期，组团间的花卉几乎同时开放，忽略了花境的最主要特征——季相变化。追求亮丽的色彩效果是动物园花境一贯的做法，2012—2018年的春季花境，色彩斑斓，春意浓浓。这样的花境与优越的树丛和大草坪相配，使花境的景观尤为出挑。

之后的几年里，动物园的花境在不断改进中，主要

景点化的花境

上海动物园早期的“D”式花境

利用一、二年生草花的浓烈花色，即时效果明显，花境景观夺人眼球

宿根花卉的应用，花境显得自然而有季相变化

花境景观追求即时效果，难以形成季相的交替变化

是宿根花卉的应用和花境的层次变化以及花境的自然季相变化。宿根花卉的利用方面，主要采取两个比较独特的方法。

方法一，利用部分自播能力强的花卉混合在花境中，意在创造一种自然的交替，生生不息的花境效果。花境中的花菱草以及虞美人虽然不是宿根花卉，却有很强的自播能力，可以形成每年春季的景观。这种方式没有被广泛的接受是因为：自播的花苗，生长势过强，难以控制，有太强的侵占性；另外自播的花苗与其他种植的花卉在组团和景观上的协调性弱。

方法二，利用自然的宿根花卉，如鸢尾类、紫叶山桃草和柳叶马鞭草，这些宿根花卉的特点是适应性特别强，生长旺盛，特别是来年春季自然萌发生长的植株。这样的宿根花卉在花境的组团和配置上会出现与自播花卉同样的问题，即植株的生长势强弱悬殊，导致有些植物生长过旺，五色梅迅速侵占了几乎整个花境，导致美人蕉的衰败，八宝景天枯萎，马利筋的基部落叶脱脚等，都没有了生长空间，需要通过养护加以控制和协调，这方面也是花境营建初期容易被忽略的问题，便会成为一个技术壁垒，困扰花境的发展。

花境经过几年的调整，到了2017年前后，花境的

花境中自播的花菱草，自然交替

生长性很强的鸢尾类、紫叶山桃草和柳叶马鞭草

生长过盛的五色梅占据其他花卉的位置

拥挤的马利筋的基部落叶脱脚

层次感和花卉的组团种植与配置有了明显的提升。花境中的千日红、美人蕉、马利筋、蓝花鼠尾草、醉蝶花和柳叶马鞭草等，每种花卉的组团弱化了呆板的斑块，呈自然丰富的层次感、整体韵律感。

花境的组团与层次的营造，逐步稳定后，就开始追求花境景观的季相变化。动物园的花境在此也做了不少努力。分别展示花境的春、夏、秋三季的花境景象，不过这种季相的变化主要还是由带有强烈装饰性的更换时令草花来实现的。这种呈现静态的季节性景观的花境恰恰是花境营建初期的主要特征。

（施工养护单位：上海秋野物业管理有限公司；本花境的经历时间长，先后有几任管理人员，主要的设计、施工的技术人员：俞继红、冯鹍、莘敏霞）

花境的植物组团自然不呆板

花境的重复技术应用

花境春季景观

花境夏季景观

花境秋季景观

静安公园花境

静安公园，位于上海市南京西路，静安古寺对面。1953年改建成公园。1998年公园进行大规模改建，1999年9月25日重新开放。改建后的静安公园占地33600m²，公园面积小，但地处大上海的闹市中心，大门口有异国风情的咖啡吧等休闲游乐场所，是一处充满了都市时尚感的清新典雅，集休闲、健身、旅游为一体的都市花园。

静安公园的花境也是上海最早的花境之一，花境的外形和周边的绿化看似不错，是曾经的示范性花境。2009年的花境，由于对花境的认知在提高，发现花境存在着先天不足的致命缺陷，即浓密的树荫会影响花境中的开花植物，失去了色彩的花境将暗淡无趣。图1为了展现花境的景观效果，无论是春季，还是秋季都需要借助时令草花。2011年的春季，图2羽扇豆、毛地黄、何氏凤仙、藿香蓟、耧斗菜等组成艳丽夺目的春色景观；2012年的秋季，蓝花鼠尾草、孔雀草、香彩雀、繁星花和观赏谷子又组成热闹非凡的夏秋景观（图2b）。没有时令花卉的助阵，花境的宿根花卉因缺乏阳光而暗淡失色，枝叶生长凌乱不堪（图3）。

花境只能通过不断换花来提升花境的景观效果不是花境的营造方向。静安公园的花境只能重新选择位置，2017年新的花境初步建成，最大的改变就是花境的场地有了丰厚的树木背景和良好的草坪前景，靠着公园的路边，人流密集而且观赏视距合适。这样的绿地环境还是普遍存在的，采用各种灌木球组合成景，其实就是个灌木丛，在建花境时，开始往往是按花境的书本概念，沿着树丛边缘种植开花的草本花卉，形成花境。这样很容易出现花境的宽度不够，常常只有1～2m，太窄。花境形似灌木球树丛的镶边装饰，背景更像是主体，花境植物的丰富度、层次和季相变化难以实现。

图1 早期的静安公园花境

图2a 春季盛花的花境

图2b 秋季经过更换的盛花花境

图3 宿根花卉无法展示绚丽的色彩

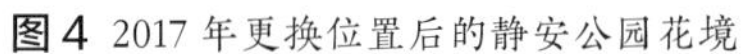

图4 2017年更换位置后的静安公园花境

图5 花境的宽度可以扩至红线以内

图 6a 花境在原基础上加宽了

图 6b 改变后花境种植初期，宿根花卉还处在苗期，看似低矮

图 6c 宿根花卉充分生长、开花后，呈现出自然的花境景观

花境的调整始于2020年春季，见图6a，移除不必要的灌木球类，增加花境的宽度，图5的红线以内都可以成为花境的种植床，使花境的宽度达6m以上。调整过程需要保护好留下的树木，特别是前景的草坪，同时必须进行土壤改良，并做好地形。花境中的宿根花卉种植时的苗龄非常重要，宜在绿叶期或刚有花蕾的初花期种植。同年5月6日，花境种植后不久，见图6b，各种宿根花卉处在生长初期，植株的高低还没有显现，这时不用担心，因为春季花卉生长迅速。一个半月后，6月19日，见图6c，改建好的花境，宿根花卉生长茂盛，各种花卉组团错落有致，不同品种花卉也陆续开放，演绎着生命的交响乐。

静安公园的花境改造，给了我们许多启示。图7花境的宽度对于花境的整体呈现效果至关重要。在我国许多绿地原本没有花境，但初次改建，往往不敢动静过大，生怕难以把控。花境的合理

图 7a 初始营造的花境，其宽度往往比较窄小

图 7b 足够的花境宽度，比较容易形成层次丰富的花境景观

宽度（4～6m）是营建宿根花卉花境必要的，比较容易营造出花境的层次和季相变化。这种灌木球类的树丛，在我国流行多年，这样的绿地适合改建花境，但不要建成花边装饰。可以去掉大部分的球类，过多规则的球类也与自然花境不协调，同时可以留出空间，保证花境的基本体量。景观的主体应该是花境，而非灌木球类图8。花境营建的初期，经常会采用时令草花（图9a），其立竿见影的亮丽色彩，更容易被接受。但毕竟是昙花一现，难以持久，不符合花境精髓。选择优良的宿根花卉品种（图9b），其花境效果虽然需要时间演绎，不是那么浓墨艳丽，但此起彼伏、自然淡雅的动态景观才是花境的本源。

图 8a 灌木球类的树丛

图 8b 去掉灌木球类，改建后的花境

图 9a 使用过多的草花，花境景观艳丽，但不持久

图 9b 以宿根花卉为主的花境，景观自然、持久

长风公园花境

长风公园，始建于1957年4月，曾先后被称为沪西公园、碧萝湖公园，1959年国庆节建成正式开放，并更名为长风公园。长风公园占地面积36.4万m^2，位于上海市中心城区西部，普陀区中南部。长风公园是上海市大型的综合性山水公园，总体布局模拟自然，主要景点是人工湖“银锄湖”，挖出的土就地堆山成“铁臂山”。园景以湖为主，山水结合，形成各种树林草坪的自然景观。

长风公园的花境始于2009年，首批参加市公园系统的花境评比，并取得了不错的成绩（图1a）。全市公园系统第一次的花境评比中，这样的花卉布置满足了人们心目中对花境的基本要求。有了高低错落，纵向景观效果，色彩的变化，自然式的配置，加上树丛的背景和前景草坪的陪衬，给人耳目一新的感觉。这种景观与长期一统天下的花坛比，形成了完全不同的花卉景观类型。毕竟是首次尝试，花境的花期交替、季相的变化和花卉的宿根性都没有考虑。艳丽的景色很快就过去了，到了当年的夏秋，只能更换植物来满足花期的季节转化（图1b）。

公园的技术人员，开始考虑采用宿根花卉（图2），迷迭香、玉簪、百子莲、耧斗菜、黄金菊等。这样问题就更多了，宿根花卉的观赏性、花境的层次感、植物的组团配置等，这些特征的形成绝非一蹴而就，因此合适选择花

图1a 第一年评比春季的花境景观

图1b 第一年评比秋季的花境景观

图2 花境中加入了宿根花卉

图3 2015年，重新选址后的花境

境的场地是关键图3。经历了5～6年的推敲，到了2015年春季才确定了长风公园花境的这块场地。

初次找到感觉的花境，往往先会关注景观效果，急于出亮点。大花翠雀、毛地黄通常是首选，其他免不了时令草花，黄晶菊、南非万寿菊、金雀花等，营造出夺目亮丽的色彩，花境景观华丽而具有强烈的视觉冲击力。盛放之后，花境的色彩会瞬间暗淡。同年的夏秋，就需要更换花卉来维持花境的景观（图4a，图4b）。

花境中花卉的组团，也是一个重要的技术，往往需要经过几年的调整。2018年秋季的花境，其中的花卉组团还是呈现出明显的斑块状，机械而呆板。经过一年的优化，花卉的组团形成了不规则的群体，自然交融，高低错落，使花境的景观更加自然（图5a，图5b）。宿根花卉的应用比例，花卉配置的自然组团，自然的色彩是花境完善的几个重要指标。2018年的花境（图6a），总体上是中规中矩，但还是有明显的规则斑块组团，草花体量大等痕迹。随着宿根花卉的应用增加，一、二年生花卉难见踪影（图6b），色彩柔和，弱化了斑块，更显花境景观的自然特性。

（本花境主要设计、施工单位：长风公园经营发展公司；主要人员：李娟、印伟峰；养护人员：宗玮、唐弘强、孙秋琼）

图4a 花境起初追求亮丽的即时效果

图4b 当季节变化时，只能更换植物来维持景观效果

图5a 花境植物的组团机械而呆板

图5b 植物的组团呈现不规则的群体，自然而谐调

图 6a　花境景观有明显的规则斑块组团

图 6b　宿根花卉是花境的主体材料

图1 公园景点十八花道

图2 2009 年，十八花道作为花境参加评比

图3 2013 年重新选址的花境

图4 2014年再次选址的花境

上海世纪公园花境

世纪公园原名浦东中央公园，是浦东地区较大型的公园，占地140.3hm^2，世纪公园是上海内环线中心区域内最大的富有自然特征的生态型城市公园。公园总体规划方案由英国LUC公司设计，公园以大面积的草坪、森林、湖泊为主体，建有中央湖岛、会晤广场、乡土田园、国际花园、疏林草坪等景区。公园其实非常适合营造花境。公园建园初期的十八花道（建于2003年前后），2009年花境评比时就作为公园的花境参与。这样的花境显然不符合花境的基本要求，无法呈现花境的景观，随着道路两边悬铃木的迅速生长，整条花道会处在树荫下，多年生的花卉植物无法正常开花。到了2013年公园重新选择了花境的场地（图3），花境场地光照充足，但花境没有明确的背景，就不可能有"境"的外形，加上花卉比较零乱，草本的，木本的，成苗的，开花的几乎没有配置，只是集中种植。施工、养护粗糙，并没有形成良好的花境景观。

几年的尝试，世纪公园的花境并不理想，其主要原因是没有利用公园总体规划打下的基础。树丛与草坪是公园的基调，这是新建公园少有的，营建花境的极佳之地。2014年，这个位置符合花境的全部要求，树丛浓郁，成花境良好的背景，前方草坪开阔（图4）。但可惜，花境内花卉的配置显得没有章法，组团块面的大小，植株高低的错落，花朵色彩的协调都没有营造出良好的花境效果。

花境效果的营造，合适的场地位置是成功的一半，但是都要从基础施工开始。2016年，公园着力花境施工，首要工作是土壤改良（图5a），公园在新建的花境，约1000m²的种植床内加了300吨介质土，大大改善了土壤的疏松度。地形处理是花境植物种植前必须要做的，要求地形微微隆起，略高于草坪，呈中间高、四周低的理想地形，既有利于景观，又有利于排水，促使植物健康生长，见图5b。当然树丛背景的调整和前景大草坪的精细养护是必不可少的。2018年，建成后的花境内宿根花卉生长茂盛，到了有些过密的状态。背景明确，特别是大草坪精心养护，使花境的整体效果较完美的呈现（图5c）。

同许多花境的经历一样，2017年，初建的花境还是时令草花，如金鱼草、天竺葵和毛地黄等来提升花境的色彩感，追求即时亮丽的景观效果。慢慢地，到了2018年，花境中的宿根花卉，如大麻叶泽兰、鸢尾类、鼠尾草类在逐步增加，花卉组团的斑块痕迹在渐渐弱化，花境的自然景观已经形成（图6a，图6b）。

图5c 2018年建成后的花境

图 5a 花境施工的第一步，土壤改良

图 5b 花境的地形处理

图 6a 时令草花，营造即时亮丽的效果

图 6b 花境中宿根花卉的比例在提高

图 7 上海最长的花境之一

图 8a 造型花灌木在花境中的使用

世纪公园的花境得益于公园的英式风格，可以说选到了最佳的位置。花境长237m，应该是目前上海地区最长的花境之一了，增强了花境的整体气势，但也给花境设计带来了挑战（图7）。公园的技术人员主要采取了两个方法。一是增加花境内的花灌木比例，希望采用混合花境的形式，保持花境景观的稳定性和持久性。当然修剪成球形的灌木也被较多参入花境，也努力地增加开花的灌木，如红千层，增加季节性花境的色彩。特别选用那些造型树，如锥形的柏树和所谓“棒棒糖”树形都在逐年补充到花境中（图8）。值得注意的是，过度依赖花灌木，会导致草本花卉的有限空间被挤占，减低了花境的色彩变化和季相交替；二是在花境的视觉重心位置，图9增加了几个岛形的花境，这样可以丰富花境的层次和花境景观深度的变化，加强了花境景观的饱满度。

图 8b 开花花灌木红千层的花境应用

图 9 岛屿式花境的应用，丰富了花境的层次感

图1a 花境技术人员在现场讨论花境的营建方案

图1b 花境营造前的绿地树丛

图1c 营造后的花境景观

静安中环公园花境

2017年度静安区面积最大的绿地改造工程，中环立交转盘绿地正式向市民开放了！中环立交转盘绿地位于汶水东路和共和新路立交叉口，面积达8万m^2，是中心城区少有的大型公共绿地。2018年经提升纳入市公园系统管理，并更名为静安中环公园，不久便开始营造花坛、花境。

花境始建于公园正式开放不久，建成于2019年春季，岛屿状花境是这个花境的特色之一。这组花境是由绿地中央的树丛周边形成的岛屿花境和水池道路边缘的条状花境组成。两组花境一主一副，互相呼应，营造出更加丰富的花境景观，颇有特点。花境初建时，花卉的组团还在形成中（图2a），需要逐步完善。2019年秋季，花境内的花卉和组团的体量有所调整，形成秋色（图2b）。到了第二年的初夏，宿根花卉的比例明显上升（图2c），盛开的宿根花卉已经暴发出花境的魅力。

静安中环花境是上海地区新建的花

图 2a 花境营建初期，2019 年春季的景观

图 2b 2019 年秋季的花境景观

图 2c 花境景观进入最佳观赏期

境，由于多年的积累，花境景观的成形较快（图3），无论是花境背景树丛配置还是前景的开阔大草坪的精细养护都有效地陪衬着花境。花境内的宿根花卉比例也显著提升，植物组团也更显自然。花境的不同角度，有着异样的景观，充分地结合了绿地环境，做到了因地制宜，充分展现了花卉植物多样性，形成了既有花境的特征又有景观的独特之处（图4）。

这组花境中的许多花境技术已清晰可见。首先是宿根花卉的比例明显提高，花卉的种植形成自然的组团，体量大小合适，单株凌乱的种植不见了踪影（图5a），花境的层次感强烈，柳叶马鞭草的纤细，八仙花、金叶假连翘的粗犷；花烟草中的蓝色紫娇花，形成蓝色花的色调，使花境更加自然，略带野趣。中间的石竹，让人期待后续花期的交替，产生变化的花境景观。黄色的金鱼草和不远处的几丛黄色天人菊，是花境配置中重复技术的使用，其中两组鸢尾叶丛同样是重复技术，使花境的整体感强，并富有韵律的变化（图5b）。蛇鞭菊，高挑而松散，宛如透气式植物，透过这些植物，有一种透过窗帘看风景的效果，使花境景观具有自然的朦胧感（图5c）。柳叶马鞭草等，是打破前低后高的配置原则（图6）。花境中的松果菊，与远处的松果菊，近处的蛇鞭菊的花色类似，和旁边一组花境中的松果菊，可以形成呼应，结合中间精细化养护的草坪，花境的整体感强烈。如此众多的花境技术的应用，花境效果突出。花境被授予“上海市公园系统花境突出贡献奖”。

图3 花境的组团较为自然

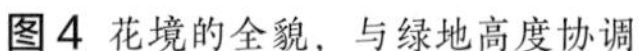

图4 花境的全貌，与绿地高度协调

图5a 组团体量有变化，但形态单一

图 5b 组团的形态变化得到改善，重复技术的运用

图 5c 竖向线条的营造强化了花境的景观特质

图 6 花境鼎盛期的效果

02 英国经典花境案例

阿里庄园——世界现存最早的花境

花境坐落在柴郡的阿里庄园（Arley Hall），沃伯顿（Warburton）家族从15世纪起就居住在这里，直至今日仍由其家族的阿西布鲁克子爵拥有。罗兰·埃格顿·沃伯顿（Rowland Egerton-Warburton）于1813年接管了这个庄园，年仅9岁，成年后，他和夫人玛丽（Mary）就开始重新设计这个传统的花园。这个独特的花园景致在日后深远地影响了英伦花园的风貌，就是花园里的草本花卉花境，最初始于19世纪40年代，这是世界上各种各样的花园作品中，已知的最早的花境风格的案例。

阿里庄园的对称式花境（double border），由罗兰夫妇规划、设计于1846年，花境建成于1856年。这种花境形式在当时绝对是领先的，花境的北面以砖墙、南面以紫杉绿篱为背景，起初是2条连续的长花境，后来在罗兰的妹夫詹姆斯（James Bateman）建议下，用修剪

图1a 阿里庄园的门楼

图1b 作者2019年到访花园时与庄园主阿西布鲁克女士交谈庄园的花境，她准备在这个位置建一个暖色调的花境

图1c 2019 年 9 月 7 日作者再次到访阿里庄园，暖色调的花境已建成出现了

图2 阿里庄园对称式花境

整齐的紫杉扶壁拱座（buttresses）将两边各分成5段，100多年来，草本花境的结构、景观和种植风格保持不变，仅仅是草坪替代了原来的石砾路面，“二战”后减去一对花境种植床才成为现今看到的花境。

阿里庄园到了20世纪60年代，作为一家独享的花园显然太大而难以维系，便对公众开放，以获得资金来维护花园的繁荣。沃伯顿家族已到了罗兰的孙女伊丽莎白·阿西布鲁克子爵（Elizabeth Viscountess Ashbrook）时期，她对此花境的影响很大，在她的精心配置下，呈现出非常华丽的花境景观效果。

花境的位置和背景，一边是修剪整齐的紫杉高绿篱，另一边则是红砖高墙。这些背景更好地衬托花境内的花卉，保持花境稳定的结构，所以早期典型的花境具有外形结构规则，其内花卉配置自然的特点。这些背景也形成了一个相对封闭的空间，使游人能高度集中地关注和欣赏花境内的花卉植物。无论哪个位置都有很好的观赏视角，完全聚焦在花境内的花卉植物上，欣赏着丰富的花卉美。不仅如此，这些结构还为植物提供了良好的庇护。

这个对称式的花境体量足够大，尤其是其宽度，使花境的前后层次有6层，可以形成丰富的景观效果，这种景观的变化是通常只有2～3层次的花境所不及。

要想解开花境的植物配置之谜，就需要仔细观察其

图3 修剪整齐的紫杉扶壁拱座

图4 两侧花境各有红砖高墙和紫杉高绿篱作背景

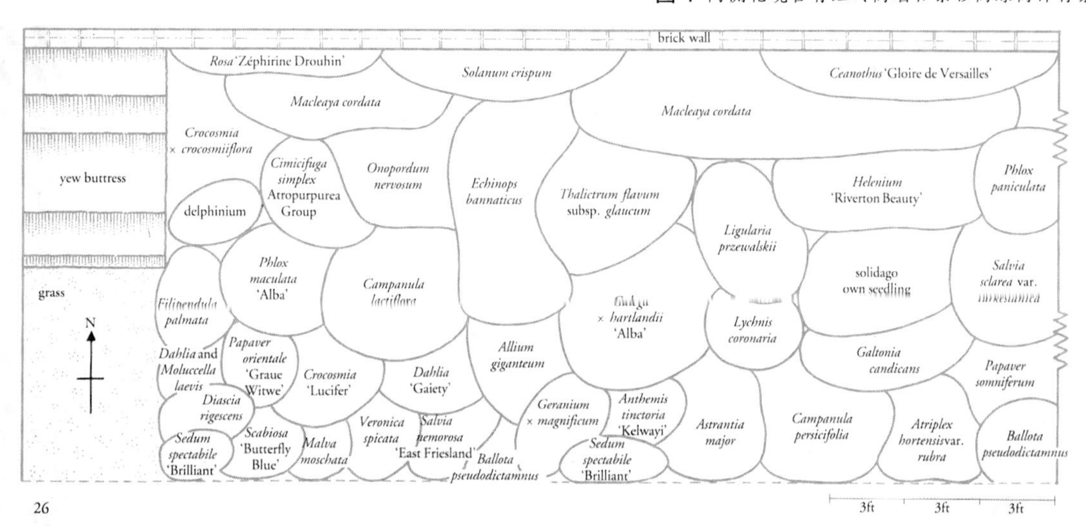

图5a 阿里庄园花境的段落平面图

图5b 花境段落实景图

中的每一株花卉植物品种。花境内的植物，除了紫叶小檗和早春的球根花卉，全部采用宿根花卉，并贯穿整年的不同季节。每年的5月，当主体的宿根花卉还在萌芽、展枝时，混栽其中的大花葱、紫叶小檗以及背景砖墙上美洲茶蓝色的花朵，呈现出春季的序幕。

宿根花卉的景观进入6月才开启，明快的蓝色大花翠雀、风铃草和紫色的老鹳草，形成晚春初夏的冷色系，不经意地穿插些黄色的唐松草、针垫花，增加些色彩的对比。进入7月中下旬，宿根花卉高潮迭起，也是花境景观的高潮期，包括了阿里庄园花境的特有品种红色宿根福禄考（*Phlox paniculata* 'Arley Red'）和橙红的火星花（*Crocosmia* 'Arley Mystery'）。花卉的色彩也变成了暖色调。美国薄荷加上黄色的旋覆花、橙黄的堆心菊。8月之后，花境内的色彩越来越丰富，黄色的金光菊，紫红的松果菊。直到9月盛花继续，各种紫菀、向日葵和八宝景天相继盛放。

英国著名花境大师杰基尔女士于1904年在英国花园的文章中对阿里庄园的花境给出了极高的评价：纵观整个英格兰，很难找到像阿里庄园花境内将耐寒性宿根花卉配置到如此完美的花境。在这里，我们看到了古老意大利花园的精髓，从总体规划和结构上，没有盲目地模仿，而是被全面地吸收和合理地解释，以适应英国最好的花园需要。显而易见，规则与自然的完美统一，规则整齐的墙面与花境内自然生长的宿根花卉和谐共存。尽管种植在不断提升，但花境的特色依旧，这是对庄园几代人的最大尊重。

图6 花境内的大花葱含苞待放，砖墙上蓝色美洲茶即将迎来花境的第一波花期

图7 花境内的宿根花卉在初夏开始绽放

图8 花境的特有品种‘阿里红’宿根福禄考

图9 秋季阿里庄园花境的盛放期

尼曼斯花园的夏季花境——草花与不耐寒宿根花卉的混合花境

尼曼斯花园（Nymans）始建于19世纪后期，由Messel家族所建。德裔银行大亨Ludwig Messel，娶了英籍美女Annie Cussans 并有了6个小孩的大家庭。1890年，Ludwig买下了尼曼斯花园，整个花园约600亩，随后请了位年轻的花园师James Gomber为第一位花园主管，前后经历了三代人的努力，花园得到了很大发展，成为了英国著名的花园之一，以收集和培育植物为特点，尼曼斯花园是英伦最大的南美植物收集园，而Ludwig的最爱是玉兰（*Magnolia*）、茶花（*Camellia*）和杜鹃（*Rhododendron*），拥有30多个以其家族成员命名的品种，如*Camellia* ‘Maud Messel’；*Magnolia* ‘Anne Rose’等。除了丰富的植物收集，尼曼斯花园 也拥有许多花卉专类园和特别的景观，夏季花境就是其标志性的景观。

尼曼斯花园内的花境为对称式花境，由Muriel设计，受到了威廉·罗宾逊的指导，也有杰基尔的色彩和组团方面的影响。花境的特别之处是利用了一、二年生花卉的盛花。亮丽色彩形成了夏季盛花的花境，成为了爱德华时期（Edwardian）花园的典范。花境之间有一个意大利喷泉的装饰，虽与花境自然风的格调相悖，但这就是这个时代英伦花园中的流行元素。花境的盛花传统被极大地保持着，包括使用的花卉种类和品种，如灿烂的大丽菊，盛花的草花，形成一幅富丽堂皇的景观，仿佛比阿特丽斯·帕森斯的画作。

花境的花卉配置主要有4层，前面两层是一、二年生草花，其中以鼠尾草为亮点。第三层是不耐寒的大丽花和宿根花卉混合，最后一层是宿根花卉和少量的观赏草。

一、二年生花卉占据了几乎半个花境，如同不耐寒的多年生花卉，夏季的盛花是宿根花卉难以实现的。每年的秋末冬初，花期过后，花境内的残花枯枝会被彻底清除，包括一、二年生花卉和大丽菊等。每当此时，现任花园主管David 和他的助手们就要开始准备，育苗，保证在春季晚霜过后可以种植。花卉品种保持着传统的风味，采用花期长、抗性强的品种。

这些草花的组团种植非常重要，组团大小，一般保

图1 尼曼斯花园的夏季花境

图 2 花境隔断处的意大利喷泉

持不变。一旦组团面积太大，在花谢时，花境就会突然形成很大的缺口，影响整体景观。花色的配置以艳丽、浓烈的调和色为主。这些一、二年生草花，在大丽菊盛开前已经绽放，相对低矮的株形、丰富的花色、独特的叶形、花期长等特点，非常适合作为花境的前景。对于那些植株较高的种类如金鱼草、醉蝶花等需要扶枝，防止倒伏。残花的及时摘除非常重要，可以促使草花的再次

图 3a 冬春季节花境前排草花被清理

图 3b 春季种植一、二年生花卉

图 3c 夏季花境的草花与宿根花卉同时盛花

开花，保持到夏季大丽菊盛开时的胜景。

传统的大丽菊是尼曼斯花园内花境的特点，大丽菊到了夏季逐渐盛花是花境中层最艳丽的花朵，也是花境进入景观的高潮。此时，有些一、二年生花卉可能会过了盛花期，尤其是秋季，可以更换一些秋菊或秋季的草花以保持花境整体景观的亮丽夺目。秋冬季节，大丽菊地上部分会枯死，需要将地下块根挖掘，储存在保温的环境中，如温室内，到下一年度的生长季节，催芽后再次种植。

花境的最后一层是宿根花卉，既丰富了花境的层次，也充当着背景的作用，该花境没有通常的乔灌木树丛或绿篱之类的背景。采用的宿根花卉以夏秋开花的种类为主，如紫菀、堆心菊、泽兰和腹水草等。

秋末的花境，一年生花卉和大丽菊开始谢花，就需要及时清除所有枯死的草花，大丽菊的地下块根也要挖掘，储存，在室内度过休眠期。花境的种植床需要耕翻，整平。补充些疏松的泥炭土，施些基肥以待来年重新种植。宿根花卉部分，不需要每年，但隔3～4年需要将生长过密、衰老的植株挖掘，分株，重新种植。分株可以在早春进行，但是对于那些作背景用的宿根花卉，

图4 花境中的大丽菊

图5a 高大的堆心菊处于花境最后一层

图 5b 花境背后可以看到经扶枝的堆心菊起着花境背景的作用

图 6 冬春季节，将一、二年生花卉和不耐寒的大丽菊清除

往往比较高，需要扶枝，防止倒伏。尼曼斯花境的扶枝采用树枝，在宿根花卉刚刚萌芽不久的早春，将树枝插入宿根丛中，这样待以后宿根花卉充分生长后，支撑用的树枝完全消失在花丛中。

尼曼斯花园的花境风格在一个世纪前就已经完全发展成熟了。如此稀有的具有历史、浪漫、迷人风格的花境，保护比进一步改变更重要。这并不是低估了尼曼斯园丁的技能和创造力。保持自然变化的花境，更新活力需要高超的园艺技巧。

图 7a 早春是宿根花卉扶枝的最佳时间

图 7b 经过扶枝的蓼和向日葵挺拔直立

邱园的花境大道

花境是英国花园的最主要特色之一，然而，在最著名的英国皇家植物园——邱园内花境却足足缺席了250多年，使得建园当初的花园中心，由风景园林大师William Nesfield 设计的从橘园通往著名的大温室的大道两旁，在夏季游客最多的季节里缺乏鲜花的色彩。直到2013年，花园立项将这条最繁忙的道路建成花境大道，全长320m的对称式花境，主要观赏期为夏季的耐寒性宿根花卉为主的花境。这是当今世界最长的对称式花境，这个项目的资金包括30000余株花卉，所需经费均来自民间私人的慷慨捐赠。花境于2015年施工，第二年6月完成种植，并需要几年的调整和优化才能完成。

花境设计充分考虑大道绿地的现状，主要是两个方面：一是大道上已有的雪松和北端的绿化地带比较开阔；二是从橘园建筑开始，树木稀疏，阳光充足，往南到近大温室，树丛逐渐茂密，到了花境的末端还有2棵大的马褂木，环境相对较庇阴。设计师巧妙地将花境的整体形状设计成酷似豆科植物中最大

图1 邱园的花境大道

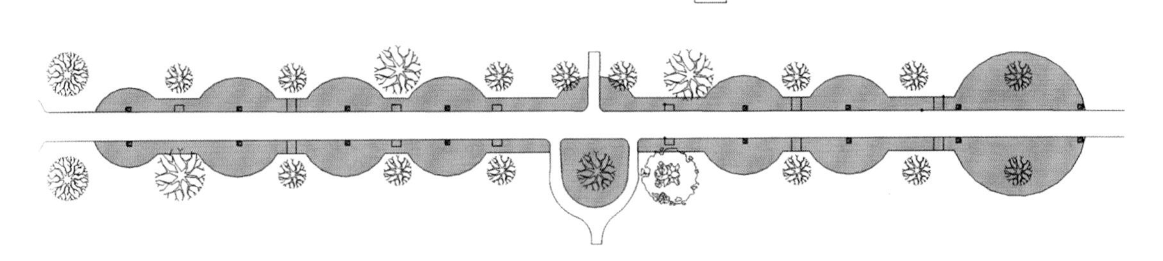

图2 形似海豆豆荚的花境大道总平面图

的种子——海豆的豆荚，与古老植物园契合。在雪松之间用一连串的半圆，除了第一个圆是将雪松包裹在内形成花境的最宽部，18m宽，沿大道连成花境，其最窄处也有4m宽。大道两边各设置了8株修剪整齐的塔形紫杉（*Taxus baccata*），制造出一个规整的常绿结构，便使得花境的整体感大大增强。当然，间断性的休闲座椅也设置其中，形成了悠闲漫步，欣赏花园带来的乐趣，回归到百年前Nesfield 设计此大道的意图。

邱园的花境大道虽然是新建花境，但其在花卉品种的配置上却是独具匠心的，不同于传统花境常以建筑墙面或密植的绿篱为背景，植物配置低矮植物在前，高些的植物在后，形成多层次的植物景观。邱园花境为多面

图3 修剪整齐的塔形紫杉

图4 盛花时的花境大道

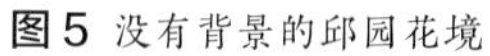

图5 没有背景的邱园花境

图6 中间的观赏葱和远处的毛蕊花形成自然的景观

观赏的，因此过于高的植物会遮挡观赏视线；但如果采用高度相似、用宽阔的圆弧交织形成花境的层次，则便于从各个角度观赏到完整的花境景色，偶尔穿插出的高耸的枝叶和花穗，还可打破平坦的高度，产生花境特有的高低错落的自然景观。

花卉品种配置景观特质体现在每个园内的主题花卉的不同，使游人沿途游闲时能欣赏不同的景色，但间断性的重复，可以突出一些亮点植物品种的作用，也增加了花境景观的连续性和整体感。花卉品种的种植最大程度地做到了镜面对称，呈现豆荚图形的设计意图。花境的观赏高潮为夏季，所以花卉主要选择花期在6～9月间的品种，尽管如此，初夏的早花品种和夏末晚花品种也被兼顾了。为了尽可能地延长观赏期，早春间植开花的球根花卉，如观赏葱、郁金香、水仙等。观赏草和部分的观果植物能增添浓浓的秋意。花境内的花卉不仅选择有特色品种，如‘邱园’月季（*Rosa* ‘Kew Garden’）提升了花境的独特性；也最大程度地选用更适合花园环境生长的园艺品种，提高了花境的观赏性。

图 7a 花境其中一边的景观

图 7b 花境对应的另一边，完全对称

图 7c 花境呈现镜面对称的景观效果

图8 球根花卉与早春开花的宿根花卉形成花境的第一波花期高潮

图9 质感特殊的巨花针茅增加花境景色的丰富度

花卉植物是花境的灵魂，作为皇家植物园的花境自然在花卉配置上也显示出其独到之处，每个园的花卉都有个主题，反映出植物学和园艺学的内容，并将所有的植物配置设计平面图清楚标注在花境对应的地块，一如既往地展现了植物园强大的科普性，如同植物园内植物名称的标牌。如第一段，最大的圆内展示了值得推荐的花园花卉品种组合，紧接着第二段则是展示了唇形科的宿根花卉品种，包括了鼠尾草、薰衣草、荆芥等；第三段内则是花园植物中最大的科——菊科花卉，而邱园收集了近50万份的菊科植物标本。到了南端结合树荫展示耐阴花卉品种，包括蕨类、银莲花、铁筷子等。其他的主题有单子叶植物、双子叶植物、吸引昆虫的蜜源植物。

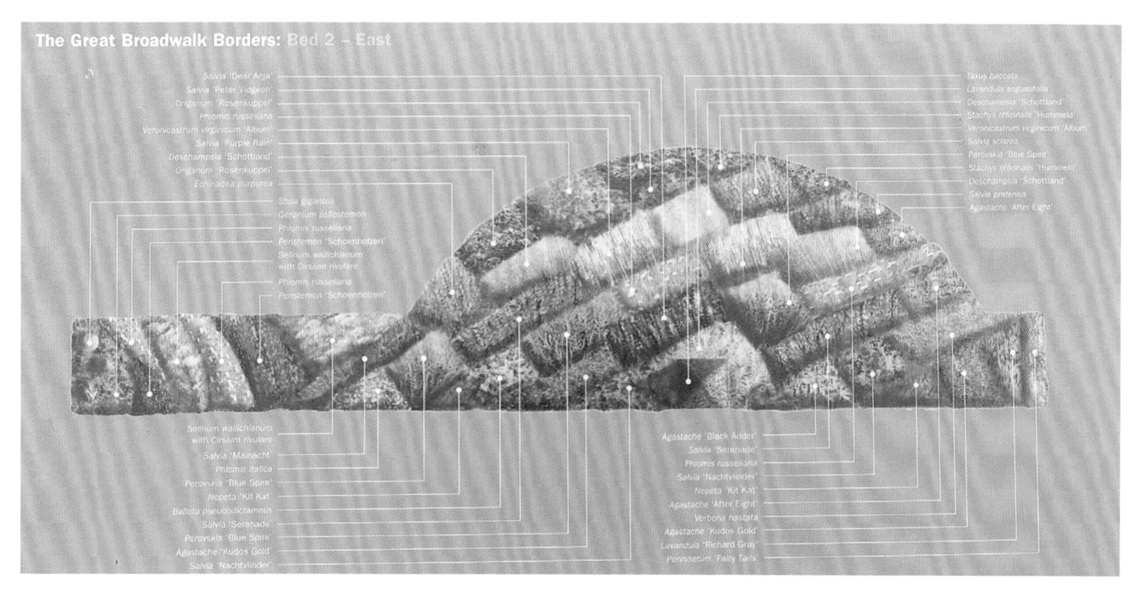

图10b 标牌标注着详细的花境植物名称

图11 以唇形科的宿根花卉品种为主的花境段

图12 耐阴花卉品种的花境段

图10a 花境设计的平面图标牌

杰基尔回归园的花境

英国花境影响力最大的人物格特鲁德·杰基尔（Gertrude Jekyll），于1908年，65岁时，也是她花园生涯的高峰期，为汉普郡厄普顿·格雷庄园（The Manor House Upton Grey）的主人、工艺美术的重要人物、*The Stuido*杂志的创办者查尔斯·霍尔姆（Charles Holme）设计了个花园。杰基尔在仅仅4.75英亩（19222m^2）的花园内，规划了许多花卉景观类型，尤其是各种花境10余处，包括玫瑰园、花拱门、村舍花园以及一个网球场，充分展示她的花园天才。经历了两次世界大战，劳动力剧减，经济衰退，格雷庄园的花园变成了一堆荒草，房屋近乎废弃，直到1984年，罗莎蒙德·沃林格和她的丈夫买下了这个庄园，并发现了此花园的历史地位。罗莎蒙德·沃林格女士，一个对花园完全无知但有着强烈热情的爱好者做出了一个重要的决定，重建这个伟大的花园，再现爱德华时代的荣耀。这个决定改变了罗莎蒙德的人生，经过细心钻研和艰苦的工作，她成了杰基尔花园设计的专家和技艺高超的园丁。

花园的复原工作得到诸多园艺人士的支持与帮助，包括一些著名的业内大咖，追寻所有杰基尔详细的花园设计原稿文件和照片资料至关重要。杰基尔去世后的所有花园设计文件都由她的侄子弗朗西斯·杰基尔

图1b 花园内的许多花境

图1c 花园的远端是网球场

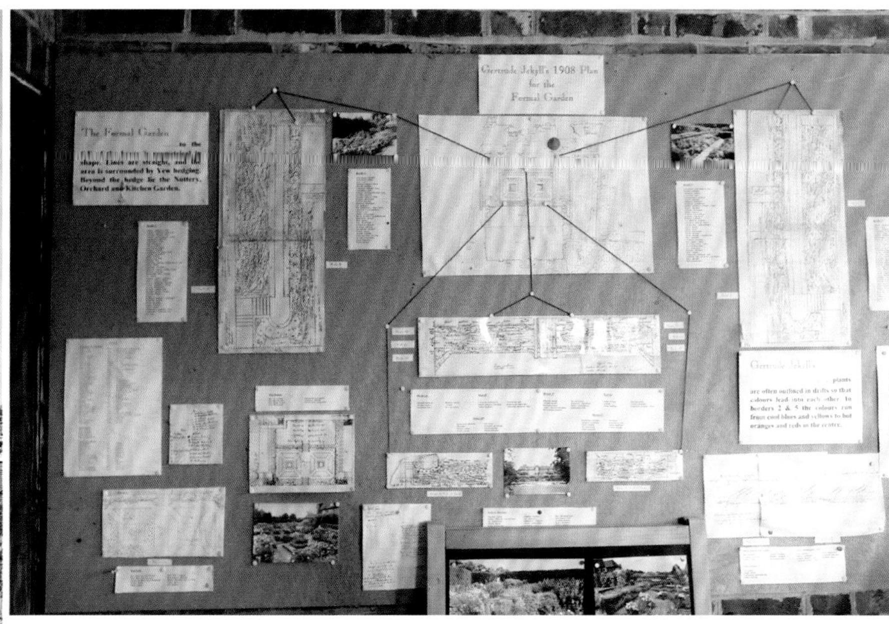

图2 部分花园的原始资料

（Francis Jekyll）保留在曼斯特伍德家中，后来房屋和部分物品被出售时，美国的景观设计师比阿特丽克斯·法兰德女士买下了绝大部分杰基尔的设计文件、影集和信件资料，同其他珍贵的花园书籍收藏在家里，她在去世前的第三年将所有收藏的花园资料转交给加利福尼亚州立大学伯克利分校，用她缅因州的家命名“Reef Point”收藏处保存。罗莎蒙德女士得到了伯克利分校的支持，19份原始文件于1984年5月寄到了格雷庄园，这让罗莎蒙德女士做到了花园的复原，包括花卉的

图1a 回归花园的全貌

种类，尽可能地用同品种或接近的品种（有的老品种已完全消失），因此格雷庄园被称为是保留最完整的杰基尔风格的回归花园。

格雷庄园的亮点是精心打造的如梦幻般的草本花境，在这不到20000m²的花园里为我们展示各种花境10余条，是名副其实的杰基尔花园。图3a是杰基尔的花园平面设计图，图中“B”字头编号的均为花境。花园的设计简洁而不乏热闹，各种花境营造出繁花似锦的景象，充分体现了杰基尔用富有生命的花草植物作出一幅幅绚丽的画卷。众多花境中尤以B2与B5最为突出，分列花园的左右两边，以高墙式紫杉绿篱为背景。

B2花境与B5花境形成对称式的花境，长度为60英尺（18.3m），宽10英尺（3.5m）。这个长度是不够花境来表现植物景观和色彩的转变等季相变化的。由于花园地块高差太大，完全整平既费时费力，又难以操作，还会导致花园缺乏地形变化。杰基尔采用了不同的小段花境和岩石花园的种植来弥补了这一缺陷。岩白菜（*Bergenia cordifolia*）常绿的叶丛是杰基尔常用的花境边饰（图4），B2花境在花园中的作用是月季园夏季谢花后，花境需要提供夏秋季节直至霜降的开花景色。6月，花境中间的剪秋罗和萱草已经开放，中间的大麻叶泽兰和前景的堆心菊也含苞待放。从另一个角度（图5），B2花境的背景采用较高的蜀葵（*Althaea*），这个是非常具有英国特色、非常乡土、非常重要的夏末花卉。夏秋的大丽菊，长高的植株可以遮挡后面的不雅景观，但大丽菊的扶枝防止倒伏非常重要。紫菀（*Aster* ）往往是霜降来临前最晚盛花的花境植物。

B5花境（图6）两端的岩白菜前景和中间橙红色的剪秋罗与B2花境形成了强烈的对应关系。初夏的主题花卉变成了芍药（*Peaonia*），浅蓝的风铃草（*Campanula*）和粉色、细腻的唐松草（*Thalictrum*）。背景依然是蜀葵、金光菊和紫菀。

从总平面图上看，B3与B4也是一对花境，并分别与B2和B5相邻，图7为B3花境，用了许多竖线条的花卉品种，如近处的丝兰（*Yucca* ），远端粉色的芍药和浅黄的智利豚鼻花（*Sisyrinchium striatum*）。B3与B2配置成对，游人漫步其中，到了端头，水泥凳子供小坐片

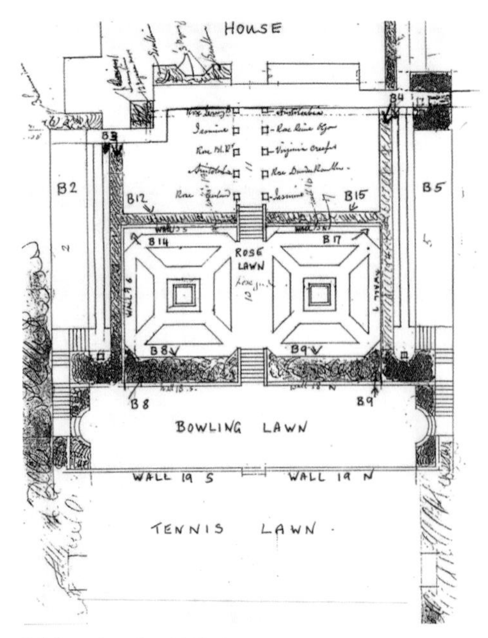

图 3a 花园的设计总平面图

图 3b 是复原后花园的航拍图

图4 B2 花境中岩白菜是杰基尔常用的花境边饰

图5 B2 花境提供夏秋开花景色

图6 B5 花境中初夏的芍药、风铃草和唐松草

图7 B3 花境中竖线条的花卉品种

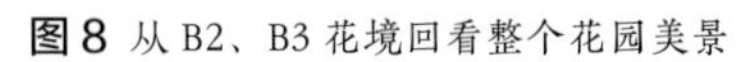

图 8 从 B2、B3 花境回看整个花园美景

图 9 B4 花境中竖线条的不同种类花卉

图 10 B12 与 B15 花境，杰基尔风格花园的复原，也是英国爱德华时代花园的再现

图 11 B8 与 B9 花境，杰基尔风格花园的复原，也是英国爱德华时代花园的再现

图12a 花园内最具村舍气息的对称式花境

图12b 花境内的花卉以传统的英国乡土花卉为主

刻，回看整个花园美景（图8）。隔着月季花园的对面是B4花境（图9），花卉配置一如既往地保持着B3的风格，芍药和岩白菜依然，再增加上同样是竖线条的不同种类，如蓝色的飞燕草、紫红的红缬草（*Centranthus ruber*），蓝色的紫露草（*Tradescantia virginiana*）。

格雷花园的中心是月季花园，沿着花园与建筑平行的还各有一对花境，上方的B12与B15（图10）和下方的B8与B9（图11）。与其说是杰基尔风格花园的复原，不如说是英国爱德华时代花园的再现。其中厨房花园内的草本混合花境就更具村舍气息，混入的一、二年生草花，使这个花境更加绚丽多彩，人们需要这些出色的草本花卉带来令人惊叹的效果。

大迪克斯特混合花境

大迪克斯特（Great Dixter）是英国园艺大师、园艺作家克里斯托弗·劳埃德（Christopher Lloyd,1921—2006）的祖宅,位于英国东苏塞克斯郡。这座15世纪的老宅由他的母亲黛西（Daisy）——一个来自于园艺世家，有着花园梦的才华女子于1910年买下，花园的成功得益于鲁特恩斯（Lutyens）最初的规划和设计，受当时的花园大师威廉·罗宾逊（William Robinson）影响较大，不仅植物与建筑高度融合，而且花园的分区丰富，使游人流连忘返。其中著名的长花境和草甸、花甸，都是女主人黛西的挚爱和杰作，同时她发现克里斯托弗·劳埃德是她6个孩子中唯一对花园感兴趣的。克里斯托弗回忆说从记事开始就一如既往，对花园的热爱源于其骨子里。他的植物知识首先来自其母亲，早年他们母子间通过写信来传授花园知识。在花园档案中至今发现他们的交流从克里斯托弗6岁时就开始了。克里斯托弗和其母亲的交流一直很好，直到他30岁获取园艺专业的学位后便有了自己的主张，开始在造园技艺方面有了争议，不仅动摇其母亲对花园的主导和控制权威，同时对格特鲁德·杰基尔女士（Gertrude Jekyll）的花卉配置也作了修改，如打破了前低后高，更讲究植物的自然生长；花色的间歇重复使花色连续延伸等。克里斯托弗的花园观点奇特而常备受争议，但他并不在乎别人的看法，非常固执己见，最终成为了极具个性的花园天才。他结合了19、20和21世纪的造园手法，并使大迪克斯特花园成为了独一无二，打造成了今日令人梦寐以求的知名花园，世界各地园艺师的朝圣之地。

大迪克斯特内的长花境（Long Border）最初由乔治·索洛德（ Geroge Thorold） 设计，但现在的长花境已经属于纯粹的混合花境。尽管早在1908年，罗伯特·鲍比·詹姆斯（Robert Bobbie James 1873—1960）就提出了混合花境预想，但并没有完整的解释，直到在大迪克斯特内长花境的实践，才有了具体的描述。大迪克斯特内的长花境成为了混合花境实践的先驱。

不满足于传统花境关注夏秋的绚烂，长花境提供常年的观赏期，特别是冬季，常绿冬青‘帝王金’种植于1954年，橙花糙苏更早，种植于1949年，‘银王后’大叶黄杨，浓绿的紫杉绿篱背景很好地陪衬着花境。到了春季，许多花灌木需要修剪，产生明亮的嫩叶，与老叶和周边的宿根花卉形成对比，有些夏秋开花的花灌木，如金叶绣线菊，可以按宿根花卉那样处理，每年休眠期强修剪，以及花后修剪来促使其保持活力并控制花期。

图1a 大迪克斯特内的长花境

图1b 混合花境的先驱，几乎混入所有植物类型，包括针叶灌木

图 2 冬青‘帝王金’

图 3 ‘银王后’大叶黄杨

图 4a 花境中的金叶绣线菊，修剪成规整的圆球形

图 4b 盛花时的金叶绣线菊，增添了繁花景色

克里斯托弗不认可以牺牲花境景观效果的节省人工，这样一定降低花境的观赏性。譬如无数月季的品种可以加入花境的配置，春季的球根花卉和自播的一、二年生花卉，藤本植物可以增加花境的立面景观的效果，如铁线莲、香豌豆都是增加和延长花期的有效措施，但摘除残花，精心的养护都需要全年不间断的人工付出。因此，在长花境，为了景观的需要，许多亮点植物需要烦琐的扶枝措施，或一年生花卉需要每年的精心种植，才能确保花境活力不减，景观常驻。

克里斯托弗最特别的种植是对高低次序的突破，即低矮植株在前，较高的植株靠后的种植方法被打乱。你可以看到一些较高的植株被不经意地穿插在中部或前景。这些所谓高耸的植物，其实都是枝叶松散的，被称为透气植物（Air Plants）的品种，如柳叶马鞭草、天蓝鼠尾草、败酱科草本花卉等。这样的种植方式，透过这些植物，使中后层的亮点植物若隐若现，活跃的

图5 花境中各种球根花卉和一、二年生花卉

图6 铁线莲在花境中

图7 “透气”植物的运用，使景观更丰富

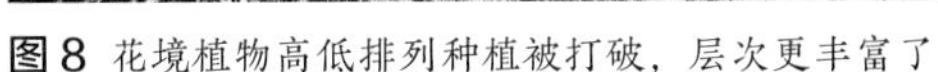

图8 花境植物高低排列种植被打破，层次更丰富了

图9 大迪克斯特内的混合花境

图10 混合花境所展现的景观

植物景观丰富了花境的层次感和自然的独特风格。

克里斯托弗的花园技艺仍在延续，他的继承者弗格斯（Fergus Garrett）很好地继承与发展了花园的特色，他将长花境描述成“长花境是宿根花卉混合了乔木、花灌木、一、二年生花卉和藤本植物的混合花境。乔木和花灌木营造了花境的骨架结构。宿根花卉提供了花境的主要观赏季节，结合了自播的二年生花卉，增强了景观的柔和画面。所有种植的球根花卉和一年生花卉，大大延长了自早春至秋冬的花境景观。”

威斯利花园的花境

威斯利花园位于伦敦西郊萨里郡，建于1904年，面积53hm²，是英国皇家园艺学会（Royal Horticultural Society，简称RHS）旗下5个专属花园中经营管理的最具盛名的花园旗舰店，凭借其精致的花园设计、丰富的植物品种、高超的园艺栽培技术享誉世界，各种花卉应用形式齐全，个个规整，堪称花园技艺的教科书。至于花境自然是主要内容之一，其中混合花境和温室大花境尤为经典。

混合花境

威斯利花园中的对称式花境是英国较有名的花境之一，位于花园入口不远处，通往拜特斯丘的大道两侧，花境长128m，以鹅耳枥绿篱做背景。花卉植物配置种类丰富，从春季到夏秋开花不断，花境是典型的混合式花境。花境混栽了花灌木，如醉鱼草、梾木、风箱果以及一些生长迅速的藤本花卉，其中7～8月是观赏的高峰期，充分展现了花境的色彩，以及植物组合的形态、高度和结构的变化，是整个花园的重点景区。宿根花卉在色彩上还是起到了主要作用。如冷色调的牛眼菊、锥花福禄考和暖色调的老鹳草、堆心菊、橐吾等。到了秋季，除了大丽花、景天、紫菀等，还有一些观赏草形成秋色景观。一些较高的宿根花卉，如大花翠雀、观赏蓼等有着极好的观赏效果，但植株高于120cm的品种在夏季的风雨季节，容易东倒西歪，严重影响观赏性。花境中的植物扶枝是非常重要的养护技术，威斯利花园的这个花境展示了许多很好的宿根花卉扶枝技术（Staking）。如网格、树枝、金属支架等扶枝方法，这些扶枝措施必须在春季生长前完成，确保这些扶枝物在后期被植物的枝叶完全遮盖，这项扶枝技术是花境成功的基本技能。这个标准宽度的花境，有6m宽，保证了花境植物配置的丰富性和层次感，但是养护措施如何保证，花境的设计布局也为我们做了很好的展示，大家可以注意到花境与背景绿篱之间留有养护通道，初试花境者往往会忽略。

威斯利花园的混合花境全貌

混合花境的组团细节

高潮期的花境景观仍以宿根花卉为主

盛花期的花境中，观赏草提供异样的质感

树枝编制的各种扶枝措施

树枝网扶枝的观赏蓼

温室大花境

花园中的草本花卉应用很多，各种花境随处可见，在观赏温室周边多年生宿根花卉的应用非常密集。那里有个特别的大花境。说这个花境特别是因为有以下几个特点：

第一，花境的形式新。花境建于2001年，由荷兰花卉景观大师皮埃特·奥多夫（Piet Oudolf）设计，充分体现了设计师的自然式宿根花卉配置风格，即草原景色（Prairies）。这种形式的灵感来自于北美草原景色，采用观花的宿根花卉和观赏草大面积地混合种植，并兼顾昆虫和鸟类的生态性、低维护等特点，被称为宿根花卉应用的新浪潮。

第二，花境的体量大。整个花境为长150m、宽度达11m的对称式花境。花境最初的配置是由30多组斜条形（河流状）的组团构成，每个组团有3～4个品种，共种植了16000棵宿根花卉和观赏草。

第三，花卉配置兼顾景色与生态俱佳。为达到草原风光的宜人景色，Piet Oudolf采用株型以开放、松弛、能随风摇曳的植物品种为多。花色以蓝色，蓝紫色和淡粉色、白色形成冷色调的夏季景色，而秋季的主要景色来自于闪烁发光的观赏草，如拂子茅、狼尾草等，花色以黄色、橙黄，甚至红色的暖色调景观为主。花卉种类上多用了蜜源植物，如松果菊、地榆等，夏季吸引了昆虫和蜜蜂。秋冬季节，会保留花卉的果实和枝条为鸟类和野生的小动物提供食物和避护场所，直到早春2月才修剪整理，迎接新的一年的生长，循环往复，生生不息。

第四，花境养护的低维护。低维护也是皮埃特·奥多夫花卉配置的特点之一，他的观念是强调观赏草和宿

草原景色风格的花境

温室大花境全貌

大花境的组团形式

根花卉的选择与混合，使其能在排水良好、养分贫瘠的土壤上正常生长，基本不施肥、不浇水。这个花境在初夏，对一些植株较高的种类，如腹水草、堆心菊等进行回头重修剪（剪去植株的一半），这样会延迟开花，但能形成短而粗壮的分枝而不需要扶枝。

秋季以观赏草为主，带给大花境浓浓的秋意

带有特别质感的枯叶和果实形成冬季的景色

传统宿根花卉花境

牛津郡的沃特佩瑞（Waterperry）花园内有一个保持良好的花境，用来演示如何养护宿根花卉。这组花境的展示效果非常震撼，给人带来美丽和愉悦，每年的5月到10月末至少有三波花期。这又是一个有历史的花境而且保存得非常完好。花境始于贝特丽克斯·海福格尔（Beatrix Havergal）女士，她于1932年接管沃特佩瑞花园，设立为培养年轻女子的园林学校，现在学校还在教学，但绵延60m长的花境吸引着众多的参观者，欣赏着花境的美妙。花境还保持着哈佛葛女士的设计，整个花境只采用宿根花卉，没有灌木的加入，使得花色充分地展示。

贝特丽克斯·海福格尔（Beatrix Havergal）女士（右二）与她的女学员们

早春，花境的第一波色彩由前景的老鹳草、羽衣草，中间蓝紫的宿根鼠尾草、橙黄的火炬花、深蓝的大花翠雀，然后亮黄的毛蕊花，含苞待放的堆心菊，预示着色彩由冷色调向暖色调转换。花境的花量也逐步提升至每年的7月7日，海福格尔女士的生日时达到最高峰。夏秋，花境的色彩由中后层深玫红的紫菀、金黄的向日葵和一枝黄花以及大麻叶泽兰构成花境景观，这波花一直可以延续到霜降。

沃特佩瑞花园的花境是教学用的花境，花境中的花卉品种都有规范的标

春季的宿根花卉花境　夏秋季的宿根花卉花境

签，便于学习，种植床的滴灌设施清晰可见。花境与墙面之间的养护通道预留规范，各种扶枝措施一一展示。花境中的花卉品种由后场的试验中心测试选择，这样的方法延至今日，是试验田内的各种八宝景天。

花境的植物配置，具有很强的示范性，画面中可以看到花开花落的品种分布均匀，有谢花的大花葱，正在盛放的宿根鼠尾草、毛蕊花、蓍草、大花翠雀等；在这些花卉品种的周围有着含苞待放的宿根福禄考，更有秋季开放的紫菀、金光菊、向日葵，演绎季相交替过程。花境景观开始于前景的老鹳草，中间的宿根鼠尾草、毛蕊花、蓍草、大花翠雀。夏秋则是紫菀、大麻叶泽兰、一枝黄花组成的另外一番景象。

花境中的每种花卉植物都设标牌

花境与背景间留出的养护通道

花园内品种筛选试验田中的各种八宝景天

花境植物此起彼伏的配置效果

花境植物呈现整体的初花景观

花境植物呈现整体盛花效果

花园内的对称式花境

沃特佩瑞花园，是按教学为目的设计的花园，尽管只有8英亩（约32000m^2），但功能齐全，类型丰富，就花境而言，除了那个著名的宿根花卉花境，还有岛屿式花境、对称式花境，分别是混合花境和最常用的林缘花境。

花园内的小型岛屿式花境

岛屿状花境

花园师艾伦·布卢姆（Alan Bloom）于1953年成功创立了自己的家族苗圃，是当时最大的生产耐寒性宿根花卉的苗圃之一。为了更好地应用宿根花卉，于1962年在诺福克郡的布雷辛海姆（Bressingham）庄园，营造了全新的岛屿式花境（Island Border），与早期花境的不同在于，花卉种植的组团大，花卉种类广泛，优点是更便于植物间阳光照射和通风，有利于植物的健康生长，减少植物的扶枝及其消耗的人工费用。

典型的岛屿式花境，对花园的绿地环境有着特别的要求。首先花园需要有大小、形态各异的树丛，并错落有致地分布于养护精致的大草坪上。沿着树丛的外围布满花境，即形成由若干个花境组成的花境群。因此，岛屿式花境适合空间环境较大的花园，营造花量较高的景观。既然是花境，每个小花境应该均以树丛为背景，但为了整体的效果，中间有些双面观赏的花境也会融入其中，成为岛屿式花境的一部分。

花境的种植床边缘均以自然曲线沿着树丛围合而成。

布雷辛海姆在园内的岛屿式花境

组成岛屿式花境的花境群

花境似岛屿状的分布，形成极具特色的景观

花境的花卉配置，与花境的层次变化、高低错落、花开花落等要求一致。每个花境以及不同的花境之间需要有重复的技巧加强整体的呼应和变化的韵律。布雷辛海姆庄园的岛屿式花境占地2.4hm²，由48个花境组成了整个花园的景色，花境采用了混合花境的植物配置，如各种观赏草、球根花卉等，最大程度地延长了花境的观赏期。

花境组团依然细腻，既有特色又有整体融合

花境的重复技巧，产生的景观节奏与韵律

观赏草在岛屿式花境发挥着同样的作用

每组花境与树丛和草坪的关系清晰，包括草坪的切边，不乏精致园艺

比多尔弗·格兰奇庄园的古典式花境

比多尔弗·格兰奇（Biddulph Grange）庄园始建于1842年，园主是植物学家詹姆斯·倍特曼（James Bateman），女主人是来自花园世家——阿里庄园的玛利亚·倍特曼（Maria Bateman）。建造花园的初衷是收集和展示植物猎人们带回英国的各种异域植物，包括来自中国的植物。花园是典型的维多利亚时代的英式花园，于1984年被列为英国历史遗产一级保护单位，其中的中国花园是恢复修缮得最好的19世纪以前的英中花园的遗产。花园于1991年几经修复，直到2011年才完善到了倍特曼时代的原貌。

詹姆斯·倍特曼由于夫人的关系，在花园方面与阿里庄园交流甚多，但在比多福庄园建花境的方式却完全不同，结合了其自身对学术、宗教等的兴趣，采用集中展现一种花卉，即当时的大热门花卉大丽菊。大丽菊是一种能代表英国维多利亚流行的花卉而被追捧。大丽菊不仅花朵美丽诱人，其块根还能食用，至今在西班牙还有大丽菊面包。大丽菊当时盛行的原因是其花的结构特别容易产生新的园艺品种。作为植物学家的詹姆斯·倍特曼当然也投身于收集和培育大丽菊品种的热潮中，他要在其花园内建一个大丽菊的自然资源库，花境最初正是满足这种需要的种植形式。花境注重品种的收集，成行成排的种植在修剪极其规则的苗床内，没有太多的组团配置和季相的景观变化。这种花境形式被称为古典

图1 花园内保留19世纪的中国园

图2 集中展示大丽菊的花境

图3 哈蒂花园内的古典式花境

式花境，目前只有在英国的花园内还能看到，如哈蒂花园内依然有这样的花境。

比多福庄园为我们完整展示了古典式的花境，是花园的特色之一，至今有一个5人组成的专门团队负责这个花境的种植和养护。每年的早春，他们在温室内开始大丽菊的扦插育苗，900余株、40多个品种是按当初维多利亚时期的品种来准备的，所有的大丽菊品种种植在9组对称的苗床内，组成了独特的大丽菊花境。包括采用木棍一一支撑大丽菊的方式，负责此项工作的鲍勃从学校毕业至今已干了35年，这样每年将为我们展示原汁原味的古典式花境。

图4 大丽菊种植之初的花境

图5 非常传统的木棍支撑法依然在使用

图6 大丽菊盛开时的古典式花境

图7 现如今，花境内每年春季又增加了郁金香的景观

汉普顿宫内世界最长的混合花境

汉普顿宫（Hampton Court Palace），前英国皇室官邸，位于伦敦西南部泰晤士河边的里士满（Richmond upon Thames）。皇室虽已迁出，而该皇宫的历史魅力和其园林的艺术风格使之成为伦敦不可错过的人文历史景点，素有英国的凡尔赛宫之称，英国都铎式王宫的典范。

汉普顿宫前的绿化广场以展示维多利亚的盛花花坛而闻名，就在同期，20世纪初由历史学家Ernest Law 在广场大道的墙垣前重建了一个半英里（800m）长的混合花境，被称为卡罗琳皇后花境（Caroline Border），是迄今为止世界上最长的混合花境。

图1 英式盛花花坛

图2 汉普顿宫最长混合花境全貌

如此长的花境，使得其花境植物品种丰富，景观变化的同时，需要整个花境的协调统一，间断性重复出现的粉色钓钟柳起到了将变化着的花境景观统一的作用。花境内拥有许多英国的传统花卉品种，主要是草本混合花境。观赏的巨花葱、百合花、花贝母等球根花卉是花境早春的主要花卉。初夏的铁线莲，有的贴墙攀爬，形成花境的背景景观；有的支撑起支架，成为了花境中的焦点花卉品种。当然宿根花卉仍然为花境的主体花卉品种，夏季的7~8月是展示宿根花卉之惊艳的时期，那些宿根花卉与观赏草混合延伸了秋冬的花境景观。

图3 花境中粉色钓钟柳的重复栽植手法

图4 巨花葱，春季球根花卉是花境的主角

图5 花境内的百合花

图6 花境内的花贝母

图7a 铁线莲贴墙成了花境的背景

图7b 铁线莲通过支架形成花境的焦点植物

图 8 宿根花卉盛放的花境

图 9a 春季花境内混合了观赏草

图 9b 秋季花境内的观赏草提供了浓浓的秋意

03 世界各地的特色花境
与花境技术的应用

本书作为花境营建技术的专著，系统全面地介绍了花境的起源、概念、设计、施工和养护的专业知识，要求完整性、科学性，所有的素材案例要求典型性，这对于学习和研究花境的从业人员非常重要。然而，花境却是花园绿地的一部分，在实际的花园营造中，由于场地、景观要求、花园主的偏好、设计师的个性等，常常有许多需要结合花园的特点，并与之协调，形成独特的景观效果才是王道。这样就会产生许多非典型的“花境”和花境技术的灵活应用。

专类花境

专类花境或称特色花境。这类“花境”只是部分或局部符合花境概念和特征的要求，总体上还是个“花境”，但强化某些特别之处，如花境植物、花境色彩、花境功能等，形成专类花境或特色花境。

图 1a 伦敦南部的彭斯赫斯特（Penshurst）宫殿花园内的禧年大道上有个比较新的对称花境，建于 2012 年，设计者是切尔西花展的金牌得主 George Carter，花境全长 72m，被分成 5 段，由草坪和石凳椅分割

图 1b 每段花境有着当初花境起源时收集和展示花卉品种的功能

图 2 澳大利亚墨尔本植物园内的花境，1998 年建成，以宿根花卉为主的典型花境，但强化了当地的适生花卉，如天南星科的芋类和百子莲的园艺品种，花境景观独特，给人印象深刻

图 3a 荷兰西南部的城堡花园内的花境专类园，展示的花境，绿篱背景，草坪陪衬，中规中矩

图 3b 花境的主体植物都是宿根花卉，有的盛开，有的含苞，形成季相变化的花境特质

图 4a 南非开普顿植物园的花境，结合当地的气候特点，花境内种植了许多当地的特有宿根花卉

图 4b 南非特有种类——沼泽蝴蝶百合（*Wachendorfia thyrsiflora*）

图 5 挪威第三大城市特隆赫姆植物园内的宿根花卉专类园，其实就是一个对称式花境，但花境并没有被提及或宣传，花境只是收集周边山区宿根花卉的展示方式。这个花境标签内容的重点是每种花卉植物在周边的分布情况

图 6a 日本横滨公园内的月季专类植物花境，各种高度园艺化的月季品种占据了花境的绝对主导地位。花境变成了收集和展示月季园艺品种的场地

图 6b 各种花境植物，宿根花卉品种与月季的配置，使花境景观更加丰富

图 7a，b 新西兰南岛的基督城植物园内的花境是按气候类型，分别展示了欧亚湿润地区、欧美阳光地区和地中海夏干地区的不同宿根花卉品种

图 8a，b 英国剑桥大学植物园内蜜源植物花境，是以收集蜜源宿根花卉为特色的花境

花境技术的灵活应用

花境作为花卉在花园绿地中应用的技术手法，有着其专业性和各种特征的完整性。实际花园设计时，不见得所有的花园或绿地都满足营建花境的条件，特别是场地条件，如许多地产花园；我国的花园由于对花境认识时间短，许多花园也不易找到合适的位置建造完整的花境；加上有些业主或设计师的个性喜好就没有必要一定要做完整的花境。但完全可以结合场地条件和植物景观的环境，运用花境的技术做成花卉景观。所谓花境技术的运用是指采用花境花卉植物搭配方式，如竖向景观，高低错落（图9）；花境植物的花期配置，体现季相变化（图10）；花境植物色彩组合，自然雅致等（图11），花境的部分景观呈现或与其他花卉应用手法结合的花卉植物景观。

花园设计，营造植物景观需要追求景观效果的同时必须满足功能的要求。花境营造不必苛求非白即黑，强求典型花境，许多实际情况花境的灵活应用更为有效。但是花境技术灵活应用的综合花卉植物景观已经不是纯粹的花境了，如图12。此类花卉景观不能与花境混淆，会造成花境的泛化，不利于花境技术的推广与发展。

图9 羽衣草、老鹳草与毛蕊、柳兰形成高低错落的景色

图10 鼠尾草、老鹳草深浅的紫色呈调和色的花境色彩搭配

图11 围墙边种植的花卉，有的盛花如百合、月季、向日葵；有的花朵刚刚露色

图12 景观中心的花卉配置，似高低错落的花境植物配置手法，基础却是花坛的手法，形成花卉景点

花境技术在住宅庭园内的应用

住宅庭园，也就是我国近年发展较快的地产花园，即人们生活的户外空间，宅前屋后的花园。与专类的花园、如植物园等相比，住宅庭园在空间大小的尺度上要小得多。由于场地小的限制，住宅庭园内很难营建标准的花境，但同样需要宿根花卉等草花的应用。因此，花境技术仍有广泛的应用，常见的应用场景见如下图示：

图 13 住宅花园内空间分割，如花园草坪与休闲平台之间的宿根花卉种植，就是应用了花境的技法

图 14a 住宅庭园的各种通道两旁，宿根花卉的种植常采用花境的配置手法

图 14c 那些狭小道路旁也可以配置花卉。虽称不上完整的花境，却有局部花境的景观

图 14b 有直线、有曲线的带状种植，花卉组团也是高低错落

图 15a 住宅的墙沿，常有带状的狭长地带，需要花卉的装饰

图 15b 窗户下方沿墙而种植的带状花卉布置

图 15c 贴墙式的丛状种植，其花卉的配置也应用了花境的手法

图16a 住宅场地有的是没有种植条件的硬地，沿墙体可以通过摆放盆栽花卉，组合成花卉的装饰

图16b 盆栽花卉的组合成景的手法往往可以从花境技术中吸取灵感

图17a 住宅庭园的边缘，花带状的种植可以取代各种围栏，其花卉的配置常有花境的痕迹

图17b 宅院的围墙下，虽然宽度有限，但花卉的配置，这一招一式全是花境的套路

图18a 随着花园的场地扩大，这种花境的痕迹越来越明显，其实花园和花境也没有绝对的界限

图18b 空间越大，可用的植物就越丰富，包括花灌木与草本花卉的配置，似乎有了混合花境的景观

图19 任何的应用形式到了住家庭院，才算是进入了我们的生活。追求生活的生时尚，是人类生活的特性，花境也一样，未来的花境应该是怎样的，也许这里能找到某些灵感，汉普顿宫花展上庭院花境的时尚版粉墨登场

参考文献

北京林业大学园林系花卉教研组, 1990. 花卉学[M]. 北京: 中国林业出版社.

苏雪痕, 2012. 植物景观规划设计[M]. 北京: 中国林业出版社.

夏宜平, 2020. 园林花境景观设计[M]. 北京: 化学工业出版社.

叶剑秋, 2000. 花卉园艺（初级、中级、高级教程）[M]. 上海: 上海文化出版社.

GRIFFITHS M, 1994. Index of Garden Plants[M]. Portland: Timber Press.

HONBOUSE P, 1983. Gertrude Jekyllon on Gardening[M]. London:Macmillan.

HUNTINGTON L, 2013. The Basics of Planting Design[M]. Chichester: Packard Publishing Limited.

LORD T, 1996. Best Borders[M]. London: Penguin Books.

McCLEMENTS J K, 1985. Garden Color Annuals & Perennials[M]. Oregon:Lane Publishing Co.

OSTER M, 1991. How to Plant and Grow Perennials[M]. UK:Shooting Star Press.

TAYLOR P, 1994. Step by Step Successful Gardening Perennials[M]. USA: Better Homes and Garden Books.

THOMAS H, 2008. The Complete Planting Design Course[M]. UK:Michell Beaziey Publishing Group Limited.

VAN DIJK H, 1997. Encyclopaedia of Border Plants[M].The Netherland:REBO Productions.

WALLINGER R, 2013. Gertrude Jekyll Her Art Restored at Upton Grey[M]. Woodbrige (Suffolk): Garden Art Press.

中文名索引

T

W

X

Y

Z

拉丁名索引